U0151698

智能制造数学方法

——数据分析及优化设计

ZHINENG ZHIZAO SHUXUE FANGFA

SHUJU FENXI JI YOUHUA SHEJI

主编 陈 领 黄坤兰 于 淼 李炎炎 赵秀粉 段 阳

四川大学出版社

SICHUAN UNIVERSITY PRESS

项目策划：蒋　玙
责任编辑：蒋　玙　周维彬
责任校对：唐　飞
封面设计：墨创文化
责任印制：王　炜

图书在版编目（CIP）数据

智能制造数学方法：数据分析及优化设计 / 陈领等
主编．— 成都：四川大学出版社，2022.1（2023.4 重印）
　ISBN 978-7-5690-5342-5

　Ⅰ．①智… Ⅱ．①陈… Ⅲ．①数据处理－应用－智能
制造系统 Ⅳ．① TH166

　中国版本图书馆 CIP 数据核字（2022）第 012824 号

书名　智能制造数学方法——数据分析及优化设计

主　　编	陈　领　黄坤兰　于　淼　李炎炎　赵秀粉　段　阳
出　　版	四川大学出版社
地　　址	成都市一环路南一段 24 号（610065）
发　　行	四川大学出版社
书　　号	ISBN 978-7-5690-5342-5
印前制作	四川胜翔数码印务设计有限公司
印　　刷	四川盛图彩色印刷有限公司
成品尺寸	185mm×260mm
印　　张	18.5
字　　数	449 千字
版　　次	2022 年 1 月第 1 版
印　　次	2023 年 4 月第 4 次印刷
定　　价	58.00 元

◆ 读者邮购本书，请与本社发行科联系。
　电话：(028)85408408/(028)85401670/
　(028)86408023　邮政编码：610065
◆ 本社图书如有印装质量问题，请寄回出版社调换。
◆ 网址：http://press.scu.edu.cn

四川大学出版社
微信公众号

前　　言

大数据时代已经涉及生活的方方面面，以数据为基础的数据分析、数值计算及优化设计等已经成为当今工程学科必须具备的基础技能。随着数据的不断引入和算法的不断提升，当今制造系统实现了由自动化转向智能化的发展。为满足工程专业的专业认证需求，增强学生的数学方法和工具使用能力，解决实际应用中的复杂工程问题，课程组从数据分析、数值计算及优化设计等基本理论与方法引入，结合"互联网＋信息＋数学＋机械"的领域交叉内容，编写了《智能制造数学方法——数据分析及优化设计》。

本教材基于现代新工科发展的大时代背景，结合课程组十多年来在机械优化设计、多目标优化、数值分析等课程的教学和科研实践，对数据分析及优化设计的基本理论和案例进行全新的整理和归纳总结。本教材在撰写过程中，引入了大量实际案例，指导读者能够从实际工程问题中提炼出数学思想和理论模型，并能够选择合适的数学工具分析数据，进行机械工程领域设计、制造、运行中复杂工程问题的预测与模拟，培养以数据分析驱动优化设计的能力。

另外，本教材在编写过程中参考了众多数据分析及优化设计相关文献和论著，吸收了许多专家和同仁的观点和例证，并对其进行了相关引用。如有标注不全的教材、专著、论文和相关网络文章等，特向有关作者表达诚挚歉意和感谢。本教材在出版过程中得到了四川大学机械工程学院的鼓励和资助，在此深表感谢。由于编者能力有限，不足之处敬请专家读者批评指正。

目　　录

第1章　数据分析与优化设计概述

人们往往希望用较少的付出得到最佳的效果，工程设计人员总是力求取得工程问题的一组最合理的设计参数，使得由这组设计参数确定的设计方案既能满足各种设计标准、设计规范和设计要求，又能使某一项或多项技术经济指标达到最佳，如结构最紧凑、用料最省、成本最低、工作性能最好等，这便是最优化设计。

在大数据时代，先进的数据分析方法与优化设计结合为现代工业生产及智能加工技术提供了更多可能。

1.1　数据分析概述

1.1.1　数据分析的概念

数据分析是指用适当的统计方法对收集来的数据进行详细研究，提取其中的有用信息并形成结论，以最大化地开发数据的功能，发挥数据的作用。在统计学领域，有人将数据分析划分为描述性数据分析、探索性数据分析以及验证性数据分析。描述性数据分析是描述测量样本的各种特征及其所代表的总体特征，探索性数据分析侧重于在数据之中发现新的特征，验证性数据分析侧重于已有假设的证实或证伪。

数据分析的目的是把隐藏在数据背后的信息集中并提炼出来，总结出研究对象的内在规律。在实际工作当中，数据分析能够帮助管理者进行判断和决策，以便采取适当策略与行动。例如，生产加工部门通过对不合格零部件产品的尺寸等规格数据进行分析，可找出零部件产品不合格的主要问题，从而制订出产品合格率更高的生产方案，进而促进研发更好的加工办法。

1.1.2　数据来源与分类

数据分析的起点是取得数据。数据是通过实验、测量、观察、调查等方式获取的结果，这些结果常以数量的形式展现，所以数据也称为观测值。按照不同的标准，数据可分为观测数据与试验数据、一手数据与二手数据、时间序列数据与横截面数据等。

（1）观测数据与试验数据。观测数据是在自然的未被控制的条件下观测到的数据，如某道切割工序后的表面粗糙度、社会商品零售额、消费价格指数、汽车销售量、某地区降水量等。利用这类数据观测研究的个体，并度量感兴趣的变量。试验数据是在人工干预和操纵的条件下产生的，这种数据通常来自科学与技术实验。例如，研究不同转速下刀具的加工精度、热效应和切割效率等性能时，记录不同转速条件下相应的刀具加工精度、热效应、切割效率等数据，各个转速数据与刀具加工精度、热效应、切割效率等就是试验数据。

（2）一手数据与二手数据。一手数据是针对特定的研究问题，通过专门收集、调查或试验获得的数据。二手数据是由各种媒体、机构等发布的数据，数据分析人员可以根据研究的问题，从这些数据中加以选择，如证券市场行情、物价指数、耐用消费品销售量、利率、国内生产总值、进出口贸易数据等。

（3）时间序列数据与横截面数据。时间序列数据是对同一研究对象按时间顺序收集得到的数据，这类数据反映某一事物、现象等随时间的变化状态或程度。例如，1959—2015 年湖南省某机械制造企业铸造车间生产事故次数随年份的变化曲线如图 1-1 所示。同样的，某机械加工厂一年中每月电力消耗、每月产能、每月机械故障次数等都是时间序列数据。

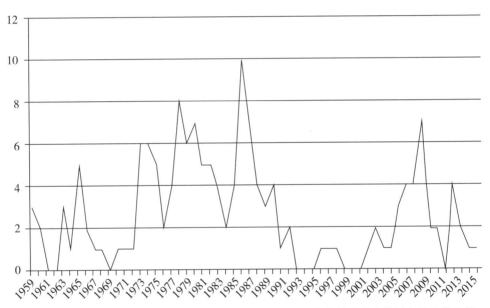

图 1-1　1959—2015 年湖南省某机械制造企业铸造车间生产事故发生次数随年份变化曲线

横截面数据是在同一时间、不同统计单位、相同统计指标组成的数据列，这类数据体现的是个体的个性，突出个体的差异。例如，某日某机械加工厂全部生产的各类零部件总数量、合格品与非合格品数量、某日某城市不同工厂生产的同一类零部件数量、2021 年中国 31 省市人均国内生产总值增长率数据都是横截面数据。

近年来，出现了将横截面数据和时间序列数据合并起来进行研究的数据类型，称为面板数据（Panel data）。该数据具有横截面和时间序列两个维度，当这类数据按两个维度进行排列时，数据都排在一个平面上，与排在一条线上的一维数据有明显不同，整个表格像一个面板。面板数据模型既可以分析多个个体之间的差异，又可以描述单个个体的动态变化特征。例如，每年各地区国内生产总值增长率数据，对同一地区、同样机械加工厂进行调查，观测其产能和产品质量等参数是否有变化，这样得到的数据都是面板数据。

1.1.3　数据分析过程

数据分析过程包括确定数据分析的目标、研究设计、收集数据、整理与分析数据、解释和分析计算结果。

（1）确定数据分析的目标。数据分析的目标是分析和解决特定的领域问题，而这个问题可以用量化分析的方法来解决。

（2）研究设计。研究设计是根据数据分析的目标寻求解决方案。一般而言，数据分析是用量化分析的方法对现象进行描述、解释、预测与控制。一个特定的领域问题要转化为数据分析问题，首先要进行量化研究设计，确定用什么量化研究方法以及怎样研究。常用的量化研究方法有调查法（用调查或观测得到的样本数据推断总体）、相关研究法、实验法、时序分析法等。

（3）收集数据。确定了所要解决问题的研究设计后，根据所要采用的量化研究方法收集数据。例如，若采用调查法，需要确定具体抽样方法以获取数据；若采用实验法，需要进行实验设计，通过实验来获取数据等。这些工作主要为解决问题专门收集一手数据。除此之外，通常还需要二手数据。

（4）整理与分析数据。整理与分析数据即利用数据分析方法进行计算和分析。数据分析方法以统计分析技术为主，借助各种软件（SPSS、SAS、Excel、S－Plus 等），完成数据的计算分析任务。本书以 MATLAB 为例进行计算。

（5）解释和分析计算结果。使用各种方法与软件工具等计算后，得到一系列结果，包括各种图表、数据等。说明、解释和分析这些结果，或利用计算结果检验各种假设、预测、控制等，从而最终解决所要研究的问题。最后提交数据分析报告，供决策时参考。

1.1.4　数据分析应用

数据分析的应用在生活中随处可见，信息化以及"互联网＋"的发展使数据的获取更加容易，数据样本更加丰富。近年来，大数据发展迅速，数据分析在医疗保健、制造业、媒体和娱乐、物联网等领域都发挥了重要作用。

在制造业中，生产企业可以借助前期生产数据进行预测估计，以提供几乎为零的停机时间和高过程透明度方案，大大提高工厂产能；还可以通过数据分析对产品质量进行把关，做到严格、精确的质量管理。

1.2　优化设计概述

1.2.1　优化设计概论

优化是万物演化的自然选择和趋势。优化一词来自英文 Optimization，其本意是寻优的过程，最优化可简写为 Opt。而优化过程则是寻找约束空间下给定函数取极大值或极小值的过程。优化方法也称为数学规划，指用科学方法和手段进行决策及确定最优解。实际问题表达而成的函数类型有很多：确定型函数、不确定型函数，线性函数、非线性（二次、高次、超越）函数。变量类型有很多：连续变量、离散变量、随机变量等。产生的优化算法也有很多：无约束优化、约束优化（单目标函数优化、多目标函数优化），连续变量优化、离散变量优化、随机变量优化。

优化设计是根据给定的设计要求和现有的技术条件，应用专业理论和优化方法，在计算机上从满足给定的设计要求的许多可行方案中，按照给定的目标自动地选出最优的设计方案。

机械优化设计是把机械设计与优化设计理论及方法相结合，借助计算机，自动寻找实现预期目标的最优设计方案和最佳设计参数。

获得设计方案的过程是一个决策的过程，也是优化的过程，即求解一个付出最小、获得效益最大的方案。

1.2.1.1 优化设计的背景

在人类活动中，要办好一件事（指规划、设计等），都期望得到最满意、最好的结果或效果。为了实现这种期望，必须有好的预测和决策方法。优化方法就是各类决策方法中普遍采用的一种方法。

历史记载的最优化问题最早可追溯到古希腊（约公元前 300 年）的欧几里得（Euclid），他指出：在周长相同的一切矩形中，正方形的面积最大。十七八世纪，微积分的建立给出了求函数极值的一些准则，为最优化研究提供了某些理论基础。然而，这种利用微分学和变分学的古典优化思想仅能解决简单的极值问题。之后最优化技术的进展缓慢，主要考虑有约束条件的最优化问题，由此发展了一套变分方法。

直到 20 世纪 40 年代初，出现了可求解包含等式约束和不等式约束的复杂优化问题的数学规划方法。由于军事需要，运筹学应运而生，并使优化技术首先用于解决战争中的实际问题，如轰炸机最佳俯冲轨迹的设计等。50 年代末，数学规划方法被首次用于结构最优化，并成为优化设计中求优方法的理论基础。数学规划方法是在第二次世界大战期间发展起来的一个新的数学分支，线性规划与非线性规划是主要内容。

20 世纪 60 年代以来，大型计算机的出现，使最优化技术进入蓬勃发展时期，主要是由于近代科学技术和生产迅速发展，提出了许多用经典最优化技术无法解决的最优化问题。为了取得重大的效果，必须解决这些问题，这种客观需求极大地推动了最优化的研究与应用。另外，近代科学，特别是数学、力学、技术和计算机科学的发展，以及专业理论、数学规划和计算机的不断发展，为最优化技术提供了有效手段。这些手段不仅使设计周期大大缩短，计算精度显著提高，而且可以解决传统设计方法不能解决的比较复杂的最优化设计问题。

目前，最优化技术成为应用数学中的一个重要分支，这门较新的科学分支已深入各个领域，如化学工程、机械工程、建筑工程、运输工程、生产控制、经济规划和经济管理等，并取得了重大的经济效益与社会效益。

1.2.1.2　优化设计的概念

优化设计（Optimization design）是从多种方案中选择最佳方案的设计方法。它以数学中的最优化理论为基础，以计算机为手段，根据设计所追求的性能目标，建立目标函数，在满足给定的各种约束条件下寻求最优的设计方案。

第二次世界大战期间，美国在军事上首先应用了优化技术。1967 年，美国的 R. L. 福克斯等发表了第一篇机构最优化论文。1970 年，C. S. 贝特勒等用几何规划解决了液体动压轴承的优化设计问题后，优化设计在机械设计中得到应用和发展。随着数学理论和计算机技术的进一步发展，优化设计已逐步成为一门新兴的、独立的工程学科，并在生产实践中得到了广泛应用。通常，设计方案可以用一组参数来表示，这些参数有些已经给定，有些没有给定，需要在设计中优选，称为设计变量。如何找到一组最合适的设计变量，在允许范围内，能使所设计的产品结构最合理、性能最好、质量最高、成本最低（即技术经济指标最佳）、有市场竞争能力，同时设计时间不能太长，这就是优化设计所要解决的问题。

1.2.2　机械优化设计

1.2.2.1　机械优化设计的特点

传统设计者采用经验类比的设计方法。其设计过程可概括为"设计—分析—再设计"，即首先根据设计任务及要求进行调查，研究和搜集有关资料，参照相同或类比现有、已完成的较为成熟的设计方案，凭借设计者的经验，辅以必要的分析与计算，确定一个合适的设计方案，并通过估算，初步确定有关参数；然后对初定方案进行必要的分析及校核计算，如果某些设计要求得不到满足，则可修改设计方案，并再一次进行分析及校核计算，如此反复，直到获得满意的设计方案为止。这个设计过程是人工试凑与类比分析的过程，不仅需要花费较多的设计时间，增长设计周期，而且只限于在少数几个候选方案中进行比较。

优化设计具有常规设计所不具备的一些特点，主要表现在以下两个方面：

（1）优化设计能使各种设计参数自动向更优的方向进行调整，直至找到一个尽可能完善或最合适的设计方案。常规设计虽然也能找到比较合适的设计方案，但都是凭设计人员的经验进行的，既不能保证设计参数一定能够向更优的方向调整，又不能保证一定找到最合适的设计方案。

（2）优化设计的手段是采用计算机在较短的时间内从大量方案中选出最优设计方案，这是常规设计所不能比的。

机械优化设计是把数学规划理论与计算方法应用于机械设计，按照预定的目标，借助计算机的运算寻求最优设计方案的有关参数，从而获得好的技术经济效果：①可以降低机械产品成本，提高性能；②优化设计过程中所获得的大量数据可以帮助我们摸清各项指标的变化规律，有利于对设计结果做出正确的判断，从而不断提高系列产品的性能；③可合理解决多参数、多目标的复杂产品设计问题。

1.2.2.2 机械优化设计发展趋势

自 20 世纪 80 年代初以来，我国在优化技术研究与应用方面有了长足发展，在优化决策理论与方法研究上能够跟上该领域的国际发展前沿，在优化设计软件开发和工程应用中取得了不少成果。

近年来，为了提高最优化方法的综合求解能力和使用效果，人们在以下几个方面进行了许多有益探索：

（1）引入人工智能、专家系统技术，提高了最优化方法中处理方案设计、决策等优化问题的能力。在优化方法中的参数选择时，借助专家系统可以减少参数选择的盲目性，提高程序求解的能力。

（2）针对难以处理性态不好的问题、难以求得全局最优解等弱点，发展了一批新方法，如模拟退火法、遗传算法、人工神经网络法、模糊算法、小波变换法、分形几何法、有混合遗传基因优化方法、混沌优化方法、多态蚁群优化方法、动态蚁群优化方法。

（3）数学模型描述能力方面，由仅能处理连续变量、离散变量，发展到能处理随机变量、模糊变量、非数值变量等。

（4）建模方面，开展了柔性建模和智能建模的研究，利用人工神经网络来解决目标函数和约束条件函数难以准确写出的问题，利用人工神经网络来解决多数机器设备的实际工作系统是强耦合的数学模型建立问题，开展动态多变量优化和工程不确定模型优化（模糊优化）、不可微模型优化及多目标优化等优化方法与程序的研究，并进一步发展到广义工程大系统的优化设计研究。

（5）研究对象从单一部分、单一性能或结构、分离的优化设计进入整体优化、分步优化、分部和分级优化、并行优化等，提出了覆盖设计全过程的优化设计思想。方法研究的终点从着重研究单目标优化问题进入着重研究多目标优化问题。

（6）最优化方法程序设计研究中，一方面，努力提高方法程序的求解能力和各个方法程序之间的互换性，研制方法程序包、程序库等；另一方面，大力改善优化设计求解环境，开展了优化设计集成环境的研究，这为设计者提供了辅助建模工具、优化设计前后处理模块、可视化模块、接口模块等。

（7）开展多学科融合优化研究，把计算机仿真、计算机图形学、智能技术、虚拟现实技术、多媒体技术、机械动力学、有限元等和优化设计方法融为一体，解决具有非稳态（慢变、参变、时滞等）、强耦合、多参数、非线性等的复杂系统问题。目前在复杂结构优化设计中有一定进展，但还没有形成解决复杂系统问题的优化设计理论、方法和体系。

（8）近年来发展起来的计算机辅助设计（Computer Aided Design，CAD）、计算机辅助制造（Computer Aided Manufacturing，CAM）、计算机辅助工程（Computer Aided Engineering，CAE）、虚拟设计（Virtual Design，VD）技术以及智能设计（Intelligent Design，ID）在引入优化设计方法后，优化设计过程既能够不断选择设计参数并选出最优设计方案，又可以加快设计速度，缩短设计周期。在科学技术发展要求机械产品更新周期日益缩短的今天，把优化方法与计算机辅助设计结合起来，使设计过程完全自动化，已成为设计方法的一个重要发展趋势。

1.2.2.3　机械优化设计方法应用前景与地位

近年来，优化设计方法已在许多工业部门得到应用，并发挥着重要作用，相对来讲，优化方法在机械设计中的应用稍晚一些，20 世纪 60 年代后期才开始有较成功的应用，但其发展却十分迅速。在机构综合、机械零部件设计、专用机械设计和工艺设计等方面都有应用，并取得了丰硕的成果。

机构运动参数的优化设计是机械优化设计发展较早的领域，不仅研究了连杆机构、凸轮机构等再现函数和轨迹的优化设计问题，而且提出了一些标准化程序。机构动力学优化设计方面也有很大进展，如惯性力的最优平衡、主动件力矩的最小波动等的优化设计。机械零部件的优化设计在最近 20 多年也有很大发展，主要是研究各种减速器的优化设计、滑动轴承和滚动轴承的优化设计，以及轴、弹簧、制动器等的机构参数优化。除此之外，在机床、锻压设备、压延设备、起重运输设备、汽车等的基本参数、基本工作机构和主体机构方面也进行了优化设计工作。

优化设计在机电产品设计中也起到很大作用。动态优化设计可以使产品获得良好的结构性能，即考虑机械设备工作的可靠性、安全性及工作寿命等，可以提高机电产品的综合质量。

优化方法在结构设计中的应用，既可以使方案在设计要求下达到良好的性能指标，又不必耗费过多材料。例如，在起重机主梁、塔梁、雷达接收天线机构、机床多轴箱方案、建筑结构中，利用优化设计，可以使这些结构的质量减轻 15％以上；美国贝尔飞机公司采用优化设计方法优化了 450 个设计方案、2 个大型结构问题，使得在一个机翼设计中，质量减轻 25％；我国某生产厂家引进的 17-00 薄板轧机是由德国 DMAG 公司提供的，该公司对此产品进行优化设计后，可以多盈利几百万欧元。

另外，通过电路优化设计，原来的电路性能在满足设计功能和指标的基础上，在一定约束条件下对某些参数进行调整，使电路的这些性能更加理想。目前，已有现成的电路优化软件可对电路进行优化设计，优化时可以同时调整电路中多个目标参数和约束条件点的要求。可以根据给定模型和一组晶体管特性数据，优化提取晶体管模型参数。

优化设计可在一定程度上完善机电系统的设计。因此，可以提升我国机电设备设计技术水平和企业竞争能力，提高企业的经济效益与社会效益。

现实生活中，优化问题存在于很多方面，已经受到科研机构、政府部门和产业部门的高度重视。随着市场经济的发展，产品市场经济日趋激烈，工矿企业迫切期望提高产品性能、减少原材料消耗、降低生产成本、增强产品竞争力的要求，使得机械优化设计的应用范围越来越广，收到的效益也越来越显著。

1.2.3　优化方法

工程优化设计问题中的绝大多数都属于约束优化问题，若无约束优化问题的目标函数是一元函数，则称之为一维优化问题；若是二元或二元以上函数，则称之为多维无约束优化问题。

1.2.3.1 一维优化方法

对一维目标函数求最优解的过程，称为一维优化（或一维搜索），求解时使用的方法称为一维优化方法。

一维优化方法主要包括分数法、黄金分割法、二次插值法及三次插值法等。

在实际计算中，黄金分割法是最常用的一维优化方法，是一种等比例缩短区间的直接搜索方法，也称为 0.618 法。黄金分割法的基本思路是：通过比较单峰区间内两点的函数值，不断舍弃单峰区间的左端或右端一部分，使区间按照固定区间缩短率（缩小后的新区间与原区间长度之比）逐步减小，直到极小点所在区间缩短到给定的误差范围内，从而得到近似最优解。黄金分割法的内分点选取必须遵循每次区间缩短都取等区间缩短率的原则。

1.2.3.2 多维无约束优化方法

多维无约束优化方法是优化技术中最重要和最基本的内容之一。因为它不仅可以直接用来求解无约束优化问题，还可以在实际工程设计问题中求解大量约束优化问题。所以，多维无约束优化方法在工程优化设计中有着十分重要的作用。

坐标轮换法是求解多维无约束优化问题的一种直接方法，它不需要求函数导数而直接搜索目标函数的最优解，又称为降维法。坐标轮换法的基本原理是：将一个多维无约束优化问题转化为一系列一维优化问题来求解，即依次沿着坐标轴的方向进行一维搜索，求得极小点。坐标轮换法的特点是计算简单、概念清楚、易于掌握，但搜索路线较长、计算效率较低，特别是当维数很高时，计算时间很长，所以坐标轮换法只适用于低维优化问题的求解。另外，坐标轮换法的效能在很大程度上取决于目标函数的形态，即等值线的形态与坐标轴的关系。

牛顿法也是优化方法中的一种经典方法，是一种解析法。牛顿法是梯度法的进一步发展，它的搜索方向是根据目标函数的负梯度和二阶偏导数矩阵来构造的。牛顿法包括原始牛顿法和阻尼牛顿法。

1.2.3.3 约束优化方法

近年来，遗传算法在机械优化设计中的应用越来越广泛。它是模拟生物在自然环境中的遗传和进化过程而形成的一种自适应全局优化概率搜索算法，最早是在 1975 年由美国的 Holland 教授提出的，起源于 20 世纪 60 年代对自然和人工自适应系统的研究。遗传算法作为一种实用、高效、鲁棒性强的优化技术，发展极为迅速，在不同领域得到广泛应用，引起许多学者的关注。遗传算法是由达尔文进化论中的进化过程所形成的一种优化求解方法。尽管这种自适应寻优技术可用来处理复杂的线性、非线性问题，但其工作机理十分简单。与传统方法相比，遗传算法比较适用于求解不连续、多峰、高维、具有凹凸性的问题，而对于低维、连续、单峰等简单问题，遗传算法不能显示其优越性。另外，比较常用的启发式算法还有粒子群算法与神经网络算法等。

复合形法是求解约束优化问题的一种重要的直接方法。复合形法的基本思路是：在可行域内构造一个具有 k 个顶点的初始复合形。对该复合形各顶点的目标函数值进行比较，找到目标函数值最大的顶点（称为最坏点），然后按一定法则求出目标函数值有所下降的可行的新点，并以此点代替最坏点，构成新的复合形，复合形的形状每改变一次，就向最优点移动一步，直至逼近最优点。由于复合形的形状不必保持规则图形，对目标函数及约束函数的形状又无特殊要求，因此，复合形法的适应性较强，在机械优化设计中得到广泛应用。

1.2.3.4 多目标优化方法

多目标优化问题的求解方法有很多，主要有两类：一是直接求出非劣解，然后从中选择较好解，如合适等约束法等。二是将多目标优化问题求解时做合适的处理，处理方法可分为两种：一种是将多目标优化问题重新构造成一个函数及评价函数，从而将多目标优化问题转化为求评价函数的单目标优化问题，如主要目标法、线性加权合法、理想点法、平方和加权法、分目标等除法、功率系数法、几何平均法、极大极小法等；另一种是将多目标优化问题转化为一系列单目标优化问题来求解，如分层序列法等。此外，还有其他方法，如协调曲线法等。

在实际问题中，要评价大量工程设计方案的优劣，往往需要同时考虑多个目标。在多目标优化模型中，还有一类特殊模型，其特点是在约束条件下，各个目标函数不是同等地被优化，而是按不同的优先层次先后进行优化。多目标优化设计问题要求各分量目标都达到最优，若能获得这样的结果当然是十分理想的，可对于多目标优化问题，任何两个解不一定都可以比较出优劣，所以只能是半有序的。对多目标设计指标而言，任意两个设计方案的优劣一般是难以判别的，这就是多目标优化问题的特点。这样，在单目标优化问题中得到的是最优解，而在多目标优化问题中得到的只是非劣解，而且非劣解往往不止一个。要求得能接受的最好非劣解，关键是要选择某种形式的折中。

主要目标法的基本思想为：假设按照设计准则建立了 q 个分目标函数，可以根据这些准则的重要程度，从中选择一个重要的作为主要设计目标，将其他目标作为约束函数处理，从而构成一个新的单目标优化问题，并将该单目标优化问题的最优解作为所求多目标优化问题的相对最优解。

统一目标函数是指将各个分目标函数按照某种关系建立一个统一的目标函数。

1.2.4 工程优化设计应用

1.2.4.1 基本步骤

进行实际工程问题优化设计的一般步骤如下：
（1）建立数学模型。
（2）选择最优化算法。
（3）程序设计。
（4）制定目标要求。

（5）计算机自动筛选最优设计方案等。通常采用的最优化算法是逐步逼近法，分为线性规划和非线性规划。

1.2.4.2　应用范围

优化设计的思想广泛应用于工业、农业、商业和国防等领域，解决生产规划、经济管理、能源利用、产品设计、工艺过程设计、控制系统等方面的最优化问题，它是促进技术进步和国民经济发展的一种有效方法。

优化设计在机械设计方面的应用较晚，从国际范围来说，是在 20 世纪 60 年代后期才得到迅速发展的。机构运动参数的优化设计是机械优化设计发展较早的领域，国内近年来才开始重视，但发展迅速，在机构综合、机械通用零部件设计、工艺设计方面都得到应用。

优化设计本身存在的问题和某些发展趋势主要有以下三个方面：①目前优化设计多数还局限于参数最优化这种数值量优化问题，结构形式的选择还需进一步研究和解决；②优化设计这门新技术在传统产业中的普及率还不高；③把优化设计与 CAD、专家系统结合起来是优化设计发展的趋势之一。

1.2.4.3　应用示例

（1）某化工厂利用化工优化系统对化工厂进行重新设计。根据给定数据，可在 16 小时内，从 16000 个可行性设计中选择一个成本最低、产量最大的方案，并给出必需的精确数据。而传统设计则需要 1 组工程师花费 1 年时间提出仅 3 个并非最优的方案。

（2）吉林大学汽车仿真与控制国家重点实验室与郑州宇通客车股份有限公司联合研究，通过建立纯电动大客车车身骨架拓扑优化方法、相对灵敏度分析方法与轻量化多目标优化设计方法，在满足大客车车身骨架结构性能要求的前提下，实现减重 303 kg，减重率为 11%，轻量化效果显著。

（3）清华大学 IC 装备研究室的超精密工件台关键运动件经多目标轻量化设计，在模态频率基本不变的前提下，其结构质量与原设计相比减轻了 18%，不仅提高了超精密工件台的动态性能，而且降低了控制系统的研发难度。

（4）美国波音公司用 138 个设计变量对大型机翼进行结构优化，使重量减少了 1/3；用 10 个变量对大型运输舰进行优化设计，使成本降低约 10%。

实践证明，最优化设计是保证产品具有优良性能、减轻自重或减小体积、降低产品成本的一种有效的设计方法，也可使设计者从大量烦琐和重复的计算工作中解脱出来，使其有更多精力从事创造性的设计，大大提高设计效率。

1.3　数据分析与优化设计常用工具

数据分析的数学基础在 20 世纪初期就已确立，直到计算机出现，才使实际操作成为可能，数据分析得以推广。随着现代科学技术尤其是计算机技术的发展，各个领域都产生了大量数据，对这些数据进行筛选、处理、分析等可帮助我们在实际应用中做出判断，采取适当措施，提升工作效率，生活更加便捷。

数据分析是数学与计算机科学结合的产物。计算机发明以来，软件技术、程序语言接踵而至，人们对科学数据、经济数据等进行分析的手段更加丰富，呈现方式更加直观。在商务智能方面，出现了诸多 BI（Business Intelligent）软件，使各机构、企业在运行方面的数据呈报更加直观，如 Tableau、SAS、Power BI 等；在统计学方面，R 语言、SPSS 等很受欢迎；在科学计算方面，有 MATLAB 等专业数学计算软件。各个领域根据侧重点不同，有多种不同的数据处理软件，见表 1-1。

表 1—1 常用数据处理工具

名称	出品公司	功能特点	适用领域	主要功能	优缺点
MATLAB	MathWorks	将数值分析、矩阵计算、科学数据可视化以及非线性动态系统的建模和仿真等功能集成在可视化窗口环境中	科学计算、工程设计等	用于数据分析、无线通信、深度学习、图像处理与计算机视觉、信号处理、量化金融与风险管理、机器人、控制系统等领域	摆脱了传统非交互式程序设计语言（如C语言、FORTRAN语言）的编辑模式
R语言	由RossIhaka和Robert Gentleman开创	用于统计计算和统计制图	统计	数据存储和处理系统；数组运算工具（尤其是向量、矩阵运算）；完整连贯的统计分析的优秀的编程语言；简便而强大的输入输出，可操纵数据的输入和输出，循环、可实现分支、循环，用户可自定义功能	跨平台、自由、免费、源代码开放、绘图表现和计算能力突出
Tableau	Tableau	易上手，将大量数据拖放到数字"画布"上就能创建各种图表，实现个人自主服务式分析数据	商务智能	通过数据的导入，即可实现对数据的分析，并可生成可视化的图表直接展示信息	简单易用，可视化程度好，生成速度快
SAS（Statistical Analysis System）	SAS	统计方法齐全且新	商务智能	可分为四个部分：SAS数据库部分，SAS分析核心，SAS开发呈现工具，SAS对分布式数据仓库设计及其数据处理支持的模式以数据为中心的设计。主要完成以数据为中心的四大任务：数据访问，数据管理，数据呈现，数据分析	编程语句短小、简洁，已有编程语言不相类似；操作简单，界面简洁
SPSS（Statistical Product and Service Solutions）	IBM	使用Windows的窗口方式展示各种管理和分析数据方法的功能。对话框展示出各种功能选择项。用户只要掌握一定的Windows操作技能，精通统计分析原理，就可以使用该软件为特定的科研工作服务	多领域	统计学分析运算、数据挖掘、预测分析和决策支持任务	最早采用图形菜单驱动界面的统计软件，操作界面友好，输出结果美观

续表

名称	出品公司	功能特点	适用领域	主要功能	优缺点
Excel	Microsoft	数据的直观体现	多领域	简单的数据记录与统计、简单的图表制作	普及度广、简单易上手，处理数据有容量限制，且只能进行简单的数据处理分析
SQL 语言	1974 年由 Boyce 和 Chamberlin 提出	集数据描述、操纵、控制等功能于一体。有两种使用方式、统一的语法结构，高度非过程化、语言简洁、易学易用	多领域	数据定义、数据查询、数据操纵、数据控制	优点：减少网络通信量，较快的执行速度、标准组件式编程，可作为一种安全机制来充分利用，布氏工作，可维护性高。缺点：系统复杂时，移植性、可维护性、扩展性不好
Python	由荷兰的 Guido van Rossum 于 20 世纪 90 年代初设计	提供高效高级数据结构，能简单有效地面向对象类型、Python 语法和动态类型的本质，使其成为多数平台上写脚本和快速开发应用的编程语言	多领域	通过第三方的各种资源包以及丰富的接口，功能十分强大，不只是做数据分析	优点：具有简洁性、易读性和可扩展性，用途广泛，开源免费。缺点：语句不能连写到一行以及通过缩进来分语句关系；在对速度要求高的情况下运行较慢
WEKA（Waikato Environment for Knowledge Analysis）	怀卡托大学	公开的数据挖掘工作平台，集合大量能承担数据挖掘任务的机器学习算法	多领域	对数据进行预处理、分类、回归、聚类、关联规则以及在新的交互式界面上的可视化等	开源免费，Java 背景下易上手
EViews	IHS Global Inc.	专门为大型机数据开发，用以处理时间序列数据的时间序列软件包	经济学	数据管理、数据分析、数据库管理等	基于 Windows 界面，可视化与操作性好

1.4 MATLAB 概述

MATLAB 是一套高性能的数值计算和可视化软件，集矩阵运算、数值分析、信号处理和图形显示于一体，构成了一个界面友好、使用方便的用户环境，是实现数据分析与处理的有效工具。其中，MATLAB 统计工具箱为人们提供了一个强有力的统计分析工具。

选择 MATLAB 软件作为数据分析工具，不仅可节约数据分析过程中的计算时间，而且可提高统计推断的正确性和数据分析的效率。但要注意，尽管软件对数据分析起到非常大的作用，但其不能处理数据分析所有阶段的问题。确定数据分析的目标、对问题的研究设计、选择统计分析方法、收集数据、解释和分析计算结果都不是软件能替代解决的。

本书介绍数据分析的基本理论方法，应用 MATLAB 编写程序进行数据分析，既面向过程，又面向对象。

1.4.1 MATLAB 的影响

MATLAB 源于 Matrix Laboratory（即矩阵实验室），是由 Mathworks 公司发布的主要面对科学计算、数据可视化、系统仿真以及交互式程序设计的高科技计算环境。自 1984 年推向市场以来，MATLAB 经过 30 多年的发展，已成为适合多学科、多种工作平台的功能强大的大型软件。MATLAB 应用广泛，包括信号处理和通信、图像和视频处理、控制系统、测试和测量、计算金融学及计算生物学等众多应用领域。在学术界，MATLAB 被认为是准确、可靠的科学计算标准软件，许多学术期刊上都可以看到 MATLAB 的应用文章。在高等院校，MATLAB 已经成为线性代数、数字信号处理、金融数据分析、动态系统仿真等课程的基本教学工具，MATLAB 的操作成为学生必须掌握的基本技能。

1.4.2 MATLAB 的特点与主要功能

2006 年以来，每年的 3 月和 9 月，MATLAB 都会推出当年的 a 版本与 b 版本。MATLAB（2014a）之后各版本中，只要在当前版本的命令行窗口中输入 ver，就可以看到当前版本的信息以及各种工具箱的版本号。每次推出的新版本都比前一个版本多一些新功能，MATLAB 的功能越来越强大。本书中的程序都已通过 MATLAB（2014a）中文版本的测试计算。以下列举 MATLAB（2014a）的主要功能和特点：

（1）MATLAB 是一个交互式软件系统，输入一条命令，就可以立即得出结果。

（2）强大的数值计算能力。以矩阵作为基本单位，但无须预先指定维数（动态定维）；按照 IEEE 的数值计算标准进行计算；提供丰富的数值计算函数，方便用户使用，提高计算效率；命令与数学中的符号、公式非常接近，可读性强，容易掌握。

（3）数据图示功能。提供了丰富的绘图命令，能实现点、线、面与立体的一系列可视化操作。

（4）编程功能。具有程序结构控制、函数调用、数据结构、输入输出、面向对象等程序语言特征，简单易学，编程效率高。

（5）Notebook 功能。Notebook 实现了 Word 和 MATLAB 的无缝连接，为专业科技工作者创造了融科学计算、图形可视、文字处理于一体的高水准环境。

（6）丰富的工具箱。工具箱是用 MATLAB 的基本语句编成的各种子程序集，用于解决某一方面的专门问题或实现某一类新算法。工具箱可分为功能型和领域型。功能型工具箱主要用来扩充 MATLAB 的符号计算功能、图形建模仿真功能、文字处理功能以及与硬件的实时交互功能，能用于多种学科。领域型工具箱的专业性很强，如统计工具箱（Statistics Toolbox）、优化工具箱（Optimization Toolbox）、曲线拟合工具箱（Curve Fitting Toolbox）、神经网络工具箱（Neural Network Toolbox）、金融工具箱（Financial Toolbox）、控制系统工具箱（Control System Toolbox）、信号处理工具箱（Signal Processing Toolbox）等。

本章小结

本章主要介绍数据分析和优化设计的基本概念与技术发展，包括数据分析概念、数据来源与分类、对数据分析应用的几个实例，就优化设计的概念进行简要阐述，对机械优化设计的发展与趋势、设计方法与应用等做了简要概述。最后简要对比了几种常用数据分析处理工具，包括 SPSS、Excel、R 语言、Tableau、SAS、SQL 语言、Python、WEKA、EViews 等；简要介绍相关数据分析辅助工具，重点介绍数据处理工具 MATLAB。

习　题

1. 什么是数据分析？请利用专业所学举一个身边的数据分析实例说明问题。

2. 请利用所学的机械专业知识，举例说明什么是观测数据与试验数据、一手数据与二手数据、时间序列数据与横截面数据。

3. 什么是优化设计？请利用专业所学举一个优化设计实例。

4. 请利用所学专业知识，举例说明机械优化设计的过程。

5. 你认为优化设计与数据分析有何区别与联系，请以实例分析说明。

第 2 章　数据描述性分析

数据描述性分析是从样本数据出发，包括数据的频数分析、数据的集中趋势分析、数据的离散程度分析、数据的分布以及绘制统计图等。

数据的频数分析在数据的预处理部分利用频数分析和交叉频数分析可以检验异常值；数据的集中趋势分析用来反映数据的一般水平，常用的指标有平均值、中位数和众数等；数据的离散程度分析主要用来反映数据之间的差异程度，常用指标有方差和标准差；数据的分布通常要假设样本所属总体的分布属于正态分布，需要用偏度和峰度两个指标来检查样本数据是否符合正态分布；绘制统计图是用图形来表达数据，比用文字表达更清晰、简明。它们是进行数据分析的基础，对于不同类型量纲的数据，有时还要进行转换，然后再做出合理分析。

常见的数据分析方法包括对比分析法、平均分析法、交叉分析法等。描述性分析是对数据源的最初认知，之后才能进行其他分析。本章主要介绍基本统计量与数据可视化、数据分布及其检验、数据变换等内容。

2.1　基本统计量与数据可视化

2.1.1　一维样本数据的基本统计量

描述数据的基本特征主要为集中位置和分散程度。

设从所研究的对象（即总体）X 中观测得到 n 个观测值：

$$x_1, x_2, \cdots, x_n \tag{2.1.1}$$

这 n 个观测值称为样本数据，简称数据，n 称为样本容量。

我们的任务就是对样本数据进行分析，提取数据中包含的有用信息，从而进一步对总体特征做出推断。

2.1.1.1　均值、中位数、分位数与三均值

式（2.1.1）的平均值称为样本均值，记为

$$\bar{x} = \frac{1}{n} \sum_{i=1}^{n} x_i \tag{2.1.2}$$

样本均值描述了数据取值的集中趋势（集中位置）。样本均值计算简易，但易受异

常值的影响而不稳健。

将式（2.1.1）按从小到大的次序排列，排序为 k 的数记为 $x_{(k)}(1 \leqslant k \leqslant n)$，即 $x_{(1)} \leqslant x_{(2)} \leqslant \cdots \leqslant x_{(n)}$，则

$$x_{(1)}, x_{(2)}, \cdots, x_{(n)} \tag{2.1.3}$$

称为样本数据的次序统计量。

由次序统计量定义：

$$M = \begin{cases} x_{\left(\frac{n+1}{2}\right)} & n \text{ 为奇数} \\ \dfrac{1}{2}\left(x_{\left(\frac{n}{2}\right)} + x_{\left(\frac{n}{2}+1\right)}\right) & n \text{ 为偶数} \end{cases} \tag{2.1.4}$$

M 称为式（2.1.1）数据中位数。

中位数是用来描述数据中心位置的数字特征，比中位数大或小的数据个数约为样本容量的一半。若数据的分布对称，则均值与中位数比较接近；若数据的分布为偏态，则均值与中位数的差异会较大。中位数的一个显著特点是受异常值的影响较小，具有较好的稳健性。

设 $0 \leqslant p \leqslant 1$，样本数据的 p 分位数定义为

$$M_p = \begin{cases} x_{([np]+1)} & np \text{ 不是整数} \\ \dfrac{1}{2}\left(x_{(np)} + x_{(np+1)}\right) & np \text{ 为整数} \end{cases} \tag{2.1.5}$$

式中，$[np]$ 表示 np 的整数部分。

显然，当 $p = 0.5$ 时，$M_{0.5} = M$，即数据的 0.5 分位数等于其中位数。

一般来说，从整批数据（总体）中抽取样本数据，则整批数据中约有 $(100 \times p)\%$ 个不超过样本数据的 p 分位数。在实际应用中，0.75 分位数与 0.25 分位数比较常用，它们分别称为上四分位数、下四分位数，分别记为 Q_3、Q_1。

一方面，虽然均值 $\bar{x}$ 与中位数 M 都是用来描述数据集中位置的数据特征的，但 $\bar{x}$ 用了数据的全部信息，M 只用了部分信息，因此通常情况下，均值比中位数有效。另一方面，当数据有异常值时，中位数比较稳健。为了兼顾两个方面的优势，人们提出三均值的概念，定义如下：

$$\hat{M} = \frac{1}{4}M_{0.25} + \frac{1}{2}M + \frac{1}{4}M_{0.75} \tag{2.1.6}$$

按定义，三均值是上四分位数、中位数与下四分位数的加权平均，即分位数向量 $(M_{0.25}, M, M_{0.75})$ 与权向量 $(0.25, 0.5, 0.25)$ 的内积。

在 MATLAB 中，提供了求均值、中位数、分位数等命令函数。

（1）均值命令 mean，其调用格式为

```
m=mean(X);
```

其中，输入 X 为样本数据，输出 m 为样本均值。当 X 为矩阵时，输出为 X 每一列的均值向量。

（2）中位数命令 median，其调用格式为

```
MD=median(X);
```

其中，输入参数 X 是样本数据，输出 MD 为中位数。当 X 为矩阵时，输出为 X 每一列的中位数向量。

（3） p 分位数命令 prctile，其调用格式为

```
Mp=prctile(X,P);
```

其中，输入参数 X 是样本数据，P 为介于 0～100 之间的整数，$P=100 \times p$，输出 Mp 为 $P\%$ 分位数。

注意：当样本数据 X 是矩阵时，上述三个命令的输出将给出 X 的每列数据相对应的数值，参见例 2.1－1。

（4）根据分位数命令及式（2.1.6），可编写计算三均值的 MATLAB 程序如下：

```
w=[0.25,0.5,0.25];                    %输入权向量 w
SM=w * prctile(X,[25,50,75])          %由式(2.1.6)计算 X 三均值
```

例 2.1－1　表 2－1 是 2010—2019 年全国钢材产量、进口量、出口量以及汽车产量情况统计数据，计算各指标均值、中位数及三均值。

表 2－1　全国钢材产量、进口量、出口量以及汽车产量情况统计数据

年份	产量（万吨）	进口量（万吨）	出口量（万吨）	汽车产量（万辆）
2019	120457	1230	6429	2568
2018	113287	1317	6933	2783
2017	104642	1330	7541	2902
2016	104813	1322	10853	2812
2015	103468	1278	11240	2450
2014	112513	1443	9378	2373
2013	10821	1408	6233	2212
2012	95578	1366	5573	1928
2011	88620	1558	4888	1842
2010	80277	1643	4256	1827
2009	69405	1763	2460	749
2008	60460	1543	5923	504
2007	56561	1687	6265	480
2006	46893	1851	4301	387
2005	37771	2582	2052	277
2004	31976	2930	1423	228

年份	产量（万吨）	进口量（万吨）	出口量（万吨）	汽车产量（万辆）
2003	24108	3717	696	207
2002	19252	2449	545	109
2001	16068	1722	474	70
2000	13146	1596	621	61

解 首先将表 2-1 中的数据作为矩阵 A 输入 MATLAB，然后对矩阵 A 调用有关计算命令，程序如下：

```
clear
A=xlsread('chart2-1.xlsx');                          %输入数据
M=mean(A);                                           %计算各指标(即各列)的均值
MD=median(A);                                        %计算各指标的中位数
SM=[0.25,0.5,0.25]*prctile(A,[25;50;75]);            %计算各指标的三均值
[M;MD;SM]                                            %输出计算结果(表 2-2)
```

表 2-2 各指标均值、中位数及三均值

统计量	产量（万吨）	进口量（万吨）	出口量（万吨）	汽车产量（万辆）
均值	65505.8	1786.75	4904.200	1338.45
中位数	64932.5	1577.00	5230.500	1288.00
三均值	65490.5	1577.25	4719.875	1310.00

2.1.1.2 方差、变异系数与高阶矩

方差是描述数据取值分散性的一种度量，它是数据相对于均值的偏差平方的平均。样本数据的方差记为

$$s^2 = \frac{1}{n-1}\sum_{i=1}^n (x_i - \bar{x})^2 = \frac{1}{n-1}\Big(\sum_{i=1}^n x_i^2 - n\bar{x}^2\Big) \tag{2.1.7}$$

其算术平方根称为标准差或根方差，即

$$s = \sqrt{(x_i^2 - n\bar{x}^2)} \tag{2.1.8}$$

变异系数是描述数据相对分散性的统计量，其计算公式为

$$v = \frac{s}{\bar{x}} \text{ 或 } v = \frac{s}{|\bar{x}|} \tag{2.1.9}$$

变异系数是一个无量纲的量，一般用百分数表示。

样本的 k 阶原点矩定义为

$$a_k = \frac{1}{n}\sum_{i=1}^n x_i^k \quad (k=1,2,3,\cdots) \tag{2.1.10}$$

样本的 k 阶中心矩定义为

$$b_k = \frac{1}{n} \sum_{i=1}^{n} (x_i - \bar{x})^k \quad (k = 1, 2, 3, \cdots) \tag{2.1.11}$$

在 MATLAB 中，计算方差命令为 var，调用格式为

```
S=var(X,flag);
```

其中，输入 X 为样本数据，可选项 flag 默认取 0，输出 S 为方差。若 flag 取 1，表示未修正的样本方差 $s_0^2 = \frac{1}{n} \sum_{i=1}^{n} (x_i - \bar{x})^2$。

计算标准差命令 std 的调用格式为

```
d=std(X,flag);
```

其中，输入 X 为样本数据，可选项 flag 默认取 0，输出 d 为标准差。若 flag 取 1，表示未修正的样本标准差 $d_0 = \sqrt{s_0^2}$。当输入 X 是矩阵时，输出 X 每列数据的方差或标准差。

由均值与方差命令，可编写变异系数的计算程序为

```
V=std(X)./mean(X);
```

或

```
V=std(X)./abs(mean(X));
```

其中，当输入 X 是矩阵时，输出 X 每列数据的变异系数。

由均值命令 mean，可编程计算 k 阶原点矩与中心矩，程序为

```
ak=mean(X.^k);          %k 阶原点矩
bk=mean((X-mean(X)).^k)  %k 阶中心矩
```

MATLAB 还提供了中心矩命令 moment，调用格式为

```
bk=moment(X,k);
```

其中，X 为样本数据，k 为矩的阶数。

例 2.1-2 计算例 2.1-1 中各指标的方差、标准差和变异系数。

解 将表 2-1 中的数据作为矩阵 **A** 输入，然后调用有关命令，程序如下：

```
clear
A=xlsread('chart2-1.xlsx');   %输入数据
M=mean(A);                     %计算各指标均值
A2=mean(A.^2);                 %计算各指标的 2 阶矩阵
D=var(A);                      %计算各指标方差
```

```
SD=std(A);                               %计算各指标标准差
V=SD./abs(M)                             %计算各指标变异系数
[D;SD;V]                                 %输出计算结果
```

整理结果,见表 2-3。

表 2-3　各指标的方差、标准差和变异系数

统计量	产量（万吨）	进口量（万吨）	出口量（万吨）	汽车产量（万辆）
方差	1477727002	418117	11354642	1221136
标准差	38441	647	3370	1105
变异系数	0.59	0.36	0.69	0.83

2.1.1.3　样本的极差与四分位极差

式（2.1.1）样本数据的极大值与极小值的差称为极差,其计算公式为

$$R = x_{(n)} - x_{(1)} \tag{2.1.12}$$

极差是一种较为简单的表示数据分散性的数字特征。

样本数据上四分位数、下四分位数 Q_3、Q_1 之差称为四分位极差,即

$$R_1 = Q_3 - Q_1 \tag{2.1.13}$$

四分位极差也是度量数据分散性的一个重要数字特征。由于分位数对异常值有抗扰性,所以四分位极差对异常数据也有抗扰性。

在 MATLAB 中,求极差的命令为 range,调用格式为

```
R=range(X);
```

其中,输入 X 是样本数据,输出 R 是极差。计算四分位极差的命令为 iqr,调用格式为

```
R1=iqr(X);
```

其中,输入 X 是样本数据,输出 R1 是四分位极差。

2.1.1.4　异常点判别

解决实际问题时,需要对异常数据进行处理。一般判别异常值比较简单的方法是先计算数据的上截断点与下截断点:

$$上截断点:Q_3 + 1.5R_1$$
$$下截断点:Q_1 - 1.5R_1$$

再将数据与截断点逐个比较,小于下截断点的数据为特小值,大于上截断点的数据为特大值,两者均判为异常值。

例 2.1-3　根据 2013 年华东各地区高校教职工数据（表 2-4）,计算专任教师、行政人员、教辅人员和工勤人员占在职教职工的百分比,以及该百分比的极差与上、下

截断点。

表 2 - 4 2013 年华东各地区高校教职工数据（单位：人）

地区	教职工	专任教师	行政人员	教辅人员	工勤人员
上海	73361	40297	12397	8822	5693
江苏	166223	108272	22568	15056	10080
浙江	85381	56000	13712	7878	3430
安徽	76178	54903	8105	5947	4618
福建	64744	42905	9719	5909	3314
江西	74396	52434	8739	5693	4054
山东	142240	98685	17617	11989	8639

解 将表 2-4 中的数据作为矩阵 A 输入，然后调用有关计算命令，程序如下：

```
clear
A=xlsread('chart2-4.xlsx');                    %导入数据
B=A(:,2:5)./[A(:,1)*ones(1,4)];                %计算百分比
R=range(B);                                     %计算百分比极差
R1=iqr(B);                                      %计算四分位极差
XJ=prctile(B,[25])-1.5*R1;                      %计算下截断点
SJ=prctile(B,[75])+1.5*R1;                      %计算上截断点
ycz1=B<ones(7,1)*XJ                             %小于下截断点的数据
ycz2=B>ones(7,1)*SJ                             %大于上截断点的数据
```

由程序运行结果可知：上海市专职教师占在职教职工的百分比小于其他省份，教辅人员和工勤人员占在职教职工的百分比大于其他省份，可认为上海市的这三项指标为异常值。

2.1.1.5 偏度与峰度

偏度与峰度是样本数据分布特征和正态分布特征比较而引入的概念。

偏度是用于衡量分布的非对称程度或偏斜程度的数字特征。样本数据的偏度定义为

$$sk = \frac{b_3}{b_2^{\frac{3}{2}}} = \frac{\dfrac{1}{n}\sum_{i=1}^{n}(x_i - \bar{x})^3}{\left(\sqrt{\dfrac{1}{n}\sum_{i=1}^{n}(x_i - \bar{x})^2}\right)^3} \tag{2.1.14a}$$

样本数据修正的偏度定义为

$$sk = \frac{n^2 b_3}{(n-1)(n-2)s^3} \tag{2.1.14b}$$

式中，b_2、b_3、s 分别表示样本的 2、3 阶中心矩与标准差。

当 $sk>0$ 时，称数据分布右偏，此时均值右边的数据比均值左边的数据更散，分布的形状是右长尾；当 $sk<0$ 时，称数据分布左偏，均值左边的数据比均值右边的数据更散，分布的形状是左长尾；当 sk 接近 0 时，称分布无偏倚，即认为分布是对称的。正态分布的样本数据的偏度接近 0，若样本数据的偏度与 0 相差较大，则可初步拒绝样本数据来自正态分布总体。

一般有：数据分布右偏时，算术平均数>中位数>众数；数据分布左偏时，众数>中位数>算术平均数。

峰度是用来衡量数据尾部分散性的指标。样本数据的峰度定义为

$$ku = \frac{b_4}{b_2^2} - 3 = \frac{\frac{1}{n}\sum_{i=1}^{n}(x_i - \bar{x})^4}{\left[\frac{1}{n}\sum_{i=1}^{n}(x_i - \bar{x})^2\right]^2} - 3 \tag{2.1.15a}$$

样本数据修正的峰度定义为

$$ku = \frac{n^2(n+1)b_4}{(n-1)(n-2)(n-3)s^4} - \frac{3(n-1)^2}{(n-2)(n-3)} \tag{2.1.15b}$$

式中，b_4、s 分别表示样本数据的 4 阶中心矩与标准差。

当数据的总体分布是正态分布时，峰度近似为 0；与正态分布相比较，当峰度大于 0 时，数据中含有较多远离均值的极端数值，称数据分布具有平峰厚尾性；当峰度小于 0 时，表示均值两侧的极端数值较少，称数据分布具有尖峰细尾性。在金融时间序列分析中，通常需要研究数据是否为尖峰、厚尾等特性。

在 MATLAB 中，计算样本数据的偏度命令为 skewness，调用格式为

```
sk=skewness(X,flg);
```

其中，输入 X 是样本数据，flg 取 0 或 1。当 flg 取 0 时，是修正的偏度；当 flg 取 1 时，按式（2.1.14a）计算偏度，系统默认 flg=1。当 X 是矩阵时，输出 sk 为数组，其第 i 个元素是 X 的第 i 列数据的偏度。

与样本数据的峰度有关的命令为 kurtosis，调用该命令计算峰度的程序为

```
ku=kurtosis(X,flg)-3;
```

其中，输入 X 是样本数据，flg 取 0 或 1。当 flg 取 0 时，是修正的峰度；当 flg 取 1 时，按式（2.1.15a）计算峰度，系统默认 flg=1。输出 ku 为峰度，当 X 是矩阵时，ku 为数组，其第 i 个元素是 X 的第 i 列数据的峰度。

注意：命令 kurtosis 给出的结果与我们对峰度的定义相差常数 3。

例 2.1-4 根据"徐工机械"股票的交易数据（2020 年 2 月 3 日—2020 年 6 月 30 日），计算股票收盘价、最高价、最低价、开盘价、涨跌幅的偏度与峰度。

解 在 MATLAB 命令窗口中输入程序如下：

```
clear
xgjx＝xlsread('chart2－5.xls');                        %读取数据
pd＝skewness(xgjx,0);                                 %计算每列数据的偏度
fd＝kurtosis(xgjx,0)－3;                               %计算每列数据的峰度
[pd;fd]                                               %输出计算结果
subplot(2,3,1),histfit(xgjx(:,1)),title('收盘价')       %作收盘价直方图
subplot(2,3,2),histfit(xgjx(:,2)),title('最高价')       %作最高价直方图
subplot(2,3,3),histfit(xgjx(:,3)),title('最低价')       %作最低价直方图
subplot(2,3,4),histfit(xgjx(:,4)),title('开盘价')       %作开盘价直方图
subplot(2,3,5),histfit(xgjx(:,5)),title('涨跌幅')       %作涨跌幅直方图
```

表 2－6   "徐工机械"股票收盘价、最高价、最低价、开盘价、涨跌幅的偏度与峰度

统计量	收盘价	最高价	最低价	开盘价	涨跌幅
偏度	-0.5784	-0.5386	-0.6251	-0.6352	-0.0874
峰度	-1.1048	-1.0363	-1.1331	-1.0840	2.1097

从表 2－6 可得，2020 年 2 月 3 日—2020 年 6 月 30 日"徐工机械"股票收盘价、最高价、最低价、开盘价的偏度均小于 0，所以数据分布均左偏；涨跌幅的峰度大于 0，且较大，数据具有平峰厚尾性，其余峰度小于 0，具有尖峰细尾性。可认为数据总体不服从正态分布。从各个指标数据的直方图（图 2－1）也可直观看到分布呈左偏态。

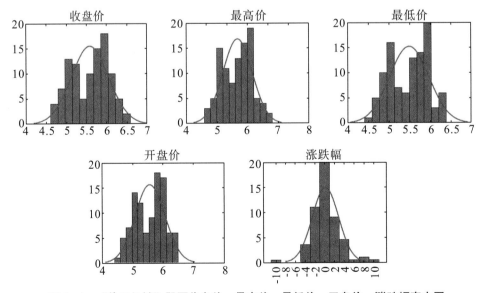

图 2－1   "徐工机械"股票收盘价、最高价、最低价、开盘价、涨跌幅直方图

2.1.2　多维样本数据的统计量

2.1.2.1　多维样本数据的统计量概述

多维样本数据的统计量主要有样本均值向量、样本协方差矩阵、样本相关系数矩阵等。

设总体为 p 维向量 $\boldsymbol{G} = (X_1, X_2, \cdots, X_P)$，从中抽取样本容量为 n 的样本，第 i 个样本观测值为 $(x_{i1}, x_{i2}, \cdots, x_{ip})(i = 1, 2, \cdots, n)$，记

$$\boldsymbol{X} = \begin{bmatrix} x_{11} & x_{12} & \cdots & x_{1p} \\ x_{21} & x_{22} & \cdots & x_{2p} \\ \vdots & \vdots & & \vdots \\ x_{n1} & x_{n2} & \cdots & x_{np} \end{bmatrix} \tag{2.1.16}$$

称 $\boldsymbol{X}$ 为样本数据矩阵，为了方便起见，$\boldsymbol{X}$ 的第 j 个列向量记为 $\boldsymbol{X}_j = (x_{1j}, x_{2j}, \cdots, x_{nj})^{\mathrm{T}}$。

1. 样本均值向量

记 $\boldsymbol{X}_j$ 的观测值（即 $\boldsymbol{X}$ 中的第 j 列）的均值为

$$\overline{x}_j = \frac{1}{n} \sum_{i=1}^{n} x_{ij} \quad (j = 1, 2, \cdots, p) \tag{2.1.17}$$

称 $\overline{\boldsymbol{x}} = (\overline{x}_1, \overline{x}_2, \cdots, \overline{x}_p)^{\mathrm{T}}$ 为 p 维样本均值向量。

2. 样本协方差矩阵

记

$$s_{jk} = \frac{1}{n-1} \sum_{i=1}^{n} (x_{ij} - \overline{x}_j)(x_{ik} - \overline{x}_k) \quad (j, k = 1, 2, \cdots, p) \tag{2.1.18}$$

称 s_{jk} 为 $\boldsymbol{X}_j$ 与 $\boldsymbol{X}_k$ 的样本协方差，或为样本数据矩阵 $\boldsymbol{X}$ 的第 j 列与第 k 列的协方差。记

$$\boldsymbol{S} = \begin{bmatrix} s_{11} & s_{12} & \cdots & s_{1p} \\ s_{21} & s_{22} & \cdots & s_{2p} \\ \vdots & \vdots & & \vdots \\ s_{p1} & s_{p2} & \cdots & s_{pp} \end{bmatrix} \tag{2.1.19}$$

称 $\boldsymbol{S}$ 为样本协方差矩阵。

显然，$\boldsymbol{X}_j$ 的方差 s_{jj} 为

$$s_{jj} = \frac{1}{n-1} \sum_{i=1}^{n} (x_{ij} - \overline{x}_j)^2 \quad (j = 1, 2, \cdots, p) \tag{2.1.20}$$

3. 样本相关系数矩阵

$\boldsymbol{X}$ 的第 j 列与第 k 列的相关系数记为

$$r_{jk} = \frac{s_{jk}}{\sqrt{s_{jj}} \cdot \sqrt{s_{kk}}} \quad (j, k = 1, 2, \cdots, p)$$

又记

$$\boldsymbol{R} = \begin{bmatrix} r_{11} & r_{12} & \cdots & r_{1p} \\ r_{21} & r_{22} & \cdots & r_{2p} \\ \vdots & \vdots & & \vdots \\ r_{p1} & r_{p2} & \cdots & r_{pp} \end{bmatrix} = \begin{bmatrix} 1 & r_{12} & \cdots & r_{1p} \\ r_{21} & 1 & \cdots & r_{2p} \\ \vdots & \vdots & & \vdots \\ r_{p1} & r_{p2} & \cdots & 1 \end{bmatrix} \quad (2.1.21)$$

称 $\boldsymbol{R}$ 为样本相关系数矩阵。

不难验证，样本相关系数矩阵与协方差存在如下关系：

$$\boldsymbol{R} = \boldsymbol{D}^{\mathrm{T}} \boldsymbol{S} \boldsymbol{D} \quad (2.1.22)$$

式中，$\boldsymbol{D} = \mathrm{diag}(s_{11}^{-\frac{1}{2}}, s_{22}^{-\frac{1}{2}}, \cdots, s_{pp}^{-\frac{1}{2}})$。

4. 样本标准化矩阵

令

$$x_{ij}^* = \frac{x_{ij} - \overline{x}_j}{\sqrt{s_{jj}}} \quad (i = 1, 2, \cdots, n; j = 1, 2, \cdots, p) \quad (2.1.23)$$

记

$$\boldsymbol{X}^* = (x_{ij}^*)_{n \times p} \quad (2.1.24)$$

称为样本矩阵 $\boldsymbol{X}$ 的标准化矩阵。

可以证明，$\boldsymbol{X}^*$ 的协方差矩阵 $\boldsymbol{S}^*$ 等于 $\boldsymbol{X}$ 的相关系数矩阵 $\boldsymbol{R}$，即 $\boldsymbol{S}^* = \boldsymbol{R}$。

5. $\boldsymbol{R}^c$ 矩阵

矩阵 $\boldsymbol{X}$ 的第 j 列与第 k 列的 $\boldsymbol{R}^c$ 系数定义为

$$r_{jk}^c = \frac{2[X_j, X_k]}{[X_j, X_j] + [X_k, X_k]} \quad (2.1.25)$$

式中，$[X_j, X_k] = \sum\limits_{i=1}^{n} x_{ij} x_{ik} (j, k = 1, 2, \cdots, p)$，称矩阵 $(r_{jk}^c)_{p \times p}$ 为矩阵 $\boldsymbol{X}$ 的 $\boldsymbol{R}^c$ 矩阵，记为 $\boldsymbol{R}^c(\boldsymbol{X})$，即

$$\boldsymbol{R}^c(\boldsymbol{X}) = (r_{jk}^c)_{p \times p}$$

由式（2.1.25）可知，显然有 $r_{jj}^c = 1 (j = 1, 2, \cdots, p)$，$|r_{jk}^c| \leqslant 1 (j, k = 1, 2, \cdots, p)$。

可以证明，对于矩阵 $\boldsymbol{X}$，有 $\boldsymbol{R}^c(\boldsymbol{X}^*) = \boldsymbol{R}$，即 $\boldsymbol{X}$ 的标准化矩阵的 $\boldsymbol{R}^c$ 矩阵等于其相关系数矩阵。

协方差矩阵与量纲有关，相关系数矩阵 $\boldsymbol{R}$ 以及 $\boldsymbol{R}^c$ 矩阵与量纲无关，这一点在今后的判别分析中值得注意。

协方差矩阵 $\boldsymbol{S}$、相关系数矩阵 $\boldsymbol{R}$ 与 $\boldsymbol{R}^c$ 矩阵都是实对称非负定矩阵。

2.1.2.2 多维样本数据的 MATLAB 命令

在 MATLAB 中，计算样本协方差矩阵命令为 cov，调用格式为

```
S=cov(X);
```

当 X 为向量时，S 表示 X 的方差；当 X 为矩阵时，S 为 X 的协方差矩阵，即 S 的对角线元素是 X 每列的方差，S 的第 i 行、第 j 列元素为 X 的第 i 列和第 j 列的协方差值。

计算样本相关系数矩阵命令为 corr，调用格式为

```
R=corr(X);
```

其中，X 为样本矩阵，输出 R 的对角线元素是 1，R 的第 i 行、第 j 列元素为 X 的第 i 列和第 j 列的相关系数。

计算 X 的标准化矩阵命令为 zscore，调用格式为

```
Z=zscore(X);
```

其中，X 为样本矩阵，输出 Z 是标准化矩阵。

MATLAB 中没有计算 $\boldsymbol{R}^c$ 矩阵的命令，因此，根据 $\boldsymbol{R}^c$ 矩阵的定义，可编写计算 $\boldsymbol{R}^c$ 矩阵的程序如下：

```
X=[data];                                          %输入样本数据矩阵 X
for i=1:size(X,2)                                  %计算 Rᶜ 矩阵
for j=1:size(X,2)
RC(i,j)=2*dot(X(:,i),X(:,j))./[sum(X(:,i).^2)+sum(X(:,j).^2)];
end
end
RC                                                 %输出 Rᶜ(X)
```

例 2.1-5 已知 2010—2019 年钢材产量、进口量、出口量和汽车产量（数据保存于文件"chart2-1.xls"中），求钢材产量、进口量、出口量和汽车产量的协方差、相关系数、$\boldsymbol{R}^c$ 矩阵以及收盘价的标准化矩阵。

解 输入程序如下：

```
clear
a=xlsread('chart2-1.xlsx');                        %读取数据
a1=flipud(a);                                      %矩阵上下翻转,按年份顺序
S=cov(a1);                                         %计算协方差矩阵
R=corr(a1)                                         %计算相关系数矩阵
Z=zscore(a1);                                      %数据标准化
for i=1:size(a1,2)                                 %计算 Rᶜ 矩阵
for j=1:size(a1,2)
```

```
RC(i,j)=2*dot(a1(:,i),a1(:,j))./[sum(a1(:,i).^2)+sum(a1(:,j).^2)];
end
end
RC
```

输出结果：

```
R=
     1.0000    -0.5948     0.7742     0.8210
    -0.5948     1.0000    -0.6700    -0.6623
     0.7742    -0.6700     1.0000     0.8296
     0.8210    -0.6623     0.8296     1.0000
RC=
    1.0000    0.0361    0.1454    0.0424
    0.0361    1.0000    0.3839    0.5937
    0.1454    0.3839    1.0000    0.5027
    0.0424    0.5937    0.5027    1.0000
```

从相关系数矩阵可知，钢材进口量与产量、出口量和汽车产量反向变化，汽车产量与钢材产量和出口量相关系数较大。

2.1.3 样本数据可视化

2.1.3.1 一维数据可视化

数据可视化是指数据的图形表示。借助几何图形可形象地说明数据的特征与分布情况。常用的图形有条形图、直方图、盒图、阶梯图和火柴棒图等。

1. 条形图

条形图是用宽度相同的直线条的高低或长短来表示统计指标数值的大小。条形图根据表现资料的内容可分为单式条形图、复式条形图和结构条形图。单式条形图反映统计对象随某一因素变化而改变的情况。复式条形图可以反映统计对象随两个因素变动而变化的情况。结构条形图则反映不同统计对象内部结构的变化情况。

在 MATLAB 中，绘制条形图命令 bar 的调用格式为

```
1.bar(X);
2.bar(X,Y);
```

1 为作样本数据 X 的条形图；2 中 X 的元素在横坐标轴上按从小到大排列，作 Y 和 X 对应的条形图。

2. 直方图

将观测数据的取值范围分为若干个区间，计算落在每个区间的频数或频率。在每个区间上画一个矩形，以估计总体的概率密度。

在 MATLAB 中，绘制直方图命令 hist 的调用格式为

```
1. hist(X, n);
2. [h, stats] = cdfplot(X);
```

其中，1 为作数据 X 的直方图，其中 n 表示分组的个数，缺省时 n=10；2 为作数据 X 的经验分布函数图，stats 给出数据的最大值、最小值、中位数、平均值和标准差。

附加有正态密度曲线的直方图命令 histfit 的调用格式为

```
1. histfit(X);
2. histfit(X, nbins);
```

其中，1 中 X 为样本数据向量，返回直方图和正态曲线；2 中 nbins 指定 bar 的个数，缺省时为 X 中数据个数的平方根。

3. 盒图

盒图由五个数值点组成：最小值、下四分位数、中位数、上四分位数、最大值。中间的盒从 Q_1 延伸到 Q_3，盒中的直线标示出中位数的位置，盒的两端有直线往外延伸到最小数与最大数。

在 MATLAB 中，绘制盒图命令 boxplot 的调用格式为

```
boxplot(X);
```

产生矩阵 X 的每一列的盒图和"须"图，"须"是从盒的尾部延伸出来，并表示盒外数据长度的线，如果"须"的外面没有数据，则在"须"的底部有一个点。

4. 阶梯图

在 MATLAB 中，绘制阶梯图命令 stairs 的调用格式为

```
stairs(X);
```

5. 火柴棒图

在 MATLAB 中，绘制火柴棒图命令 stem 的调用格式为

```
stem(X);
```

例 2.1-6 随机生成 150 个服从标准正态分布随机数，将这些数据作为样本数据，分别作出样本数据的条形图、直方图、阶梯图、火柴棒图等。

解　编写程序如下：

```
clear
X=random('normal',0,1,[1,150]);        ％产生服从标准正态分布随机数150个
bar(X)                                 ％作条形图(图2-2)
figure(2);hist(X)                      ％作直方图(图2-3)
figure(3);stairs(X)                    ％作阶梯图(图2-4)
figure(4);stem(X)                      ％作火柴棒图(图2-5)
```

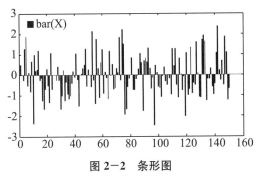

图2-2　条形图

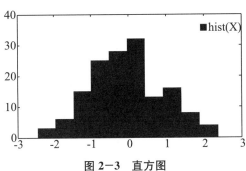

图2-3　直方图

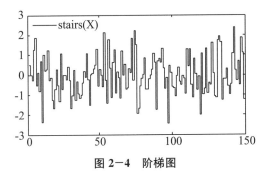

图2-4　阶梯图

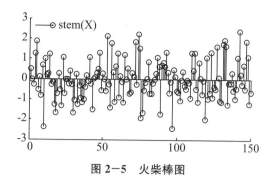

图 2-5 火柴棒图

读者还可以作出盒图与附加正态密度曲线的直方图等。

2.1.3.2 二维与三维数据可视化

（1）绘制散点图的命令 scatter 与 scatter3 的调用格式为

scatter(X,Y);

其中，X 是横坐标向量，Y 是纵坐标向量，输出平面散点图。

scatter3(X,Y,Z);

其中，X、Y、Z 分别是横、纵、竖坐标向量，输出空间散点图。

（2）绘制曲面图的命令 mesh 与 surf 的调用格式为

1.mesh(X,Y,Z);
2.surf(X,Y,Z);

其中，Z 是对应 (X,Y) 处的函数值 $Z=f(X,Y)$，$[X,Y]$ 是由命令 meshgrid 生成的数据点矩阵，即 $[X,Y]=$meshgrid(x,y)。输入向量 x 为 xOy 平面上矩形定义域的矩形分割线在 x 轴上的坐标，向量 y 为 xOy 平面上矩形定义域的矩形分割线在 y 轴上的坐标。矩阵 X 为 xOy 平面上矩形定义域的矩形分割点的横坐标值矩阵，X 的每一行是向量 x，且 X 的行数等于 Y 的维数；矩阵 Y 为 xOy 平面上矩形定义域的矩形分割点的纵坐标值矩阵，Y 的每一列是向量 y，且 Y 的列数等于 X 的维数。

例 2.1-7 设总体 (X,Y) 服从二维正态分布 $N(2,1;3,3;\sqrt{3}/2)$，生成 100 对服从该分布随机数据对 (x_i,y_i)，将这些数据作为样本数据，作出样本数据的散点图。再根据二维正态分布的密度函数，绘制密度曲面图形。

解 随机生成服从二维正态分布的数据的命令 mvnrnd，其调用格式为

X=mvnrnd(mu,sigma,n);

其中，mu 是均值向量，sigma 是协方差矩阵，n 是数据个数，输出 X 是与协方差矩阵同阶的随机数据矩阵。

已知二维正态分布中的参数 $\mu_1=2,\sigma_1^2=1;\mu_2=3,\sigma_2^2=3;\rho=\sqrt{3}/2$，所以均值向量

为 $\boldsymbol{\mu}=(2,3)$，协方差矩阵为 $\sum=\begin{bmatrix}\sigma_1^2 & \rho\sigma_1\sigma_2 \\ \rho\sigma_1\sigma_2 & \sigma_2^2\end{bmatrix}=\begin{pmatrix}1 & 1.5 \\ 1.5 & 3\end{pmatrix}$，编写程序如下：

```
clcar
mu=[2 3];                                          %输入均值向量
sa=[1 1.5;1.5 3];                                  %输入协方差矩阵
Nr=mvnrnd(mu,sa,100);                              %随机生成 n=100 的样本数据
scatter(Nr(:,1),Nr(:,2),'*');                      %作样本数据平面散点图,如图2-6所示
                                                   %绘制密度曲面

figure(2)
v=sqrt(3)/2;                                        %输入相关系数
x=-1:0.05:5;                                        %横坐标的取值向量
y=-2:0.05:8;                                        %纵坐标的取值向量
[X,Y]=meshgrid(x,y);                               %生成网格点
T=((X-mu(1)).^2/sa(1,1)-2*v/sqrt(sa(1,1)*sa(2,2))*(X-mu(1)).*
(Y-mu(2))+(Y-mu(2)).^2/sa(2,2));
Z=1/(2*pi)/sqrt(det(sa))*exp(-1/2/(1-3/4)*T);      %计算密度函数值
mesh(X,Y,Z)                                        %绘制密度曲面图形,如图2-7所示
```

输出图形结果如图2-6、图2-7所示。

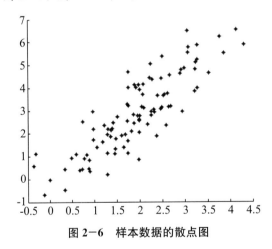

图 2-6　样本数据的散点图

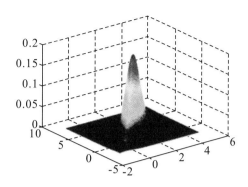

图 2-7　服从 $N(2,1;3,3;\sqrt{3}/2)$ 分布的密度曲面图

由图 2-6 可以看出，散点图位于平面上的一个椭圆状区域内，不同的相关系数对应的椭圆状区域形状不同，相关系数越接近 1，椭圆越扁长，可以利用这一图形特征初步说明数据是否来自正态总体。

2.1.3.3　正态概率图与 Q-Q 图

1.　正态概率图

正态概率图用于正态分布的检验，其横坐标是样本数据的分位图，纵坐标是标准正态分布的 α 分位数对应的概率 α。设总体 X 服从正态分布 $N(\mu,\sigma^2)$，来自总体的样本为 $x_1,x_2,\cdots,x_n$，其次序统计量 $x_{(1)} \leqslant x_2 \leqslant \cdots \leqslant x_{(n)}$，则 X 的经验分布函数为 $F_i = P\{X \leqslant x_{(i)}\}$，$F_i$ 的估计取为 $\hat{F}_i = \dfrac{i-0.375}{n+0.25}$。在平面上的 n 个点：

$$\left(x_{(i)}, \varphi^{-1}(\hat{F}_i)\right)(i = 1,2,\cdots,n)$$

其散点图称为正态概率图。此图形的纵坐标不以 $\varphi^{-1} = \varphi^{-1}(F)$ 为刻度，而标以相应的 F 值，这种坐标系也称为概率纸坐标系（图 2-8）。可以证明，若样本是来自正态总体，则正态概率图呈现一条直线形状。

在 MATLAB 中，绘制正态概率图的命令为 normplot，调用格式为

```
normplot(X);
```

其中，X 为样本数据。对于输出的正态概率图，每一个样本数据对应图上的一个"+"，图中有一条红色参考直线，若图中的"+"都集中在这条参考线附近，说明样本数据近似服从正态分布；否则，偏离参考线的"+"越多，说明样本数据不服从正态分布。

同理，总体是非正态分布时，也可以类似地绘制概率图。如 MATLAB 中，绘制威布尔（Weibull）分布概率图的命令为 weibplot，调用格式为

```
weibplot(X);
```

其中，当输入 X 为向量时，显示威布尔分布概率图。如果样本数据点基本散布在一条直线上，则表明数据服从该分布，否则拒绝该分布。

例 2.1－8 对于例 2.1－7 模拟的样本数据 Nr，分别作出两个分量的正态概率图，从图形直观检验各分量是否服从正态分布。

解 编写程序如下（接例 2.1－7 编写程序）：

```
figure(3)
subplot(1,2,1),normplot(Nr(:,1))          %分量 X 的正态概率图
subplot(1,2,2),normplot(Nr(:,2))          %分量 Y 的正态概率图
```

从图 2－8 可以看出，两个分量的正态概率图呈现一条直线形状，所以样本中的每个分量都服从正态分布。事实上，数学理论已证明，二元正态分布的边缘分布仍为正态分布。正态概率图反映的结果与理论一致。

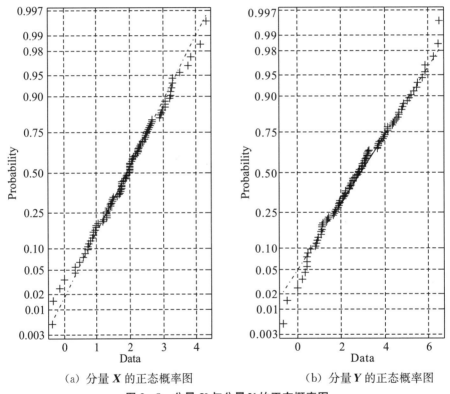

（a）分量 X 的正态概率图　　　　　　　　（b）分量 Y 的正态概率图

图 2－8　分量 X 与分量 Y 的正态概率图

2. Q－Q 图

Q－Q 图可以用于检验样本数据是否服从指定的分布，是样本数据的分位数与所指定分布的分位数之间的关系曲线图。通常情况下，一个坐标轴表示样本分位数，另一个坐标轴表示指定分布的分位数。每一个样本数据对应图上的一个"＋"，图中有一条参考直线，若图中的"＋"都集中在这条参考线附近，说明样本数据近似服从指定的分布；否则，偏离参考线的"＋"越多，说明样本数据越不服从指定的分布。

例如，设总体服从正态分布 $N(\mu,\sigma^2)$，来自总体的样本为 $x_1,x_2,\cdots,x_n$，其次序统

计量 $x_{(1)} \leqslant x_{(2)} \leqslant \cdots \leqslant x_{(n)}$，则平面上 n 个点：

$$\left(\varphi^{-1}\left(\frac{i - 0.375}{n + 0.25}\right), x_i \right) \quad (i = 1, 2, \cdots, n) \tag{2.1.26}$$

其散点图称为 Q-Q 图，其中 $\varphi^{-1}\left(\dfrac{i - 0.375}{n + 0.25}\right)$ 为标准正态分布函数的反函数。

可以证明，若样本确是来自正态总体，则散点在直线 $y = \sigma x + \mu$ 附近，即 Q-Q 图大致呈现一条直线形状；若样本来自其他分布总体，样本 Q-Q 图将是弯曲的。这样，利用 Q-Q 图可以直观地做正态性检验，即若 Q-Q 图近似一条直线，则可认为样本数据来自正态总体。

对于其他类型的分布，也有相应的 Q-Q 图，其中散点的横坐标为该分布的对应分位数，以此可判断数据是否近似服从该类型的分布。

在 MATLAB 中，绘制 Q-Q 图的命令为 qqplot，调用格式为

```
qqplot(X);
qqplot(X, PD);
```

其中，X 为样本数据，PD 是由 fitdist 命令指定的分布类，其指定调用方式为

```
PD = fitdist(X, distname);
```

这里的 distname 是指定的分布类名称。常用的 distname 有 Beta（贝塔分布）、Binomial（二项分布）、Exponential（指数分布）、Normal（正态分布）、Weibull（威布尔分布）等。qqplot 中省略 PD 时默认为标准正态分布。

例 2.1-9　对于例 2.1-7 模拟的样本数据 Nr，分别作出两个分量的 Q-Q 图，从图形直观检验各分量是否服从正态分布。

解　编写程序如下（接例 2.1-6 编写程序）：

```
figure(4)
subplot(1,2,1), qqplot(Nr(:,1)), grid on        %分量 X 的正态 Q-Q 图
subplot(1,2,2), qqplot(Nr(:,2)), grid on        %分量 Y 的正态 Q-Q 图
```

从图 2-9 可以看出，两个分量的 Q-Q 图呈现一条直线形状，所以样本中的每个分量都服从正态分布。

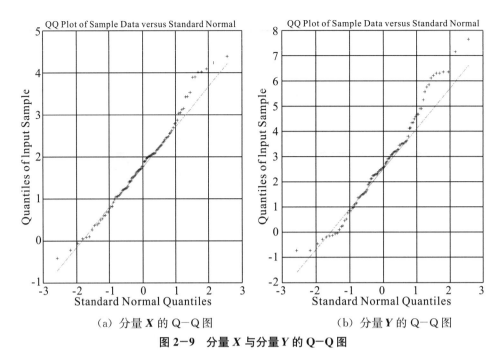

(a) 分量 X 的 Q-Q 图 (b) 分量 Y 的 Q-Q 图

图 2-9 分量 X 与分量 Y 的 Q-Q 图

例 2.1-10 模拟生成服从自由度为 8 的卡方分布的样本数据 300 个，记为 c_1，分别绘制 c_1 的正态概率图与卡方分布的 Q-Q 图，从图形直观检验该数据是否服从指定的分布。

解 编写程序如下：

```
clear
s=rng;rng(s);          %保持生成样本不变，即程序每次运行时生成的随机数相同
c1=chi2rnd(8,[300,1]);c2=sort(c1);          %模拟生成卡方分布样本
plot(c2,chi2pdf(c2,8),'+ -');          %绘制卡方分布的密度曲线(图 2-10)
title('卡方分布的密度曲线');legend('自由度 n=8');
grid on
figure
pd=makedist('Gamma','a',4,'b',0.5)          %创建参数 a=4、b=0.5 的伽马分布
subplot(1,2,1),normplot(c1);          %绘制样本的正态概率图[图 2-11(a)]
subplot(1,2,2),qqplot(c1,pd);
grid on          %按指定分布绘制样本的 Q-Q 图[图 2-11(b)]
```

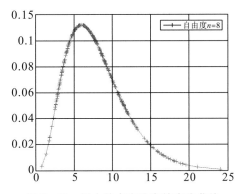

图 2−10　样本的卡方分布的密度曲线

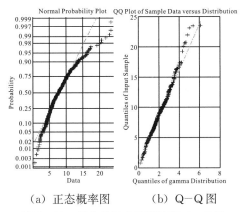

（a）正态概率图　　　（b）Q−Q 图

图 2−11　样本的正态概率图与 Q−Q 图

从图 2−10 可看出，样本数据分布是偏态的。图 2−11(a) 两端偏离参考直线明显，表明数据不服从正态分布。图 2−11(b) 呈现在参考直线附近，可初步判定数据服从指定的伽马分布，程序中指定的伽马分布参数 $a = 4$、$b = 0.5$，即自由度为 8 的卡方分布。

注：自由度为 n 的卡方分布是参数 $a = n/2$，$b = 0.5$ 的伽马分布。

2.2　数据分布及其检验

样本数据的数字特征刻画了数据的主要特征，而要对数据的总体情况做全面了解，就必须研究数据的分布。数据直方图与 Q−Q 图等能直观粗略地描述数据的分布，本节进一步研究如何判定数据是否服从正态分布的问题。若不服从正态分布，那么可能服从怎样的分布？

2.2.1 一维数据的分布与检验

2.2.1.1 经验分布函数

设来自总体 X 的容量为 n 的样本 $x_1, x_2, \cdots, x_n$，样本的次序统计量为 $x_{(1)}, x_{(2)}, \cdots,$ $x_{(n)}$，对于任意实数 x，定义函数：

$$F_n(x) = \begin{cases} 0, & \text{若 } x < x_{(1)} \\ \dfrac{k}{n}, & \text{若 } x_{(k)} \leqslant x < x_{(k+1)} (k = 1, 2, \cdots, n-1) \\ 1, & \text{若 } x \geqslant x_{(n)} \end{cases} \tag{2.2.1}$$

称 $F_n(x)$ 为经验分布函数。

由定义可知，$F_n(x)$ 表示事件 $\{X \leqslant x\}$ 在 n 次独立重复试验中的频率。

1933 年，格里汶科（Glivenko）证明了以下结果：对于任一个实数 x，当 $n \to \infty$ 时，$F_n(x)$ 以概率 1 一致收敛于分布函数 $F(x)$，即

$$P\{\lim_{n \to \infty} \sup_{-\infty < x < \infty} |F_n(x) - F(x)| = 0\} = 1$$

这一结论表明，对于任一实数 x，当 n 充分大时，有

$$F(x) \approx F_n(x) \tag{2.2.2}$$

因此，可用经验分布函数来近似代替 $F(x)$，这一点也是由样本推断总体的最基本理论依据之一。

在 MATLAB 中，作经验（累积）分布函数图形命令 cdfplot 的调用格式为

```
1.cdfplot(X);              %作样本 X(向量)的经验(累积)分布函数图形
2.h=cdfplot(X);                              %h 表示曲线的环柄
3.[h,stats]=cdfplot(X);
                %输出 stats 表示样本最小值、最大值、均值、中值与标准差
```

通常，将样本的直方图与经验分布函数图结合应用，对数据的分布做出推断。

例 2.2-1 生成服从标准正态分布的 50 个样本点，作出样本的经验分布函数图，并与理论分布函数 $\varphi(x)$ 比较。

解 编写程序如下：

```
clear
X=normrnd(0,1,50,1);              %生成服从标准正态分布的 50 个样本点
[h,stats]=cdfplot(X);                      %绘制样本的经验分布函数图
hold on
plot(-3:0.01:3,normcdf(-3:0.01:3,0,1),'r')        %绘制理论分布函数图
legend('样本经验分布函数 Fn(x)','理论分布函数 Φ(x)','Location','Northwest');
```

输出结果：

```
h=
    3.0013
    stats=
    min:-1.8740                                              %样本最小值
    max:1.6924                                               %最大值
    mean:0.0565                                              %平均值
    median:0.1032                                            %中间值
    std:0.7559                                               %样本标准差
```

图 2-12 表明样本的经验分布函数图形与理论分布函数图十分相近。

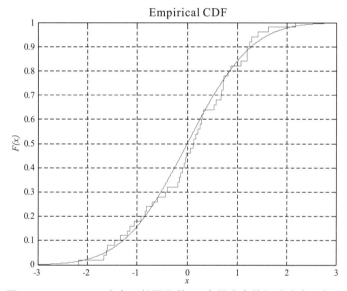

图 2-12　$N(0,1)$ 分布函数图及其 **50** 个样本点的经验分布函数图

2.2.1.2　总体分布的正态性检验

进行参数估计和假设检验时，通常总是假定总体服从正态分布，虽然在许多情况下这个假设是合理的，但是当要以此为前提进行重要的参数估计或假设检验，或者人们对它有较大怀疑时，就确有必要对这个假设进行检验。进行总体分布的正态性检验的方法有很多种，以下针对 MATLAB 统计工具箱中提供的程序，简单介绍几种方法。

1．Jarque-Bera 检验

Jarque-Bera 检验简称 JB 检验，它是利用正态分布的偏度 sk 和峰度 ku，构造一个包含 sk、ku 且自由度为 2 的卡方分布统计量。

$$JB = n\left(\frac{1}{6}J^2 + \frac{1}{24}B^2\right) \sim \chi^2_{(2)} \qquad (2.2.3)$$

式中，$J = \dfrac{1}{n}\sum\limits_{i=1}^{n}\left(\dfrac{x_i - \overline{x}}{S}\right)^3$，$B = \dfrac{1}{n}\sum\limits_{i=1}^{n}\left(\dfrac{x_i - \overline{x}}{S}\right)^4 - 3$。

对于显著性水平 α，当 JB 统计值小于 χ^2 分布的 $1-\alpha$ 分位数 $\chi^{2(2)}_{1-\alpha}$ 时接受 H_0，即认为总体服从正态分布；否则，拒绝 H_0，即认为总体不服从正态分布。这个检验适用于大样本，当样本容量 n 较小时需慎用。

在 MATLAB 中，JB 检验命令 jbtest 的调用格式为

> 1. H=jbtest(X, alpha);
> 2. [H, P, JBSTAT, CV]=jbtest(X, alpha);

其中，对输入向量 X 进行 JB 检验，显著性水平 alpha 缺省为 0.05。输出 H 为测试结果，若 H=0，则不能拒绝 X 服从正态分布；若 H=1，则可以否定 X 服从正态分布。输出 P 为接受假设的概率值，P 小于 alpha，则可以拒绝是正态分布的原假设。JBSTAT 为测试统计量的值，CV 为是否拒绝原假设的临界值，JBSTAT 大于 CV 可以拒绝是正态分布的原假设。

命令如 jbest 一般用于大样本，对于小样本用命令 lillietest。

2. Kolmogorov-Smirnov 检验

Kolmogorov-Smirnov 检验简称 KS 检验，它是通过样本的经验分布函数与给定分布函数的比较，推断该样本是否来自给定分布函数的总体。设给定分布函数为 $G(x)$，构造统计量：

$$D_n = \max_n(\mid F_n(x) - G(x) \mid) \tag{2.2.4}$$

即两个分布函数之差的最大值，对于假设 H_0：总体服从给定的分布 $G(x)$，及给定的 α，根据 D_n 的极限分布确定统计量关于是否接受 H_0 的数量界限。

因为这个检验需要给定 $G(x)$，所以当用于正态性检验时只能做标准正态检验，即 H_0：总体服从标准正态分布 $N(0,1)$。

在 MATLAB 中，KS 检验命令 kstest 的调用格式为

> 1. h=kstest(x);
> 2. h=kstest(x, cdf);
> 3. [h, p, ksstat, cv]=kstest(x, cdf, alpha);

其中，把向量 x 中的值与标准正态分布进行比较并返回假设检验结果 h。若 h=0，表示不能拒绝原假设，即不能拒绝服从正态分布；若 h=1，则可以否定 x 服从正态分布。假设的显著水平默认值是 0.05。cdf 是一个两列矩阵，矩阵的第一列包含可能的 x 值，第二列是假设累积分布函数 $G(x)$ 的值。在可能的情况下，cdf 的第一列应包含 x 中的值，如果第一列没有，则用插值的方法近似。指定显著水平 alpha，返回 p、KS 检验统计量 ksstat、截断值 cv。

3. Lilliefors 检验

Lilliefors 检验是改进 KS 检验并用于一般的正态性检验，原假设 H_0：总体服从正态分布 $N(\mu, \sigma^2)$，其中 μ、σ^2 为样本均值和方差估计。

Lilliefors 检验的 MATLAB 命令 lillietest 的调用格式为

> 1. H＝lillietest(X, alpha)；
> 2. [H, P, LSTAT, CV]＝lillietest(X, alpha)；

其中，对输入量 X 进行 Lilliefors 检验，显著性水平 alpha 在 0.01～0.02 之间，缺省时为 0.05。输出 P 为接受假设的概率值，LSTAT 为测试统计量的值，CV 为是否拒绝原假设的临界值。H 为测试结果，若 H＝0，则不能拒绝 X 服从正态分布；若 H＝1，则可以否定 X 服从正态分布。P 小于 alpha，则可以拒绝是正态分布的原假设；LSTAT 大于 CV，则可以拒绝是正态分布的原假设。

例 2.2－2　在例 2.1－5 中，检验钢材产量是否服从正态分布。

解　编写程序如下：

```
clear
a＝xlsread('chart2－1.xlsx');              ％读取数据
h1＝jbtest(a(:,1))                         ％JB 检验
h2＝kstest(a(:,1))                         ％KS 检验
h3＝lillietest(a(:,1))                     ％改进 KS 检验
qqplot(a(:,1))
```

程序运行结果：$h_1＝0$、$h_2＝1$、$h_3＝0$，表示 JB 检验和 Lilliefors 检验支持钢材产量服从正态分布，KS 检验不支持钢材产量服从正态分布，从 Q－Q 图（图 2－13）可看出钢材产量其实不支持服从正态分布。

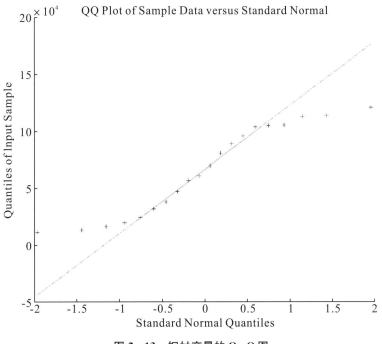

图 2－13　钢材产量的 Q－Q 图

2.2.2 多维数据的正态分布检验

2.2.2.1 多维正态分布的概念与性质

设 p 维总体 $\boldsymbol{X} = (x_1, x_2, \cdots, x_p)$ 的分布密度函数为

$$f(x_1, x_2, \cdots, x_p) = \frac{1}{(2\pi)^{p/2} \mid \sum \mid^{1/2}} \exp\left\{ -\frac{1}{2} (x-\mu)^{\mathrm{T}} \sum\nolimits^{-1} (x-\mu) \right\} \quad (2.2.5)$$

则称 $\boldsymbol{X}$ 服从 p 维正态分布，记为 $\boldsymbol{X} \sim \boldsymbol{N}_p(\boldsymbol{\mu}, \sum)$。其中，$\boldsymbol{x} = (x_1, x_2, \cdots, x_3)^{\mathrm{T}}$，

$\boldsymbol{\mu} = (\mu_1, \mu_2, \cdots, \mu_p)^{\mathrm{T}}$，$\sum = \begin{bmatrix} \sigma_{11} & \cdots & \sigma_{1p} \\ \vdots & & \vdots \\ \sigma_{p1} & \cdots & \sigma_{pp} \end{bmatrix}$。$\boldsymbol{\mu}$ 称为总体均值向量，$\sum$ 称为总体协方差

矩阵。

多维正态分布具有以下性质：

(1) 多维正态分布的边缘分布还是服从正态分布，反之不真。

(2) 多维正态分布在线性变换下仍然服从多维正态分布。即若 $\boldsymbol{X} \sim \boldsymbol{N}_p(\boldsymbol{\mu}, \sum)$，$\boldsymbol{A}$ 为 $s \times p$ 阶常数矩阵，$\boldsymbol{d}$ 为 s 维常数向量，则

$$\boldsymbol{AX} + \boldsymbol{d} \sim \boldsymbol{N}_s(\boldsymbol{A\mu} + \boldsymbol{d}, \boldsymbol{A} \sum \boldsymbol{A}^{\mathrm{T}})$$

服从正态分布的随机变量间相互独立与不相关等价。

2.2.2.2 多维正态分布的 Q-Q 图检验方法

对于来自总体且由式（2.1.16）表示的样本数据矩阵 $\boldsymbol{X}$，怎样检验其是否是来自多维正态总体呢？一般可按照 Q-Q 图检验方法，具体过程如下：

由样本数据矩阵 $\boldsymbol{X}$ 计算均值向量 $\bar{\boldsymbol{X}}$ 和协方差矩阵 $\boldsymbol{S}$。

计算样本点 $\boldsymbol{X}_{[t]}$ 到 $\bar{\boldsymbol{X}}$ 的马氏平方距离，其中 $\boldsymbol{X}_{[t]}$ 表示 $\boldsymbol{X}$ 的第 t 行。

$$D_t^2 = (\boldsymbol{X}_{[t]} - \bar{\boldsymbol{X}})^{\mathrm{T}} \boldsymbol{S}^{-1} (\boldsymbol{X}_{[t]} - \bar{\boldsymbol{X}}) \quad (t = 1, 2, \cdots, n)$$

对上述马氏平方距离从小到大排序：

$$D_{(1)}^2 \leqslant D_{(2)}^2 \leqslant \cdots \leqslant D_{(n)}^2$$

计算 $P_t = \dfrac{t - 0.5}{n} (t = 1, 2, \cdots, n)$ 及 χ_t^2，其中 χ_t^2 满足 $H(\chi_t^2 \mid p) = P_t$。

以马氏距离为横坐标，χ_t^2 分位数为纵坐标作 n 个点 (D_t^2, χ_t^2) 的平面散点图，即分布的 Q-Q 图。

考查散点图是否在一条通过原点且斜率为 1 的直线上，若是，则接受数据来自 p 维正态分布总体的假设；否则，拒绝正态分布假设。

Q-Q 图检验方法的 MATLAB 程序实现如下：

```
X=[data];                              %输入样本数据矩阵 X
[N,p]=size(X);                         %X 的行数及列数
d=mahal(X,X);                          %计算马氏距离
dl=sort(d);                            %马氏距离从小到大排序
pt=[[1:N]-0.5]/N;                      %计算分位数
x2=chi2inv(pt,p);                      %计算 χ²ᵢ
plot(d1,x2,'*',[0:m],[0:m],'-r')  %作散点图与直线 Y=x,其中 m 是正整数
```

例 2.2-3　为了研究某种材料的物理特性,将一批样品(60 个)分为三组(G_1、G_2、G_3)同时进行四项指标的检测,即样品总表面积(X_1)、导热系数(X_2)、电导率(X_3)、热容(X_4),检测结果列在表 2-7 中。现将三组检验数据视为一个总体,问:总体是否服从四维正态分布?

表 2-7　四项指标的检测结果

G_1				G_2				G_3			
X_1	X_2	X_3	X_4	X_1	X_2	X_3	X_4	X_1	X_2	X_3	X_4
260	75	40	18	310	122	30	21	320	64	39	17
200	72	34	17	310	60	35	18	260	59	37	11
240	87	45	18	190	40	27	15	360	88	28	26
170	65	39	17	225	65	34	16	295	100	36	12
270	110	39	24	170	65	37	16	270	65	32	21
205	130	34	23	210	82	31	17	380	114	36	21
190	69	27	15	280	67	37	18	240	55	42	10
200	46	45	15	210	38	36	17	260	55	34	20
250	117	21	20	280	65	30	23	260	110	29	20
200	107	28	20	200	76	40	17	295	73	33	21
225	130	36	11	200	76	39	20	240	114	38	18
210	125	26	17	280	94	26	11	310	103	32	18
170	64	31	14	190	60	33	17	330	112	21	11
270	76	33	13	295	55	30	16	345	127	24	20
190	60	34	16	270	125	24	21	250	62	22	16
280	81	20	18	280	120	32	18	260	59	21	19
310	119	25	15	240	62	32	20	225	100	34	30
270	57	31	8	280	69	29	20	345	120	36	18
250	67	31	14	370	70	30	20	360	107	25	23
260	135	39	29	280	40	37	17	250	117	36	16

解 先将表 2-7 中数据按原位置作为矩阵 **A** 输入，然后整理成样本数据矩阵 **X**。程序如下：

```
clear
A=xlsread('chart2-7. xlsx');
X=[A(:,1:4);A(:,5:8);A(:,9:12)];        %整理成样本数据矩阵 X
[N,p]=size(X);
d=mahal(X,X);                           %计算马氏距离
d1=sort(d);                            %从小到大排序
pt=[[1:N]-0.5]/N;                       %计算分位数
x2=chi2inv(pt,p);                      %计算 x₂
plot(d1,x2,'*',[0:12],[0:12],'-r')     %作图
```

输出图形如图 2-14 所示。

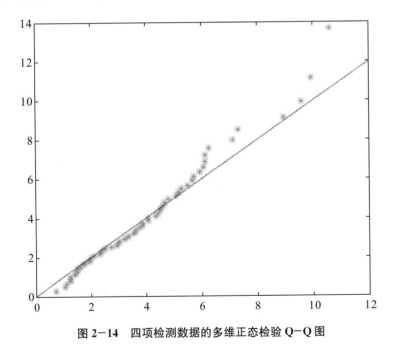

图 2-14 四项检测数据的多维正态检验 Q-Q 图

由图 2-14 可以看出，数据点基本落在直线上，故不能拒绝该数据服从四维正态分布的假设。

2.2.2.3 多个总体协方差矩阵的相等性检验

1. 两个总体协方差矩阵相等的检验

设从两个总体分别抽取样本容量为 n_1、n_2 的样本，其协方差矩阵分别为 S_1、S_2，那么当两个总体协方差矩阵相等时，其总体的协方差矩阵的估计为

$$S = \frac{(n_1 - 1)\,\mathbf{S}_1 + (n_2 - 1)\,\mathbf{S}_2}{(n_1 + n_2 - 2)}$$

若检验两个总体的协方差矩阵相等，可以有如下步骤：

假设检验：

$$H_0 : \mathbf{S}_i = \mathbf{S} \leftrightarrow H_1 : \mathbf{S}_i \neq \mathbf{S} \quad (i = 1, 2)$$

检验统计量：

$$Q_i = (n_i - 1)\left[\ln|\mathbf{S}| - \ln|\mathbf{S}_i| - p + tr(\mathbf{S}^{-1}\mathbf{S}_i)\right] \sim \chi^2(p(p+1)/2) \quad (i = 1, 2)$$

$$(2.2.6)$$

式中，$|\cdot|$ 表示行列式，p 是向量的维数，tr 表示矩阵的迹。

对给定的 α，卡方分布临界值为 λ，若 $Q_i < \lambda(i = 1, 2)$，接受 H_0；否则，拒绝 H_0。

例 2.2-4　（1989 年国际数学竞赛 A 题：蠓的分类）蠓是一种昆虫，分为很多类型，其中一种名为 Af，是能传播花粉的益虫；另一种名为 Apf，是会传播疾病的害虫。这两种类型的蠓在形态上十分相似，很难区别。现测得 6 只 Apf 和 9 只 Af 的触角长度和翅膀长度数据如下：

Apf：(1.14, 1.78)、(1.18, 1.96)、(1.20, 1.86)、(1.26, 2.00)、(1.28, 2.00)、(1.30, 1.96)

Af：(1.24, 1.72)、(1.36, 1.74)、(1.38, 1.64)、(1.38, 1.82)、(1.38, 1.90)、(1.40, 1.70)、(1.48, 1.82)、(1.54, 1.82)、(1.56, 2.08)

判别 Apf 与 Af 两类蠓的协方差矩阵是否相等。

将 Apf 与 Af 整理到文件名为 chart2-8.xlsx 的表格中。

解　编写检验协方差矩阵相等的源程序如下：

```
clear
apf=xlsread('chart2-8.xlsx','A3:B8');
af=xlsread('chart2-8.xlsx','C3:D11');
n1=6;n2=9;p=2;
s1=cov(apf);s2=cov(af);
s=((n1-1)*s1+(n2-1)*s2)/(n1+n2-2);              %计算混合样本方差
%计算检验统计量观测值
Q1=(n1-1)*(log(det(s))-log(det(s1))-p+trace(inv(s)*s1))
Q2=(n2-1)*(log(det(s))-log(det(s2))-p+trace(inv(s)*s2))
```

输出结果：$Q_1 = 2.5784$，$Q_2 = 0.7418$。

给定 $\alpha = 0.05$，查表得到临界值 $\chi^2_{1-\alpha}{}^{(3)} = 7.8147$［命令 chi2inv(0.95,3)］，由于 $Q_1 = 2.5784 < 7.8147$，$Q_2 = 0.7418 < 7.8147$，故认为两类总体协方差矩阵相同。

2. 多个总体协方差矩阵相等的检验

设有 k 个 p 维总体 $G_i(i = 1, 2, \cdots, k)$，从每个总体中分别抽取样本容量为 $n_i(i = 1,$

$2, \cdots, k$) 的 K 个样本，其样本的协方差矩阵为 $\boldsymbol{S}_1, \boldsymbol{S}_2, \cdots, \boldsymbol{S}_k$，用 $\boldsymbol{S}_1, \boldsymbol{S}_2, \cdots, \boldsymbol{S}_k$ 估计 $\sum_1$，$\sum_2, \cdots, \sum_k$。其中 $\sum_i$ 为总体 G_i 的协方差矩阵。

$$\text{原假设 } H_0 : \sum_1 = \sum_2 = \cdots = \sum_k$$

$$\text{备择假设 } H_1 : \sum_1, \sum_2, \cdots, \sum_k \text{ 至少有一对不相等}$$

当 H_0 成立时，统计量为

$$\xi = (1-d)M \sim \chi^2(f) \tag{2.2.7}$$

式中，$M = (n-k)\ln|\boldsymbol{S}| - \sum_{i=1}^{k}(n_i-1)\ln|\boldsymbol{S}_i|$，$\boldsymbol{S} = \sum_{i=1}^{k}(n_i-1)\boldsymbol{S}_i/(n-k)_i$，$f = p(p+1)(k-1)/2$ 为自由度，$n = n_1 + n_2 + \cdots + n_k$，

$$d = \begin{cases} \dfrac{2p^2+3p-1}{6(p+1)(k-1)}\left(\displaystyle\sum_{i=1}^{k}\dfrac{1}{n_i-1} - \dfrac{1}{n-k}\right), & n_i \text{ 不全等} \\[3mm] \dfrac{(2p^2+3p-1)(k+1)}{6(p+1)(n-k)}, & n_i \text{ 全等} \end{cases}$$

对给定的 α，计算概率 $p = P(\xi > \chi^2_\alpha(f))$，若 $p < \alpha$，则拒绝 H_0；否则，接受 H_0。

例 2.2-5 检验表 2-7 中三个总体 G_1、G_2、G_3 的协方差矩阵是否相等 ($\alpha = 0.1$)。

解 编写程序如下：

```
clear
A=xlsread('chart2-7.xlsx');
G1=A(:,1:4);                                    %提取总体1的样本
G2=A(:,5:8);
G3=A(:,9:12);
n=size(G1,1)+size(G2,1)+size(G2,1);             %计算总的样本容量
[n1,p]=size(G1);
k=3;
f=p*(p+1)*(k-1)/2;                              %统计自由度
d=(2*p^2+3*p-1)*(k+1)/(6*(p+1)*(n-k));          %由式(2.2.8)计算
s1=cov(G1);                                      %协方差矩阵
s2=cov(G2);                                      %协方差矩阵
s3=cov(G3);                                      %协方差矩阵
s=(n1-1)*(s1+s2+s3)/(n-k);                      %总体协方差矩阵估计
M=(n-k)*log(det(s))-19*(log(det(s1))+log(det(s2))+log(det(s3)));
                                                %计算式(2.2.7)中的 M 值
T=(1-d)*M                                        %计算式(2.2.7)统计量
P0=1-chi2cdf(T,f)                                %卡方分布概率
```

输出结果：$T = 20.3316$，$P_0 = 0.4374$。

由于由统计量计算得到的概率 $P_0 = 0.4374 > 0.1$，故判定三个总体协方差矩阵相等。

2.3 数据变换

2.3.1 数据属性变换

在解决经济问题综合评价时,评价指标通常分为效益型、成本型、适度型等类型。效益型指标值越大越好,成本型指标值越小越好,适度型指标值既不能太大也不能太小。

一般来说,对问题进行综合评价,必须统一评价指标的属性,进行指标的无量纲化处理。常见的处理方法有极差变换、线性比例变换、样本标准化变换等。

我们将式(2.1.16)表示的样本数据矩阵 X 的每一列理解为评价指标,共有 p 个指标,X 的每一行理解为不同决策方案关于 p 项评价指标的指标值,共有 n 个方案,这样表示第 i 个方案关于第 j 项评价指标的指标值为 $x_{ij}(i=1,2,\cdots,n;j=1,2,\cdots,p)$。

2.3.1.1 统一趋势与无量纲化

我们用 I_1、I_2、I_3 分别表示效益型、成本型和适度型指标集合,运用极差变换法建立无量纲的效益型矩阵 B 与成本型矩阵 C,运用线性比例变换法可建立无量纲的效益型矩阵 D 与成本型矩阵 E。

1. 效益型矩阵

效益型矩阵的变换公式为

$$B=(b_{ij})_{n\times p}, b_{ij}=\begin{cases} \dfrac{x_{ij}-\min\limits_{1\leqslant i\leqslant n}x_{ij}}{\max\limits_{1\leqslant i\leqslant n}x_{ij}-\min\limits_{1\leqslant i\leqslant n}x_{ij}} & x_{ij}\in I_1 \\[4mm] \dfrac{\max\limits_{1\leqslant i\leqslant n}x_{ij}-x_{ij}}{\max\limits_{1\leqslant i\leqslant n}x_{ij}-\min\limits_{1\leqslant i\leqslant n}x_{ij}} & x_{ij}\in I_2 \\[4mm] \dfrac{\max\limits_{1\leqslant i\leqslant n}|x_{ij}-a_j|-|x_{ij}-a_j|}{\max\limits_{1\leqslant i\leqslant n}|x_{ij}-a_j|-\min\limits_{1\leqslant i\leqslant n}|x_{ij}-a_j|} & x_{ij}\in I_3 \end{cases} \quad (2.3.1)$$

式中,a_j 为第 j 项指标的适度数值。

显然,指标经过极差变换后,均有 $0\leqslant b_{ij}\leqslant 1$,且各指标中最好结果的属性值 $b_{ij}=1$,最坏结果的属性值 $b_{ij}=0$。指标变换前后的属性值成线性比例。

2. 成本型矩阵

成本型矩阵的变换公式为

$$C = (c_{ij})_{n\times p}, c_{ij} = \begin{cases} \dfrac{\max\limits_{1\leqslant i\leqslant n} x_{ij} - x_{ij}}{\max\limits_{1\leqslant i\leqslant n} x_{ij} - \min\limits_{1\leqslant i\leqslant n} x_{ij}} & x_{ij} \in I_1 \\[4mm] \dfrac{x_{ij} - \min\limits_{1\leqslant i\leqslant n} x_{ij}}{\max\limits_{1\leqslant i\leqslant n} x_{ij} - \min\limits_{1\leqslant i\leqslant n} x_{ij}} & x_{ij} \in I_2 \\[4mm] \dfrac{|x_{ij} - a_j| - \min\limits_{1\leqslant i\leqslant n}|x_{ij} - a_j|}{\max\limits_{1\leqslant i\leqslant n}|x_{ij} - a_j| - \min\limits_{1\leqslant i\leqslant n}|x_{ij} - a_j|} & x_{ij} \in I_3 \end{cases} \tag{2.3.2}$$

式中，a_j 为第 j 项指标的适度数值。

显然，指标经过极差变换后，均有 $0\leqslant c_{ij}\leqslant 1$，且各指标中最坏结果的属性值 $c_{ij}=1$，最好结果的属性值 $c_{ij}=0$。

3. 优属度效益型矩阵

优属度效益型矩阵的变换公式为

$$D = (d_{ij})_{n\times p}, d_{ij} = \begin{cases} \dfrac{x_{ij}}{\max\limits_{1\leqslant i\leqslant n} x_{ij}} & x_{ij} \in I_1 \\[4mm] \dfrac{\min\limits_{1\leqslant i\leqslant n} x_{ij}}{x_{ij}} & x_{ij} \in I_2 \\[4mm] \dfrac{\min\limits_{1\leqslant i\leqslant n}|x_{ij} - a_j|}{|x_{ij} - a_j|} & x_{ij} \in I_3 \end{cases} \tag{2.3.3}$$

式中，a_j 为第 j 项指标的适度数值。

4. 比值成本型矩阵

比值成本型矩阵的变换公式为

$$E = (e_{ij})_{n\times p}, e_{ij} = \begin{cases} \dfrac{\min\limits_{1\leqslant i\leqslant n} x_{ij}}{x_{ij}} & x_{ij} \in I_1 \\[4mm] \dfrac{x_{ij}}{\max\limits_{1\leqslant i\leqslant n} x_{ij}} & x_{ij} \in I_2 \\[4mm] \dfrac{|x_{ij} - a_j|}{\max\limits_{1\leqslant i\leqslant n}|x_{ij} - a_j|} & x_{ij} \in I_3 \end{cases} \tag{2.3.4}$$

式中，a_j 为第 j 项指标的适度数值。显然，指标变换前后的属性值成比例。

例 2.3-1 表 2-9 给出了我国 1996—2013 年农业生产情况统计数据，根据数据建立效益型矩阵 B 与比值成本型矩阵 E。

表 2－9　我国 1996—2013 年农业生产情况统计数据

年份	粮食产量 （万吨）	受灾面积 （千公顷）	有效灌溉面积 （千公顷）	农用化肥施用 折纯量（万吨）	农村用电量 （亿千瓦小时）
1996	50453.50	46.991	50381.60	3827.90	1812.72
1997	49417.10	53427	51238.50	3980.70	1980.10
1998	51229.53	50145	52295.60	4083.69	2042.15
1999	50838.58	49980	53158.41	4124.32	2173.45
2000	46217.52	54688	53820.33	4146.41	2421.30
2001	45263.67	52215	54249.39	4253.76	2610.78
2002	45705.75	46946	54354	4339.39	2993.40
2003	43069.53	54506	54014.23	4411.56	3432.92
2004	46946.95	37106	54478.42	4636.58	3933.03
2005	48402.19	38818	55029.34	4766.22	4375.70
2006	49804.23	41091	55750.50	4927.69	4895.82
2007	50160.28	48992	56518.34	5107.83	5509.93
2008	52870.92	39990	58471.68	5239.02	5713.15
2009	53082.08	47214	59261.45	5404.35	6104.44
2010	54647.71	37426	60347.70	5561.68	6632.35
2011	57120.85	32471	61681.56	5704.24	7139.62
2012	58957.97	24960	63036.43	5838.85	7508.46
2013	60193.84	31350	63350.60	5911.86	8549.52

资料来源：中华人民共和国国家统计局。

　　解　根据指标的具体含义可知，受灾面积是成本型数据，化肥施用量是适度型数据（取适度数值为 4000），其余指标都是效益型数据。编写程序如下：

```
clear
A＝xlsread('chart2－9.xlsx');                          ％输入原始数据
[m,n]＝size(A);
      ％对矩阵 A，按列指标的属性，对数据进行变换，建立效益型矩阵 B 的程序
B1＝[A(:,1)－min(A(:,1)),max(A(:,2))－A(:,2),A(:,3)－min(A(:,3)),
max(abs(A(:,4)－4000))－abs(A(:,4)－4000),A(:,5)－min(A(:,5))];
      B2＝[ones(m,1)＊range(A)];
      B＝B1./[B2(:,1:3),ones(m,1)＊range(max(abs(A(:,4)－4000))),B2(:,5)]
          ％按 A 矩阵列指标的属性，对数据进行变换，建立比值成本型矩阵 E 程序
```

```
E1=[ones(m,1) * min(A(:,[1,3,5]))]./A(:,[1,3,5]);
E2=A(:,2)./max(A(:,2));
E3=abs(A(:,4)-4000)./[max(abs(A(:,4)-4000))];
E=[E1(:,1),E2,E1(:,2),E3,E1(:,3)]
```

程序运行结果（仅列出了变换后数据的前两行，其余各行省略了）：

```
B=
    0.4312    0.2589    0.0000    0.9193    0.0000
    0.3707    0.0424    0.0661    1.0000    0.0248
...
E=
    0.8536    0.8593    1.0000    0.0900    1.0000
    0.8716    0.9769    0.9833    0.0101    0.9155
...
```

2.3.1.2 压缩变换模糊化

对于实际数据，还可以通过以下变换将原始数据压缩到 $[0,1]$ 区间，从而构造出模糊集合。利用 MATLAB 的模糊数学工具箱，可以直接调用表 2-10 中函数命令实现数据压缩模糊转换。

表 2-10 模糊工具箱隶属度函数

函数名称	函数表达式	命令格式	数据类型
高斯形函数	$y = \exp\{-(x-\mu)^2/2\sigma^2\}$	y=gaussmf(x,[sig,c])	适度型
钟形函数	$y = 1/[1+|(x-c)/a|^{2b}]$	y=gbellmf(x,[a,b,c])	适度型
S形函数	$f(x,a,b)=\begin{cases} 0 & x \leqslant a \\ 2\left(\dfrac{x-a}{b-a}\right)^2 & a \leqslant x \leqslant \dfrac{a+b}{2} \\ 1-2\left(\dfrac{b-x}{b-a}\right)^2 & \dfrac{a+b}{2} \leqslant x \leqslant b \\ 1 & x \geqslant b \end{cases}$	y=smf(x,[a,b])	效益型
Z形函数	$f(x,a,b)=\begin{cases} 1 & x \leqslant a \\ 1-2\left(\dfrac{x-a}{b-a}\right)^2 & a \leqslant x \leqslant \dfrac{a+b}{2} \\ 2\left(\dfrac{b-x}{b-a}\right)^2 & \dfrac{a+b}{2} \leqslant x \leqslant b \\ 0 & x \geqslant b \end{cases}$	y=zmf(x,[a,b])	成本型
Sigmoid 函数	$y = \dfrac{1}{1+e^{-a(x-c)}}$	y=sigmf(x,[a,c])	$a>0$，效益型 $a<0$，成本型

例 2.3－2　对于例 2.3－1 的粮食产量数据用 S 形函数建立高产的隶属度函数。

解　编写程序如下：

```
clear
A=xlsread('chart2－9.xlsx');                          %输入原始数据
a=min(A(:,1));                                        %设置 S 形函数的参数 a
b=max(A(:,1));                                        %设置 S 形函数的参数 b
y=smf(A(:,1),[a,b]);                                  %S 形函数命令
subplot(2,1,1),plot(A(:,1),'－＊'),title('粮食产量数据图')
subplot(2,1,2),plot(y,'－or'),title('变换后数据图')
```

从图 2－15 可以看出，利用 S 形函数将粮食产量数据压缩到 [0，1] 区间，产量越高，函数值越接近 1；反之，产量越低，函数值越接近 0，两个图形的走势完全一致。

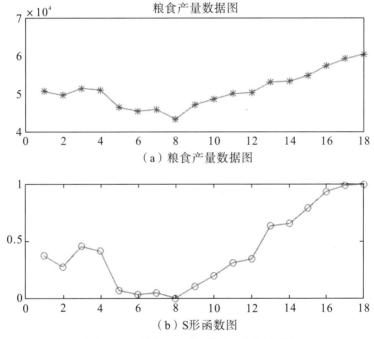

（a）粮食产量数据图

（b）S 形函数图

图 2－15　粮食产量数据图与 S 形函数图

2.3.2　Box－Cox 变换

当时间序列数据在左（或右）边有长尾巴或很不对称时，有时需要对数据进行变换，以符合非参数（或参数）统计推断方法的某些条件，其中最常用的一种就是 Box－Cox 变换：

$$y = \begin{cases} (x^\lambda - 1)/\lambda, & \lambda \neq 0 \\ \ln x, & \lambda = 0 \end{cases} \tag{2.3.5}$$

在 MATLAB 中，Box－Cox 变换命令 boxcox 的调用格式为

$$[\text{transdat}, \text{lambda}] = \text{boxcox}(x);$$

其中，x是原始数据，transdat是变换以后的数据，lambda是变换公式中参数 λ 的数值。

例 2.3—3 淮河位于中国东部，介于长江与黄河之间，是中国七大河之一。淮河流域地跨湖北、河南、安徽、江苏、山东五省，1952—1991年因水灾造成的流域成灾面积数据见表2—11。

表 2—11　淮河流域成灾面积（单位：10^6公顷）

年份	1952	1953	1954	1955	1956	1957	1958	1959
成灾面积	1.4963	1.3411	4.082	1.2787	4.1549	3.6359	0.9416	0.2083
年份	1960	1961	1962	1963	1964	1965	1966	1967
成灾面积	1.4567	0.8569	2.7197	6.7494	3.6884	2.5395	0.2596	0.2747
年份	1968	1969	1970	1971	1972	1973	1974	1975
成灾面积	0.5398	0.5804	0.7038	0.9679	1.0219	0.5106	1.3253	1.8438
年份	1976	1977	1978	1979	1980	1981	1982	1983
成灾面积	0.4933	0.3437	0.2856	2.5296	1.6594	0.1615	3.208	1.4698
年份	1984	1985	1986	1987	1988	1989	1990	1991
成灾面积	2.938	1.9233	0.7498	0.7933	0.1276	1.4853	1.386	4.6226

数据来源：《自然灾害学报》。

解 考查正态分布特性，可检验数据是否服从正态分布或考查经验分布函数与正态分布函数的差异。将淮河流域1951—1991年的成灾面积数据作为矩阵 $\boldsymbol{X}$ 输入，编写程序如下：

```
%绘制 Q—Q 图
clear
X=importdata('chart2—11.txt');          %输入原始成灾面积数据
X=X';
[b,t]=boxcox(X);                        %对数据作 Box—Cox 变换
normplot(X)                             %原始数据的 Q—Q 图
figure(2);normplot(b)                   %变换数据的 Q—Q 图
                         %变换前后数据的经验分布函数图及相应的统计量
sa=sort(X);                             %原始数据次序统计量
sb=sort(b);                             %变换数据次序统计量
figure(3);cdfplot(X);                   %原始数据经验分布
hold on;
```

```
plot(sa,normcdf(sa),'-r')                    %正态分布函数
figure(4);cdfplot(b);                        %变换数据经验分布
hold on;
plot(sb,normcdf(sb),'-r')                    %变换数据经验分布与正态分布函数
```

作出图形如图 2-16、图 2-17 所示，可以看出原始数据与正态分布函数相差甚远，变换后的数据则比较接近。

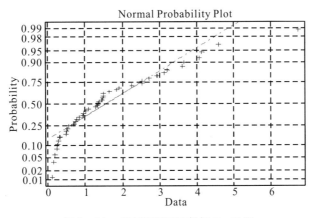

图 2-16　成灾面积原始数据 Q-Q 图

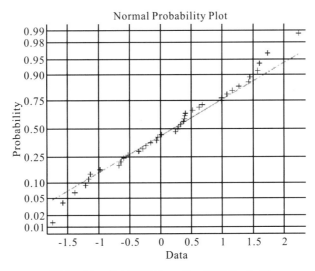

图 2-17　成灾面积 Box-Cox 变换 Q-Q 图

从图 2-16、图 2-17 可以看出，原始数据没有分布在直线上，而变换后的数据基本落在直线上，因此可认为，原始数据不服从正态分布，而变换后的数据服从正态分布。

从经验分布图 2-18、图 2-19 可以看出，原始数据不服从正态分布，而变换数据近似服从正态分布。

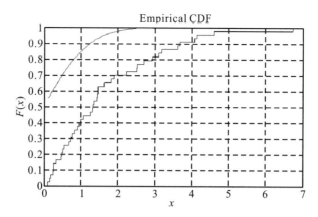

图2－18　原始数据经验分布图

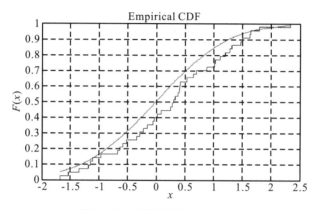

图2－19　变换数据经验分布图

2.3.3　基于数据变换的综合评价模型

　　例2.3－4　为了全面了解10款货车的综合性能，用X_1表示发动机功率，X_2表示轮胎摩擦系数，X_3表示货车重量，X_4表示风阻系数，X_5表示变速箱速比，X_6表示最高载重重量。这些指标的统计数据如表2－12所示，试对10款车型进行综合评价。

表2－12　10款车型的统计数据

车型	X_1	X_2	X_3	X_4	X_5	X_6
1	0.21	0.33	4.01	0.60	15.59	6.95
2	0.16	0.30	4.33	0.46	12.22	9.37
3	0.27	0.35	4.53	1.14	14.74	9.54
4	0.15	0.29	3.46	1.81	10.29	6.37
5	0.26	0.26	3.44	0.93	13.00	11.73
6	0.73	0.34	4.84	6.45	14.43	10.66
7	0.41	0.21	3.12	7.36	34.70	15.01

续表

车型	X_1	X_2	X_3	X_4	X_5	X_6
8	0.43	0.23	3.24	8.12	37.21	16.33
9	0.82	0.29	4.76	6.05	20.73	21.22
10	0.70	0.27	4.18	24.10	20.65	22.86

解　设原始数据矩阵为

$$\boldsymbol{X} = \begin{pmatrix} x_{11} & x_{12} & \cdots & x_{1p} \\ x_{21} & x_{22} & \cdots & x_{2p} \\ \vdots & \vdots & & \vdots \\ x_{n1} & x_{n2} & \cdots & x_{np} \end{pmatrix} \quad (n = 10, p = 6)$$

利用变异系数法建立权向量：

$$w_j = \frac{v_j}{\sum\limits_{j=1}^{6} v_j}$$

式中，$v_j = s_j / |\bar{x}_j|$，s_j 与 $\bar{x}_j$ 分别为第 j 项指标的标准差和均值。

建立理想方案：

$$u = (u_1^0, u_2^0, \cdots, u_6^0)$$

式中，$u_j^0 = \max\limits_{1 \leqslant i \leqslant 10} \{x_{ij}\} (j = 1, 2, \cdots, 6)$。

建立相对偏差模糊矩阵 $\boldsymbol{R}$：

$$\boldsymbol{R} = \begin{pmatrix} r_{11} & r_{12} & \cdots & r_{1p} \\ r_{21} & r_{22} & \cdots & r_{2p} \\ \vdots & \vdots & & \vdots \\ r_{n1} & r_{n2} & \cdots & r_{np} \end{pmatrix} \quad (n = 10, p = 6)$$

式中，$r_{ij} = \dfrac{|x_{ij} - u_j^0|}{\max\limits_{1 \leqslant i \leqslant 10} \{x_{ij}\} - \min\limits_{1 \leqslant i \leqslant 10} \{x_{ij}\}}$

建立综合评价模型：

$$D_i = \sum_{j=1}^{6} r_{ij} w_j \quad (i = 1, 2, \cdots, 10)$$

评价准则为：若 $D_i < D_j$，则第 i 款车型的综合性能优于第 j 款车型的综合性能。

MATLAB 程序如下：

```
clear
X=xlsread('chart2-12.xlsx');          %输入原始数据
m=mean(X);                             %计算各指标均值
s=std(X);                              %计算各指标标准差
v=s./abs(m);                           %计算各指标变异系数
w=v/sum(v);                            %计算各指标权重
```

```
R=abs(X−ones(10,1)＊max(X))./(ones(10,1)＊range(X));  ％相对偏差矩阵
D=R＊w';                              ％计算综合评价值
[F1,t1]=sort(D);                      ％综合评价值排序
[F2,t2]=sort(t1)                      ％t₂为车型的综合性能排名
```

程序运行结果：

D1=0.8735,D2=0.8908,D3=0.8066,D4=0.9373,D5=0.8702,
D6=0.5683,D7=0.5906,D8=0.5350,D9=0.4426,D10=0.1803

根据评价准则可得各车型综合排名见表2−13。

表2−13　10款车型的综合排名

车型	1	2	3	4	5	6	7	8	9	10
排名	8	9	6	10	7	4	5	3	2	1

说明：如果采取不同的方法建立权向量，或者根据不同的方法得到相对优属度矩阵，评价的结果会有所不同。

本章小结

2.1节主要学习了基本统计量，包括一维样本数据（均值、中位数、分位数、三均值、方差、变异系数、高阶矩、样本极差、四分位极差、异常点判别、偏度与峰度）和多维样本数据（样本均值向量、样本协方差矩阵、样本相关系数矩阵）；还学习了样本数据的可视化，包括一维数据可视化（条形图、直方图、盒图、阶梯图和火柴棒图）、二维与三维数据可视化，以及正态概率图和Q−Q图等。

2.2节主要学习了数据的分布及其检验，通过经验分布函数和总体分布的正态性检验刻画一维数据的分布特征，利用多维正态分布的Q−Q图检验方法和多个总体协方差矩阵的相等性检验描述了多维数据的正态分布检验。

2.3节主要学习了统一趋势与无量纲化和压缩变换模糊化等数据属性变换方法以及Box−Cox变换法，并基于数据变换给出综合评价模型。

通过对数据描述性分析的学习，可以用适当的统计分析方法对收集的大量数据进行分析，将它们加以汇总、理解并消化，以求最大限度地开发数据的功能，发挥数据的作用。

习　题

1. 总结一维样本数据和多位样本数据的基本统计量。
2. 总结一维、二维与三维数据可视化的方法及其代码。
3. 总体分布的正态性检验方法。

第 3 章　回归分析

回归分析法指利用数据统计原理，对大量统计数据进行数学处理，并确定因变量与某些自变量的相关关系，建立一个相关性较好的回归方程（函数表达式），并加以外推，用于预测今后因变量变化的分析方法。根据因变量和自变量的个数，分为一元回归分析和多元回归分析；根据因变量和自变量的函数表达式，分为线性回归分析和非线性回归分析。

回归分析法主要解决以下问题：①确定变量之间是否存在相关关系，若存在，则找出数学表达式；②根据一个或几个变量的值，预测或控制另一个或几个变量的值，且要估计这种控制或预测可以达到何种精度。

回归分析法的步骤如下：

（1）根据自变量与因变量的现有数据以及关系，初步设定回归方程。

（2）求出合理的回归系数。

（3）进行相关性检验，确定相关系数。

（4）在符合相关性要求后，即可根据已得的回归方程与具体条件相结合，来确定事物的未来状况，并计算预测值的置信区间。

为使回归方程较能符合实际，首先，应尽可能定性判断自变量的可能种类和个数，并在观察事物发展规律的基础上定性判断回归方程的可能类型；其次，力求掌握较充分的高质量统计数据，再运用统计方法，利用数学工具和相关软件从定量方面计算或改进定性判断。

回归分析是最常用的数据分析方法之一。它是根据观测数据及以往的经验建立变量间的相关关系模型，用于探求数据的内在统计规律，并应用于相应变量的预测、控制等问题。本章介绍一元线性与非线性回归模型、多元线性回归模型、逐步回归方法以及回归诊断等内容。

3.1 一元回归模型

3.1.1 一元线性回归模型

3.1.1.1 一元线性回归的基本概念

设 y 是一个可观测的随机变量，它受到一个非随机变量因素 x 和随机因素 ε 的影响，且 y 与 x 有如下线性关系：

$$y = \beta_0 + \beta_1 x + \varepsilon \tag{3.1.1}$$

式中，ε 的均值 $E(\varepsilon)=0$，方差 $Var(\varepsilon)=\sigma^2(\sigma>0)$；$\beta_0$、$\beta_1$ 是固定的未知参数（β_0 称为回归常数，β_1 称为回归系数）；y 称为因变量；x 称为自变量。式（3.1.1）称为一元线性回归模型。

对于实际问题要建立回归方程，首先要确定能否建立线性回归模型，其次要考虑如何对模型中的未知参数 β_0、β_1 进行估计。

通常，我们对总体 (x,y) 进行 n 次独立观测，获得 n 组观测数据：

$$(x_1,y_1),(x_2,y_2),\cdots,(x_n,y_n)$$

在直角坐标系 xOy 中画出数据点 $(x_i,y_i)(i=1,2,\cdots,n)$（称为散点图），如果这些点大致位于同一条直线附近，或者散点图呈现线性形状，则认为 y 与 x 之间的关系符合式（3.1.1）所表示的模型。此时，有 y_i 的数据结构式：

$$y_i = \beta_0 + \beta_1 x_i + \varepsilon_i \quad (i=1,2,\cdots,n) \tag{3.1.2}$$

式中，$\varepsilon_i \sim N(0,\sigma^2)$，且 $\varepsilon_1,\varepsilon_2,\cdots,\varepsilon_n$ 相互独立。

一元线性回归分析的主要任务有三个：一是利用样本观测值 $(x_i,y_i)(i=1,2,\cdots,n)$ 估计回归参数 β_0,β_1 和方差 σ，二是对方程的线性关系（即 β_1）是否为 0 做显著性检验，三是在 $x=x_0$ 处对 y 做预测等。

3.1.1.2 回归参数 β_0、β_1 和方差 σ 的估计

考虑残差平方和：

$$S(\beta_0,\beta_1) = \sum_{i=1}^{n}(y_i - E(y_i))^2 = \sum_{i=1}^{n}(y_i - \beta_0 - \beta_1 x_i)^2 \tag{3.1.3}$$

当 $x_1,x_2,\cdots,x_n$ 不全相等时，满足 $\min S(\hat{\beta}_0,\hat{\beta}_1)$ 的 $\hat{\beta}_0$、$\hat{\beta}_1$ 分别是 β_0、β_1 的最小二乘估计，估计公式为

$$\begin{cases}\hat{\beta}_0 = \bar{y} - \bar{x}\hat{\beta}_1 \\ \hat{\beta}_1 = L_{xy}/L_{xx}\end{cases} \tag{3.1.4}$$

式中，$\bar{x}=\dfrac{1}{n}\sum_{i=1}^{n}x_i,\bar{y}=\dfrac{1}{n}\sum_{i=1}^{n}y_i,L_{xx}=\sum_{i=1}^{n}(x_i-\bar{x})^2,L_{xy}=\sum_{i=1}^{n}(x_i-\bar{x})(y_i-\bar{y})$。

于是，建立变量 y 与 x 的经验公式：

$$\hat{y} = \hat{\beta}_0 + \hat{\beta}_1 x \tag{3.1.5}$$

称式（3.1.5）为 y 关于 x 的一元线性回归方程。

记 $S_E = \sum\limits_{i=1}^{n} (y_i - \hat{y}_i)^2$，称为残差平方和，可以证明 $\dfrac{S_E}{\sigma^2} = \dfrac{1}{\sigma^2} \sum\limits_{i=1}^{n} (y_i - \hat{y}_i)^2 \sim \chi^2(n - 2)$，因此，参数 σ^2 的无偏估计为

$$\hat{\sigma}^2 = \frac{S_E}{n - 2} \tag{3.1.6}$$

3.1.1.3　回归方程的显著性检验

检验回归方程式（3.1.3）是否有意义的问题可以转化为检验以下假设是否为真：

$$H_0 : \beta_1 = 0 \leftrightarrow H_1 : \beta_1 \neq 0 \tag{3.1.7}$$

常用的检验方法有三种，分别是 F 检验（方差分析法）、T 检验与可决系数 R^2 检验。

1. F 检验

当 H_0 成立时，取 F 检验统计量为

$$F = \frac{S_R}{S_E / n - 2} \sim F(1, n - 2) \tag{3.1.8}$$

给定显著水平 α，H_0 的拒绝域为

$$\{F \geqslant F_{1-\alpha}(1, n - 2)\} \tag{3.1.9}$$

应用 F 检验法计算 F 的过程列成表 3-1，称为方差分析表。

表 3-1　方差分析

方差来源	平方和（SS）	自由度	均方和	F 值
回归	S_R	$f_R = 1$	$MS_R = S_R / f_R$	$F = MS_R / MS_E$
残差	S_E	$f_E = n - 2$	$MS_E = S_E / f_E$	—
总计	S_T	$f_T = n - 1$	—	—

表 3-1 中，f_R、f_E、f_T 分别称为 S_R、S_E、S_T 的自由度，且 $S_T = S_E + S_R$（称为平方和分解式），$MS_E = S_E / f_E$：

$$S_T = l_{yy} = \sum_{i=1}^{n} (y_i - \bar{y})^2, S_R = \sum_{i=1}^{n} (\hat{y}_i - \bar{y})^2 = \frac{l_{xy}^2}{l_{xx}}, S_E = \sum_{i=1}^{n} (y_i - \hat{y}_i)^2 = S_T - S_R$$

2. T 检验

当 H_0 成立时，取 T 统计量为

$$T = \frac{\hat{\beta}_1}{\hat{\sigma}} \sqrt{l_{xx}} \sim t(n - 2)$$

给定显著水平 α，H_0 的拒绝域为

$$|T| \geqslant t_{\frac{\alpha}{2}}(n - 2) \tag{3.1.10}$$

3. 可决系数 R^2 检验

计算公式为

$$R^2 = \frac{S_R}{S_T} = \frac{\sum (\hat{y}_i - \bar{y})^2}{\sum (y_i - \bar{y})^2} \tag{3.1.11}$$

可决系数的取值范围在 0 到 1 之间。当 H_0 成立时，$S_R = 0$，$R^2 = 0$。因此，R^2 的值越接近 0，方程越不显著；R^2 的值越接近 1，方程越显著，也就是回归直线对观测值的拟合程度越好。

3.1.1.4 利用回归方程预测

若建立了回归方程 $\hat{y} = \hat{\beta}_0 + \hat{\beta}_1 x$，并经检验该方程是显著的，则可将该回归方程用于 y 的预测。

在 $x = x_0$ 处，$y = y_0$ 的回归预测值为

$$\hat{y} = \hat{\beta}_0 + \hat{\beta}_1 x_0$$

且

$$\hat{y}_0 \sim N\left(\beta_0 + \beta_1 x_0, \left[\frac{1}{n} + \frac{(x_0 - \bar{x})^2}{l_{xx}}\right]\sigma^2\right) \tag{3.1.12}$$

y_0 的置信水平为 $1 - \alpha$ 的预测区间，为 $[\hat{y}_0 - \delta, \hat{y}_0 + \delta]$，其中：

$$\Delta = \delta(x_0) = t_{\frac{\alpha}{2}}(n-2)\hat{\sigma}\sqrt{1 + \frac{1}{n} + \frac{(x_0 - \bar{x})^2}{l_{xx}}} \tag{3.1.13}$$

3.1.1.5 MATLAB 算法

针对一元回归分析的主要计算，可给出 MATLAB 算法。当然，MATLAB 统计工具箱中提供了专门的回归分析命令，后面会介绍其使用方法。

```
x=[data];                              %自变量的观测值 x_1, x_2, …, x_n
y=[data];                              %因变量的观测值 y_1, y_2, …, y_n
Lxx=sum((x-mean(x)).^2);               %计算统计量 L_xx
Lxy=sum((x-mean(x)).*(y-mean(y)));     %计算统计量 L_xy
b1=Lxy/Lxx;                            %计算 β̂_1
b0=mean(y)-b1*mean(x);                 %计算 β̂_0
y1=b0+b1*x;                            %式(3.1.5)计算回归值 ŷ
TSS=sum((y-mean(y)).^2);               %计算总离差平方和
ESS=sum((y1-mean(y)).^2);              %计算回归平方和
RSS=sum((y-y1).^2);                    %计算残差平方和
sgm2=RSS/(size(x,2)-2);                %参数 σ² 的无偏估计
F=ESS/RSS/(size(x,2)-2);               %按式(3.1.8)计算 F 值
t=Lxy/sqrt(Lxx*sgm2);                  %计算 T 统计量
```

R2=ESS/TSS;　　　　　　　　　　　　　　　　%计算可决系数 R^2

dt=tinv(0.975,size(x,2)-2)＊sqrt(sgm2＊(1+1/size(x,2)+(x0-mean(x)).^

2/Lxx));　　　　　　　　%按式(3.1.13)计算 y_0 的置信水平为 0.95 的置信区间半径

例3.1-1　近年来我国两种主要农业机械年末拥有量情况见表3-2，建立大中型拖拉机与大中型配套农具拥有量的回归模型。

表3-2　我国两种主要农业机械年末拥有量（单位：万台）

大中型拖拉机	81.4	67.2	97.5	645.4	670.1	422.0	443.9
大中型配套农具	97.4	99.1	140.0	1028.1	1070.0	422.6	436.5

解　程序如下：

```
clear
x=[81.4  67.2  97.5  645.4  670.1  422.0  443.9];
y=[97.4  99.1  140.0  1028.1  1070.0  422.6  436.5];
                                    %输入数据并作散点图
plot(x,y,'＊');                     %作散点图(图3-1)
xlabel('x(大中型拖拉机数量)');       %横坐标名
ylabel('y(大中型配套农具数量)');     %纵坐标名
```

程序运行结果如图3-1所示。

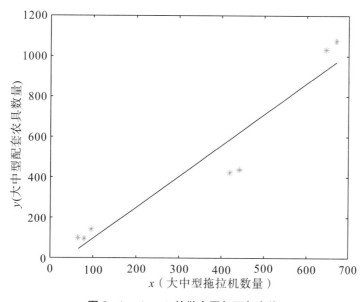

图3-1　(x,y) 的散点图与回归直线

由于图3-1中的数据点大致位于同一条直线上，故可建立一元线性回归模型式（3.1.1）。

```
                                    %接上面的程序,按式(3.1.4)计算统计量与参数
Lxx=sum((x−mean(x)).^2);                        %计算统计量 Lxx
Lxy=sum((x−mean(x)).*(y−mean(y)));              %计算统计量 Lxy
b1=Lxy/Lxx;                                      %计算 β̂1
b0=mean(y)−b1*mean(x);                           %计算 β̂0
y1=b0+b1*x;                              %按式(3.1.5)计算回归值
hold on
plot(x,y1,'r−');                        %画回归直线(图 3−1)
sgm2=sum((y−y1).^2)/(size(x,2)−2);%按式(3.1.4)计算参数量的无偏估计
                                    %回归方程的显著性检验
TSS=sum((y−mean(y)).^2);                %计算总离差平方和
ESS=sum((y1−mean(y)).^2);               %计算回归平方和
RSS=sum((y−y1).^2);                     %计算残差平方和
F=ESS/RSS/(size(x,2)−2);             %按式(3.1.8)计算 F 值
F0=finv(0.95,1,size(x,2)−2);         %按式(3.1.9)计算分位数 F0 值
H0=F>F0;                             %H0=1 表示拒绝原假设
                                    %预测

x0=500;
y0=b0+b1*x0;                         %按式(3.1.12)计算预测值
dt=tinv(0.975,size(x,2)−2)*sqrt(sgm2*(1+1/size(x,2)+(x0−mean(x))^
2/Lxx));
yc=[y0−dt,y0+dt];        %按式(3.1.13)计算置信水平为 0.95 的预测值区间
```

运行结果:

```
b1=1.5223,b0=−57.3985,sgm2=17572,H0=1,y0=703.7734,
yc=[330.7,1076.9]
```

根据程序运行结果,建立的回归模型为

$$\hat{y} = 1.5223x - 57.3985$$

模型中的参数 σ^2 的有偏估计为 17572,在显著水平为 5% 时拒绝原假设,即认为线性关系显著,当大中型拖拉机数量(x_0)为 500 万台时,大中型配套农具数量(y_0)为 703.7734 万台,置信水平为 0.95 的预测值区间为(330.7,1076.9)。

结果表明每增加 1 台拖拉机,将增加 1.5223 台配套农具。

3.1.2　一元多项式回归模型

3.1.2.1　回归模型与回归系数估计

在一元回归模型中,如果变量 y 与 x 的关系是 n 次多项式,即

$$y = p_1 x^n + p_2 x^{n-1} + \cdots + p_n x + p_{n+1} + \varepsilon \tag{3.1.14}$$

式中，ε 是随机误差，服从正态分布 $N(0, \sigma^2)$；$p_1, p_1, \cdots, p_n, p_{n+1}$ 为回归系数。式 (3.1.14)称为多项式回归模型。

3.1.2.2　多项式回归的 MATLAB 实现

在 MATLAB 统计工具箱中，有多个与多项式回归有关的命令，分别介绍如下。

1.　多项式曲线拟合命令 polyfit

调用格式为

> ①p＝polyfit(x, y, n)；
> ②[p, S]＝polyfit(x, y, n)；
> ③[p, S, mu]＝polyfit(x, y, n)；

其中，输入 x、y 分别为自变量与因变量的样本观测数据向量；n 为多项式的阶数（取 n＝1 时为一元线性回归）；输出 p 是回归系数向量；S 是一个结构体，用于 polyconf、polyval 等命令的调用以估计预测误差；mu 是自变量 x 的均值与标准差数组 (x, σ_x)。

2.　多项式回归区间预测命令 polyval

调用格式为

> ①Y＝polyval(p, x0)；　　　　　　　　　　　　　　　　　　 ％点预测
> ②[Y, Delta]＝polyval(p, x0, S, alpha)；

其中，输入 p、S 是多项式回归命令[p, S]＝polyfit(x, y, n)的输出；x0 是自变量的取值；1－alpha 为置信水平，alpha 缺省时为 0.05；输出 Y 是多项式回归方程在 x0 点的预测值；Delta 是 Y 预测值的置信区间半径。如果数据满足模型的假设条件，即误差相互独立且方差为常数，则 Y±Delta 至少包含 95％的预测值。

3.　多项式回归的 GUI 命令 polytool

典型调用格式为

> polytool(x, y, n, alpha)；

其中，输入 x、y 分别为自变量与因变量的样本观测数据向量；n 是多项式的阶数；置信水平为(1－alpha)，alpha 缺省时为 0.05。

该命令可以绘出总体拟合图形以及（1－alpha）上、下置信区间的直线（屏幕上显示为红色）。此外，用鼠标拖动图中纵向虚线，就可以显示出对于不同自变量数值所对应的预测状况，与此同时，图形左端数值框中会随着自变量的变化而得到预报数值以及（1－alpha）置信区间长度一半的数值。

例 3.1－2　利用 polyfit 命令，写出求解过程。

解　程序如下：

```
clcar
x=[81.4,67.2,95.7,645.4,670.1,422.0,443.9];
                                              %首先输入数据
y=[97.4,99.1,140.0,1028.1,1070.0,422.6,436.5];
                                              %然后调用一元回归命令
p=polyfit(x,y,1);                             %注意 polyfit(x,y,n)中取 n=1
```

运行结果：

```
p=1.5205, −56.3679
```

即回归模型为

$$\hat{y} = 1.5205x - 56.3679$$

比较这两种解法，第二种解法的程序要简洁些。

例 3.1-3　制作某种零件所需合金是由 A、B 两种金属为主要成分，经过试验发现这两种金属成分之和 x 与合金的热膨胀系数 y 的关系见表 3-3，试建立描述这种关系的数学表达式。

表 3-3　合金的热膨胀系数表

x	37	37.5	38	38.5	39	39.5	40	40.5	41	41.5	42	42.5	43
y	3.4	3	3	2.27	2.1	1.83	1.53	1.7	1.8	1.9	2.35	2.54	2.9

解　编写程序如下：

```
clear
x=37:0.5:43;
y=[3.4,3,3,2.27,2.1,1.83,1.53,1.7,1.8,1.9,2.35,2.54,2.9];
plot(x,y,'*');                                %首先作出散点图
xlabel('x(两种合金之和)');                      %横坐标名
ylabel('y(合金热膨胀系数)');                     %纵坐标名
```

程序运行输出的散点图如图 3-2 所示。

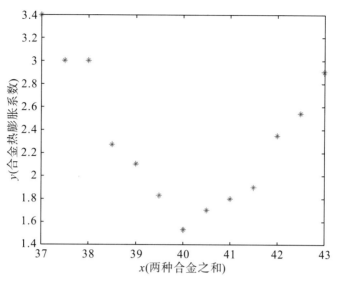

图 3-2 合金系数散点图

由于散点图呈现抛物线形状，故选择二次函数曲线进行拟合。

```
p=polyfit(x,y,2);                                        %注意取 n=2
```

运行得到回归系数：

```
p=0.1660,-13.3866,271.6231
```

即二次回归模型为

$$\hat{y} = 0.166x^2 - 13.3866x + 271.6231$$

以下举例说明上述多项式回归的 MATLAB 命令的应用方法。

例 3.1-4 为了分析某零件的使用寿命，用实验仪器进行工作测量，每次工作 10^3h，用相应仪器测量其疲劳强度，工作时长次数记为 t，工作后的疲劳强度记为 y，见表 3-4。

表 3-4 工作次数与疲劳强度表

$t(10^3\text{h})$	1	2	3	4	5	6	7	8	9	10	11	12	13	14	15
$y(10^6)$	352	211	197	160	142	106	104	60	56	38	36	32	21	19	15

试求：(1) 给出 y 与 t 的二次函数回归模型；

(2) 在同一坐标系内作出原始数据与拟合结果的散点图；

(3) 预测 $t=16$ 时的零件疲劳强度；

(4) 根据问题的实际意义，你认为选择多项式函数是否合适？

解 编写程序如下：

```
%输入原始数据
clear
t=1:15;
y=[352,211,197,160,142,106,104,60,56,38,36,32,21,19,15];
p=polyfit(t,y,2);                        %作二次多项式回归
y1=polyval(p,t);                         %模型估计与作图
plot(t,y,'-*',t,y1,'-o');
legend('原始数据','二次函数');
xlabel('t(工作时长)'),ylabel('y(疲劳强度)');
t0=16;
yc1=polyconf(p,t0);                      %预测 t0=16 时零件的疲劳强度
```

运行结果为

```
p=1.9897,-51.1394,347.8967
yc1=39.0396
```

即二次回归模型为

$$y_1 = 1.9897\,t^2 - 51.1394t + 347.8967$$

原始数据与拟合结果的散点图如图 3-3 所示，从图形可知拟合效果较好，即工作 16 次后，用二次函数计算出疲劳强度为 39.0396，显然与实际不相符合。

若在 MATLAB 命令窗口输入 polytool(t,y,2)，则弹出多项式回归的 GUI（图 3-4），从而可做交互式分析。

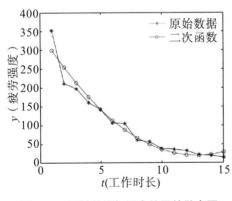

图 3-3　原始数据与拟合结果的散点图

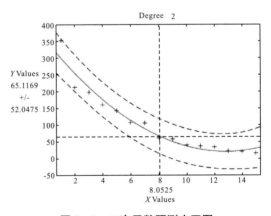

图 3-4　二次函数预测交互图

根据实际问题的意义可知，尽管二次多项式拟合效果较好，但是用于预测并不理想。因此，如何根据原始数据散点图的规律，选择适当的回归曲线十分重要，所以有必要研究非线性回归分析。

3.1.3　一元非线性回归模型

3.1.3.1　非线性曲线选择

为了便于正确地选择合适的函数进行回归分析建模，我们给出通常选择的六类曲线。

（1）双曲线 $\dfrac{1}{y} = a + \dfrac{b}{x}$，如图 3−5 所示。

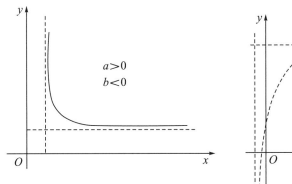

图 3−5　双曲线

（2）幂函数曲线 $y = ax^b (x > 0, a > 0)$，如图 3−6 所示。

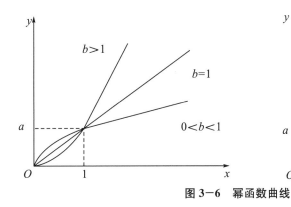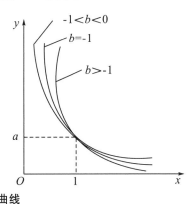

图 3−6　幂函数曲线

（3）指数曲线 $y = a\mathrm{e}^{bx} (a > 0)$，如图 3−7 所示。

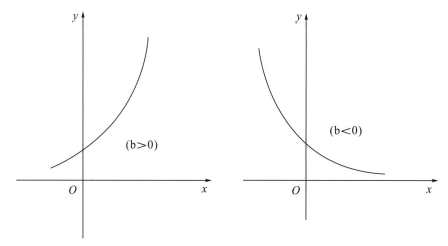

图 3-7　指数曲线

（4）倒指数曲线 $y = a\mathrm{e}^{b/x}, a > 0$，如图 3-8 所示。

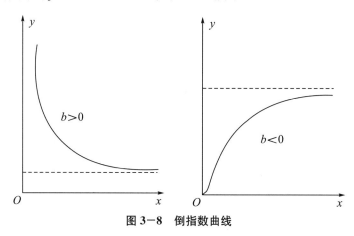

图 3-8　倒指数曲线

（5）对数曲线 $y = a + b\ln x$，如图 3-9 所示。

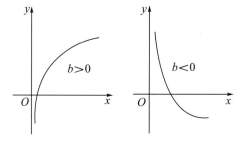

图 3-9　对数曲线

（6） S 形曲线 $y = \dfrac{1}{a + b\mathrm{e}^{-x}}$，如图 3-10 所示。

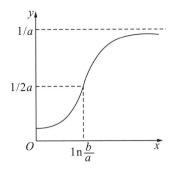

图 3-10　S 形曲线

对于非线性回归建模，通常有两种方法：通过适当的变换转化为线性回归模型，如双曲线模型 $\frac{1}{y}=a+\frac{b}{x}$。如果做变换：$y'=\frac{1}{y}$，$x'=\frac{1}{x}$，则有 $y'=a+bx'$，此时 x'、y' 就是一元线性回归模型；如果无法实现线性化，可以利用最小二乘法直接建立非线性回归模型，求解最佳参数。

3.1.3.2　非线性回归的 MATLAB 实现

MATLAB 统计工具箱中实现非线性回归的命令常用的有 nlinfit、nlparci、nlpredci 和 nlintool。

1. 非线性拟合命令 nlinfit

调用格式为

$$[\text{beta},\text{r},\text{J}]=\text{nlinfit}(\text{x},\text{y},'\text{model}',\text{beta0});$$

其中，输入数据 x、y 分别为 n×m 矩阵和 n 维列向量，对一元非线性回归模型，x 为 n 维列向量，model 是事先用 M 文件定义的非线性函数，beta0 是回归系数的初值（需要通过解方程组得到），beta 是估计出的最佳回归系数，r 是残差，J 是 Jacobian 矩阵，它们是估计预测误差需要的数据。通常，可以利用 inline 定义函数'model'，方法如下：

$$\text{fun}=\text{inline}('\text{f}(\text{x})','\text{参变量}','\text{x}');$$

2. 非线性回归预测命令 nlpredci

调用格式为

$$\text{ypred}=\text{nlpredci}(\text{fun},\text{inputs},\text{beta},\text{r},\text{J});$$

其中，输入参数 beta、r、J 是非线性回归命令 nlinfit 的输出结果，fun 是拟合函数，inputs 是需要预测的自变量；输出量 ypred 是 inputs 的预测值。

3. 非线性回归置信区间命令 nlparci

调用格式为

> ci=nlparci(beta,r,J,alpha);

其中，输入参数 beta、r、J 是非线性回归命令 nlinfit 输出的结果；输出 ci 是一个矩阵，每一行分别为每个参数的（1 alpha）的置信区间，alpha 缺省时为 0.05。

4. 非线性回归的 GUI 命令 nlintool

典型调用格式为

> nlintool(x,y,fun,beta0);

其中，输入参数 x、y、fun、beta0 与命令 nlinfit 中的参数含义相同。GUI 与多项式回归命令 polytool 的界面相似，此处不再重述。

3.1.3.3 曲线拟合工具

MATLAB 有一个功能强大的曲线拟合工具箱（Curve Fitting Toolbox），其中提供了 cftool 函数，用来通过界面操作的方式进行一元或二元数据拟合。在 MATLAB 的主界面的"应用程序"项中选择"Curve Fitting"按钮或在命令窗口运行 cftool 命令，将打开曲线拟合主界面（图 3—11）。

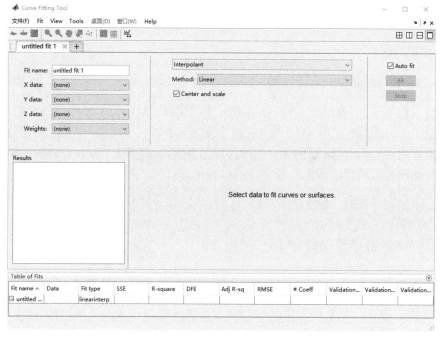

图 3—11　曲线拟合主界面

使用 cftool 工具的步骤：第一步，输入回归变量的观测数据，保存在 MATLAB 工作区中；第二步，进入曲线拟合主界面，在回归变量选择项中选择自变量与因变量（即导入变量观测数据）；第三步，在模型选择区选择系统提供的各种非线性模型或自定义模型，此时系统将会同时展示拟合结果预览与拟合曲线效果图；第四步，根据结果调整模型，直到满足建模要求为止。

以下举例说明非线性回归的 MATLAB 命令的应用方法。

例 3.1-5 某机械零件厂在进行零件表面加工时，采用砂纸进行表面粗糙度处理，我们希望找出使用次数与磨粒损失之间的函数关系。实验数据见表 3-5。

表 3-5 砂纸使用次数与磨粒损失

使用次数（x）	2	3	4	5	6	7	8	9
磨粒损失（y）	6.42	8.2	9.58	9.5	9.7	10	9.93	9.99
使用次数（x）	10	11	12	13	14	15	16	
磨粒损失（y）	10.49	10.59	10.6	10.8	10.6	10.9	10.76	

（1）建立非线性回归模型 $\dfrac{1}{y}=a+\dfrac{b}{x}$；

（2）预测砂纸使用 $x_0=17$ 次后磨粒的损耗 y_0；

（3）计算回归模型参数置信水平为 95% 的置信区间。

解 第一步，绘制散点图，程序如下：

```
clear
x=[2:16];
y=[6.42,8.2,9.58,9.5,9.7,10,9.93,9.99,10.49,10.59,10.6,10.8,10.6,
10.9,10.76];
plot(x,y,'*');                                    %绘制散点图(图 3-12)
```

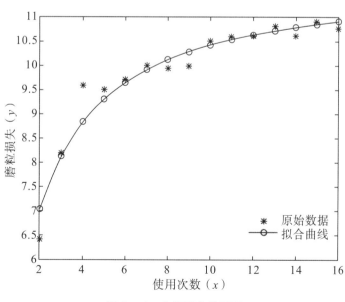

图 3-12 曲线拟合效果图

第二步，确定回归系数的初值 beta0。选择已知数据中的两点 (2, 6.42) 和 (16, 10.76) 代入设定回归方程，得到方程组：

$$\begin{cases} \dfrac{1}{6.42} = a + \dfrac{b}{2} \\[2mm] \dfrac{1}{10.76} = a + \dfrac{b}{16} \end{cases}$$

利用 MATLAB 编程求解，程序如下：

```
[a,b]=solve('6.42 * (2 * a+b)=2','10.76 * (16 * a+b)=16');
```

解得

$a = 0.083\,961\,597\,702\,347\,450\,462\,657\,355\,615\,004 \approx 0.08$，

$b = 0.143\,603\,284\,346\,083\,915\,274\,062\,235\,810\,49 \approx 0.1436$。

第三步，建立非线性双曲线回归模型。

```
beta0=[0.084,0.1436];        %依第二步,初始参数值 beta0(1)=a ,beta0(2)=b
fun=inline(('x./(b(1) * x+b(2))','b','x'));        %建立内联函数 y=x/(ax+b)
[b,r,J]=nlinfit(x,y,fun,beta0);        %建立模型并求解最佳参数
b;        %输出最佳参数
hold on
y1=x./(b(1) * x+b(2));        %绘制拟合曲线(图 3-12)
plot(x,y1,'—or')
legend('原始数据','拟合曲线')
xlabel('使用次数(x)'),ylabel('磨粒损失(y)')
```

第四步，预测。在前面的程序中继续输入命令：

```
ypred=nlpredci(fun,17,b,r,J);        %预测使用 17 次后的磨粒损耗
```

输出结果：

```
ypred
    10.9599
```

即砂纸使用 17 次后磨粒的损耗为 10.9599。

第五步，确定回归模型参数的 95% 的置信区间。继续输入程序：

```
ci=nlparci(b,r,J);        %依据模型给出参数区间估计
```

运行结果：

```
ci
    0.0814   0.0876
    0.0934   0.1370
```

即模型 $\dfrac{1}{y} = a + \dfrac{b}{x}$ 中，参数 a、b 的置信水平为 95% 的置信区间分别为 $(0.0814, 0.0876)$、$(0.0934, 0.1370)$。参数的估值 $a = 0.0845$、$b = 0.1152$ 均在置信区间内。

若要显示曲线拟合的交互图形，则只要继续输入交互命令程序：

```
nlintool(x, y, fun, beta0);
```

此时，打开交互图形界面，如图 3−13 所示。图中的圆圈是实验的原始数据点，两条虚线显示了置信水平为 95% 的上、下置信区间端点，中间的实线是回归模型曲线，纵向的虚线对应自变量为 9，横向的虚线给出了对应的预测值为 10.2809。

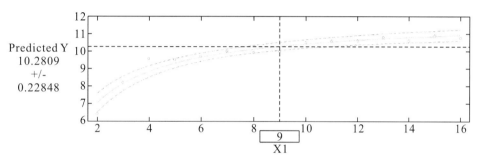

图 3−13　砂纸使用次数与磨粒损失的非线性拟合交互图

例 3.1−6　对例 3.1−4 进行非线性回归，并预测工作 $t = 16$ 后零件的疲劳强度，给出模型参数的置信水平为 95% 的置信区间，绘出模型交互图形。

解　我们选取函数 $y = a\mathrm{e}^{bt}$ 进行非线性回归，该方程的参数 a 表示实验开始时的疲劳强度，b 表示零件疲劳强度减小的速率。程序如下：

```
clear
t=1:15;
y=[352,211,197,160,142,106,104,60,56,38,36,32,21,19,15];
fun=inline('b(1) * exp(b(2) * t)','b','t');       %非线性函数
beta0=[148,-0.2];                                 %参数初始值
[beta,r,J]=nlinfit(t,y,fun,beta0);                %非线性拟合
beta                                              %输出最佳参数
y1=nlpredci(fun,t,beta,r,J);                      %模型数值计算
plot(t,y,'*',t,y1,'-or');
legend('原始数据','非线性回归');
xlabel('t(工作时长)');
ylabel('y(疲劳强度)');
ypred=nlpredci(fun,16,beta,r,J);                  %预测疲劳强度
ci=nlparci(beta,r,J);                             %参数 95%区间估计
nlintool(t,y,fun,beta0);                          %作出交互图形
```

运行结果：

```
beta
    400.0904   − 0.2240
ypred
    11.1014
ci
    355.2481   444.9326
    − 0.2561   − 0.1919
```

即参数 a、b 的最佳估计值分别为 400.0904、-0.2240，故非线性回归方程为

$$\hat{y} = 400.0904\,\mathrm{e}^{-0.224t}$$

工作次数 $t = 16$ 后疲劳强度为 $\hat{y}(16) = 11.1014$，该预测比较符合实际，显然比例 3.1-4 中多项式回归的结果合理。参数 a 的置信水平为 95% 的置信区间（c_i 的第一行）为 [355.2481，444.9326]，参数 b 的置信水平为 95% 的置信区间（c_i 的第二行）为 [−0.2561，−0.1919]。显然，最佳参数的估值 $a = 400.0904$、$b = -0.2240$ 均属于各自置信水平为 95% 的置信区间。

原始数据散点图与非线性回归曲线如图 3-14 所示。

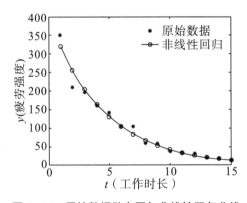

图 3-14　原始数据散点图与非线性回归曲线

从图 3-15 可以看出，圆圈为原始数据，两条虚线是置信区间曲线；两条虚线内的实线是回归模型曲线；纵向虚线指示工作 8 次，此时对应的水平虚线表示模型得到的疲劳强度为 66.6451。

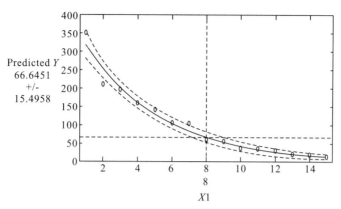

图 3-15　原始数据与非线性回归 GUI 图形

下面给出 MATLAB 中另外一种拟合曲线的方法（见 3.2.2 节），这种方法是基于 MATLAB 的非线性回归模型类方法，调用 NonLinearModel. fit 命令，程序如下：

```
clear
t=1:15;
y=[352 211 197 160 142 106 104 60 56 38 36 32 21 19 15];
beta0=[148,-0.2];                        %参数初始值
fun2=@(b1,t)b1(1)*exp(b1(2)*t);          %@是定义句柄函数
mdl=NonLinearModel. fit(t,y,fun2,beta0);
                              %拟合模型求解,其中 beta0=[148,-0.2]
```

运行结果：

```
mdl
Nonlinear regression model:
    y~bll*exp(b12*t)
Estimated Coefficients:
```

	Estimate	SE	tStat	pValue
b11	400.09	20.757	19.275	6.0485e-11
b12	-0.22404	0.014857	-15.08	1.2933e-09

```
Number of observations:15,Error degrees of freedom:13
Root Mean Squared Error:17
R-Squared:0. 97, Adjusted R-Squared:0. 968
F-Statistic vs. zero model:490,p-value=5. 79e-13
```

从输出的结果看，拟合的模型为

$$y-100.0001\,\mathrm{c}^{-0.224t}$$

回归模型的可决系数 $R^2=0.97$，说明模型拟合较好。

3.1.4 一元回归建模实例

例 3.1-7 如下一组数据为近年国内与国际上使用电火花线切割加工手术器械产值情况，试建立国际产值(y)与国内产值(x)的直线回归方程，并计算模型误差平方以及可决系数。当国内产值分别为 1000、1100、1200 时，预测国际产值和置信区间。

表 3-6 国际产值与国内产值测定结果（单位：亿元）

年份	2011	2012	2013	2014	2015	2016	2017	2018	2019	2020
y	2597	2711	2835	2850	3058	3136	3199	3258	3324	3425
x	245	393	412	499	602	721	835	900	995	924

解 （1）作散点图。以国内产值(x)为横坐标、国际产值(y)为纵坐标作散点图，如图 3-16。

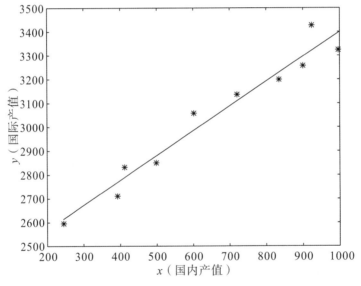

图 3-16 国际产值与国内产值的散点图与回归直线

在 MATLAB 命令窗口中输入：

```
clear
x=[245 393 412 499 602 721 835 900 995 924];          %国内产值
y=[2597 2711 2835 2850 3058 3136 3199 3258 3324 3425];  %国际产值
plot(x,y,'*');                                          %作散点图
xlabel('x(国内产值)');                                  %横坐标名
ylabel('y(国际产值)');                                  %纵坐标名
```

由图 3-16 可见，国内与国际上使用电火花线切割加工手术器械产值情况存在直线关系，且国内产值随国际产值的增大而增大。因此，可认为 y 与 x 适合建立一元线性回归模型。

（2）建立直线回归方程。在 MATLAB 中调用命令 polyfit，从而求出参数 β_0、β_1 的最小二乘估计。在 MATLAB 命令窗口中继续输入：

```
n=size(x,2);                                        %计算样本容量
[p,s]=polyfit(x,y,1);                               %调用命令 polyfit 计算回归参数
y1=polyval(p,x);                                    %计算回归模型的函数值
hold on
plot(x,y1);                                         % 作回归方程的图形,结果如图 3-16
p;                                                  %显示参数的最小二乘估计结果
```

输出结果：

```
p=
1.0     2357.5
```

即参数 β_0、β_1 的最小二乘估计为

$$\hat{\beta}_0 = 2357.5, \hat{\beta}_1 = 1.0$$

所以国际产值 y 与国内产值 x 的回归方程为

$$\hat{y} = 2357.5 + 1.0x$$

（3）误差估计与可决系数。在 MATLAB 命令窗口中继续输入：

```
TSS=sum((y-mean(y)).^2);                            %计算总离差平方和
ESS=sum((y1-mean(y)).^2);                           %计算回归平方和
RSS=sum((y-y1).^2);                                 %计算残差平方和
R2=ESS/TSS;                                         %计算样本决定系数 R²
```

输出结果：

```
TSS=6.938361000000000e+05
ESS=6.631998799422791e+05
RSS=3.063622005772008e+04
R2=0.955845162772994
```

由于样本可决系数 $R^2 = 0.9558$ 接近 1，因此模型的拟合效果较好。

（4）回归方程关系显著性的 F 检验。在 MATLAB 命令窗口中继续输入：

```
F=(n-2)*ESS/RSS;                                    %计算的 F 统计量
F1=finv(0.95,1,n-2);                                %查 F 统计量 0.05 的分位数
F2=finv(0.99,1,n-2);                                %查 F 统计量 0.01 的分位数
```

输山结果：

```
F=173.1806
F1=5.3177
F2=11.2586
```

为了方便，将以上计算结果列成表 3-7。

表 3-7　国际产值与国内产值回归关系方差分析表

	平方和 （SS）	自由度 （df）	均方和 （MS）	F 值	$F_{0.05}$	$F_{0.01}$
回归	66319	1	66319	173.1806	5.3177	11.2586
残差	3063	10	306.3	—	—	—
总离差	69383	11	—	—	—	—

因为 $F=173.1806 > F_2 = F_{0.01}(1, 10) = 11.2586$，表明国际产值与国内产值间存在显著的线性关系。

（5）回归关系显著性的 T 检验。在 MATLAB 命令窗口中继续输入：

```
T=p(2)/sqrt(ESS/(n-2)) * sqrt(sum((x-mean(x)).^2));   %计算 T 统计量
T1=tinv(0.975,n-2);                                   %T 统计量 0.05 的分位数
T2=tinv(0.995,n-2);                                   %T 统计量 0.01 的分位数
```

输出结果：

```
T=
  2.969595673017561e+04
T1=
  2.306004135204166
T2=
  3.355387331333395
```

因为 $T=2.969595673017561 \times 10^4 > t_{0.01}(10)$，否定 H_0，接受 H_1，即国际产值（y）与国内产值（x）的线性回归系数是显著的，可用所建立的回归方程进行预测和控制。

（6）预测。程序如下：

```
x1=[1000,1100,1200];          %输入自变量
yc=polyval(p,x1);             %计算预测值
[Y,Delta]=polyconf(p,x1,s);
I1=[Y-Delta,Y+Delta];         %置信区间
```

输出结果：

```
yc＝
   3402.2   3506.7   3611.2
I1＝
   3239.6   3336.1
   3431.1   3564.9
   3677.3   3791.3
```

所以当国内产值分别为 1000、1100、1200 时，国际产值分别为 3402.2、3506.7 和 3611.2；且 95% 的置信区间分别为 [3239.6　3336.1]、[3431.1　3564.9]、[3677.3　3791.3]。

在程序中加入：

```
polytool(x,y);                                     %交互功能
bar(x,y－y1);                                       %残差图
legend('残差');
h＝lillietest(y－y1);                                %残差正态性检验
```

输出结果：

```
h＝
   0
```

得到交互图形如图 3−17 所示，可以看出当国内产值为 1000 时，预测国际产值为 3402.2（亿元）。

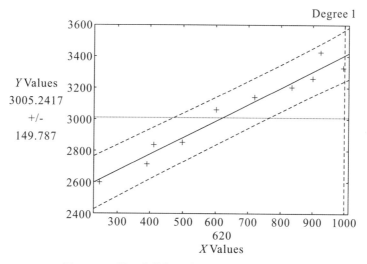

图 3−17　国际产值与国内产值线性模型交互图

从图 3−18 可以看出，模型残差没有相关性，正态性检验表明无法拒绝正态分布。

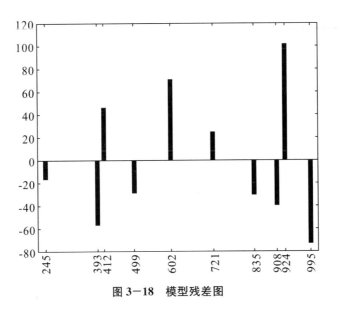

图 3-18 模型残差图

说明：求解例 3.1-7 的全部 MATLAB 命令可以写成一个 M 文件，替换文件中的数据 x、y 就可以适合其他问题的求解。

3.2 多元线性回归模型

3.2.1 多元线性回归模型及其表示

3.1 节介绍的一元回归模型只能分析两个变量间的相关关系。在很多实际问题中，与某个变量 Y 有关系的变量不止一个，研究一个变量和多个变量之间的定量关系的问题就称为多元回归问题。下面介绍多元线性回归模型的建立与模型的检验方法。

3.2.1.1 多元线性回归模型

设 Y 是一个可观测的随机变量，它受到 $p(p > 0)$ 个非随机变量因素 $X_1, X_2, \cdots, X_p$ 和随机误差 ε 的影响。若 Y 与 $X_1, X_2, \cdots, X_p$ 有如下线性关系：

$$Y = \beta_0 + \beta_1 X_1 + \beta_2 X_2 + \cdots + \beta_p X_p + \varepsilon \tag{3.2.1}$$

式中，$\beta_0, \beta_1, \beta_2, \cdots, \beta_p$ 是 $p+1$ 个未知参数，β_0 称为回归常数，$\beta_1, \beta_2, \cdots, \beta_p$ 称为回归系数；ε 是均值为 0、方差为 $\sigma^2(\sigma > 0)$ 的随机变量；Y 称为被解释变量；$X_1, X_2, \cdots, X_p$ 称为解释变量。式（3.2.1）称为多元线性回归模型。

由定义可知，在模型（3.2.1）中，自变量 $X_1, X_2, \cdots, X_p$ 是非随机且可精确观测的，随机误差 ε 代表其他随机因素对因变量 Y 产生的影响。

对于总体 $(X_1, X_2, \cdots, X_p; Y)$ 的 n 组观测值 $(x_{i1}, x_{i2}, \cdots, x_{ip}; y_i)(i = 1, 2, \cdots, n; n > p)$，它应满足式（3.2.2），即

$$
\begin{cases}
y_1 = \beta_0 + \beta_1 x_{11} + \beta_2 x_{12} + \cdots + \beta_p x_{1p} + \varepsilon_1 \\
y_2 = \beta_0 + \beta_1 x_{21} + \beta_2 x_{22} + \cdots + \beta_p x_{2p} + \varepsilon_2 \\
\vdots \\
y_n = \beta_0 + \beta_1 x_{n1} + \beta_2 x_{n2} + \cdots + \beta_p x_{np} + \varepsilon_n
\end{cases}
\tag{3.2.2}
$$

式中，$\varepsilon_1, \varepsilon_2, \cdots, \varepsilon_n$ 相互独立，且设 $\varepsilon_i \sim N(0, \sigma^2)(i = 1, 2, \cdots, n)$，记

$$
\boldsymbol{Y} = \begin{bmatrix} y_1 \\ y_2 \\ \vdots \\ y_n \end{bmatrix}, \boldsymbol{X} = \begin{bmatrix} 1 & x_{11} & x_{12} & \cdots & x_{1p} \\ 1 & x_{21} & x_{22} & \cdots & x_{2p} \\ \vdots & \vdots & \vdots & & \vdots \\ 1 & x_{n1} & x_{n2} & \cdots & x_{np} \end{bmatrix}_{n \times (p+1)}, \boldsymbol{\beta} = \begin{bmatrix} \beta_1 \\ \beta_2 \\ \vdots \\ \beta_p \end{bmatrix}, \boldsymbol{\varepsilon} = \begin{bmatrix} \varepsilon_1 \\ \varepsilon_2 \\ \vdots \\ \varepsilon_n \end{bmatrix}
$$

则模型（3.2.2）可用矩阵形式表示为

$$
\boldsymbol{Y} = \boldsymbol{X}\boldsymbol{\beta} + \boldsymbol{\varepsilon} \tag{3.2.3}
$$

式中，$\boldsymbol{Y}$ 称为观测向量；$\boldsymbol{X}$ 称为回归设计矩阵；$\boldsymbol{\beta}$ 称为待估计向量；$\boldsymbol{\varepsilon}$ 是不可观测的 n 维随机向量，它的分量相互独立，假定 $\boldsymbol{\varepsilon} \sim N(0, \sigma^2 I_n)$。

3.2.1.2　模型参数的估计

考虑残差平方和：

$$
S(\boldsymbol{\beta}) = \sum_{i=1}^{n} (Y_i - \beta_0 - \beta_1 x_{i1} - \cdots - \beta_p x_{ip})^2 = (\boldsymbol{Y} - \boldsymbol{X}\boldsymbol{\beta})'(\boldsymbol{Y} - \boldsymbol{X}\boldsymbol{\beta}) = \|\boldsymbol{Y} - \boldsymbol{X}\boldsymbol{\beta}\|^2
$$

$$\tag{3.2.4}$$

满足 $\min S(\hat{\boldsymbol{\beta}})$ 的 $\hat{\boldsymbol{\beta}}$ 是 $\boldsymbol{\beta}$ 的最小二乘估计。若 $\boldsymbol{X}$ 列满秩，即 $r(\boldsymbol{X}) = p + 1$，则 $\boldsymbol{X}'\boldsymbol{X}$ 为非奇异阵，其逆矩阵存在，可得：

$$
\hat{\boldsymbol{\beta}} = (\boldsymbol{X}'\boldsymbol{X})^{-1}\boldsymbol{X}'\boldsymbol{Y} \tag{3.2.5}
$$

可以证明 $\hat{\boldsymbol{\beta}}$ 也是 $\boldsymbol{\beta}$ 的唯一最小方差线性无偏估计。

因此，$\boldsymbol{Y}$ 与 $\boldsymbol{X}$ 间的回归方程为

$$
\hat{\boldsymbol{Y}} = \boldsymbol{X}\hat{\boldsymbol{\beta}} = \boldsymbol{X} \tag{3.2.6}
$$

为求参数 σ^2 的估计，记

$$
\widetilde{\boldsymbol{Y}} = \boldsymbol{Y} - \hat{\boldsymbol{Y}} = \boldsymbol{Y} - \boldsymbol{X}\hat{\boldsymbol{\beta}} = \boldsymbol{Y} - \boldsymbol{X}(\boldsymbol{X}'\boldsymbol{X})^{-1}\boldsymbol{X}'\boldsymbol{Y} = [I_n - \boldsymbol{X}((\boldsymbol{X}'\boldsymbol{X})^{-1})\boldsymbol{X}']\boldsymbol{Y}
$$

$$\tag{3.2.7}$$

式中，$\widetilde{\boldsymbol{Y}}$ 称为剩余向量或残差向量。记残差平方和：

$$
S_R = \widetilde{\boldsymbol{Y}}'\widetilde{\boldsymbol{Y}} = \|\boldsymbol{Y} - \boldsymbol{X}\hat{\boldsymbol{\beta}}\|^2 = (\boldsymbol{Y} - \boldsymbol{X}\hat{\boldsymbol{\beta}})'(\boldsymbol{Y} - \boldsymbol{X}\hat{\boldsymbol{\beta}}) = \boldsymbol{Y}'\boldsymbol{P}_{\boldsymbol{X}}\boldsymbol{Y} \tag{3.2.8}
$$

式中，$\boldsymbol{P}_{\boldsymbol{X}} = I_n - \boldsymbol{X}(\boldsymbol{X}'\boldsymbol{X})^{-1}\boldsymbol{X}'$，$\boldsymbol{P}_{\boldsymbol{X}}$ 称为投影矩阵。这样，可求得参数 σ^2 的无偏估计为

$$
\hat{\sigma}^2 = \frac{S_E}{n - p - 1} \tag{3.2.9}
$$

3.2.1.3　回归方程的显著性检验

同一元回归模型，多元回归模型也有如下平方和分解公式：

$$
S_T = \sum_{i=1}^{n} (Y_i - \bar{Y})^2 = \sum_{i=1}^{n} (Y_i - \hat{Y}_i)^2 + \sum_{i=1}^{n} (\hat{Y}_i - \bar{Y})^2 = S_E + S_R \tag{3.2.10}
$$

回归方程式（3.2.6）的显著性检验，即提出假设：

$$H_0:\beta_1 = \beta_2 = \cdots = \beta_P = 0$$

如果 H_0 被接受，则表明用模型 $Y = X\beta + \varepsilon$ 来描述 Y 与自变量 $X_1, X_2, \cdots, X_p$ 的关系不恰当。相对于一元回归，多元模型方程的显著性检验用 F 统计量或校正的可决系数 R_a^2。在 H_0 成立时，F 统计量为

$$F = \frac{S_R/P}{S_E/n-p-1} \sim F(p, n-p-1) \tag{3.2.11}$$

对给定显著性水平 α，查得临界值 $F_\alpha(p, n-p-1)$，当 $F > F_\alpha(p, n-p-1)$ 时，拒绝 H_0，即否认了 Y 与 $X_1, X_2, \cdots, X_p$ 完全不存在任何线性关系。在 MATLAB 软件中，回归命令给出的结果通常是概率 $P-\text{value}$（称为 P 值）。对于上述回归关系的显著性检验问题，其 P 值为

$$P - \text{value} = P\{F \geqslant F_0 \mid H_0\}$$

式中，F_0 为检验统计量 F 的观测值。有了 P 值后，对给定显著性水平 α，检验准则为

$$\begin{cases} 若 P-\text{value} < \alpha，拒绝 H_0 \\ 若 P-\text{value} \geqslant \alpha，接受 H_0 \end{cases}$$

回归方程的有效性还可用可决系数来判定。校正的可决系数的计算公式为

$$R_a^2 = 1 - \frac{S_E/n-p-1}{S_T/n-1} = R^2 - \frac{p(1-R^2)}{n-p-1} \tag{3.2.12}$$

式中，$R = \sqrt{S_R/S_T}$（为复相关系数）。校正的可决系数 R_a^2 在 $0 \sim 1$ 取值，其值越接近 1，回归方程拟合越好，方程也越有效。

3.2.1.4 回归系数的显著性检验

考查某个自变量 $X_j (j = 1, 2, \cdots, n)$ 对 Y 的作用是否显著，可以作假设：

$$H_0:\beta_j = 0$$

进行检验。

当 H_0 成立时，T 统计量为

$$T_j = \frac{\hat{\beta}_j}{\sqrt{C_{jj}S_E/(n-p-1)}} \sim T(n-p-1) \tag{3.2.13}$$

式中，C_{jj} 是矩阵 $(X'X)^{-1}$ 的对角线上第 j 个元素。对给定显著性水平 α，检验的拒绝域为

$$\{|T_j| \geqslant T_{\frac{\alpha}{2}}(n-p-1)\}$$

或者检验的 P 值为

$$P - \text{value} = P\{|T_j| \geqslant |T_{j0}| \mid H_0\}$$

式中，T_{j0} 为检验统计量 T_j 的观测值。若 $P \geqslant \alpha$，接受 H_0；反之，拒绝 H_0。

3.2.1.5 预测

如果给定自变量 $X_1, X_2, \cdots, X_p$ 的一组观测值 $x_0 = (x_{01}, x_{02}, \cdots, x_{0p})$，由回归方程式（3.2.6）可得 Y 的预测值：

$$\hat{y}_0 = x_0\hat{\beta} = \hat{\beta}_0 + \hat{\beta}_1 x_{01} + \cdots + \hat{\beta}_p x_{0p}$$

Y 的真值 y_0 的置信水平为 $1-\alpha$ 的置信区间为

$$\hat{y}_0 \pm t_{\alpha/2}(n-p-1)s^2(\hat{y}_0)$$

式中，$s^2(\hat{y}_0) = \dfrac{S_E}{n-p-1}[1 + \boldsymbol{X}_0'(\boldsymbol{X}'\boldsymbol{X})^{-1}\boldsymbol{X}_0]$。

以上多元线性回归分析过程，可借助 MATLAB 的回归分析命令完成。

3.2.2　MATLAB 的回归分析命令

在 MATLAB 7.0 的统计工具箱中，与多元回归模型有关的命令有多个，下面逐一介绍。

3.2.2.1　多元回归建模命令

多元回归建模命令 regress，其调用格式有以下三种：

> (1) b＝regress(Y, X)；
> (2) [b, bint, r, rint, stats]＝regress(Y, X)；
> (3) [b, bint, r, rint, stats]＝regress(Y, X, alpha)；

三种方式的主要区别在输出项参数的多少上，第三种方式可称为全参数方式。以第三种方式为例来说明 regress 命令的输入参数与输出参数的含义。

输入参数：输入量 Y 表示模型式（3.2.3）中因变量的观测向量，X 表示式（3.2.3）中回归设计矩阵。输入 alpha 为检验的显著性水平（默认值为 0.05）。

输出参数：输出向量 b 是按式（3.2.5）计算的回归系数估计值 $\hat{\beta}$，bint 为回归系数 β 的 (1−alpha) 置信区间，向量 r 是按式（3.2.7）计算的残差向量 $\tilde{Y}$，rint 为模型的残差向量 $\tilde{Y}$ 的 (1−alpha) 的置信区间，输出量 stats 是用于检验回归模型的统计量集合，有四个值：第一个是式（3.2.12）计算的复相关系数 R 的平方（即可决系数 R^2）；第二个是式（3.2.10）计算的 F 统计量观测值 F_0；第三个是与 F_0 对应的检验 P 值，当 $P<$alpha 时拒绝 H_0，即认为线性回归模型有意义；第四个是方差 σ^2 的无偏估计 $\hat{\sigma}^2$。

3.2.2.2　多元回归残差图命令

残差图命令 rcoplot，其调用格式为

> rcoplot(r, rint)

其中，输入参数 r、rint 是多元回归建模命令 regress 输出的结果，运行该命令后展示了残差与置信区间的图形。该命令有助于对建立的模型进行分析，如果图形中出现红色的点，则可以认作异常点，此时可删除异常点，重新建模，最终得到改进的回归模型。

3.2.2.3　MATLAB 回归模型类

MATLAB 从 R2012a 版本给出了三种回归模型类：线性回归模型类（Linear

Modelclass）、非线性回归模型类（Non Linear Modelclass）和广义线性回归模型类（Generalized Modelclass），通过调用类的构造函数可以创建类对象，然后调用类对象的各种方法做回归分析，并可从模型中查询类属性值（或变量信息）。MATLAB 回归模型类使得回归分析的实现变得更为方便。

1. 创建线性回归模型类

以下以创建模型名为"wlb"为例，说明回归类模型命令的使用方法。

```
wlb=LinearModel;                              %创建空的线性回归模型"wlb"
wlb=LinearModel.fit(x,y);
                         %创建线性回归模型"wlb"并求解,x,y 是观测数据
wlb.Plot;                                     %绘制模型"wlb"的效果图
wlb.Anova;                                    %给出模型"wlb"的方差分析表
[ynew,ynewci]=wlb.predict(xnew);
                         %对模型"wlb"作 x_0=x_{new} 的预测与区间预测
wlb.plotResiduals;                            %对模型"wlb"作残差图
wlb.plotDiagnostics(method);          %对模型"wlb"做不同统计量的残差图分析
properties(wlb);
                %查询模型中的所有统计值属性,如回归平方和 TSS、可决系数 R^2 等
```

若要输出回归平方和的值，只要在命令窗口中输入：

```
wlb,TSS
```

系统会给出 TSS 的值。一般地，若要输出模型中的某个统计量的值，只要在命令窗口中输入：

```
wlb.指定属性                                %指定属性是统计值(名字符串)
```

2. 创建非线性回归模型类

以创建非线性模型"mdl"为例，其方法如下：

```
mdl=NonLinearModel.fit(x,y,modelfun,beta0);
                                          %创建非线性模型"mdl"并求解
```

或

```
mdl=fitnlm(x,y,modelfun,beta0);          %创建非线性模型"mdl"并求解
```

其中，x 是观测矩阵，y 是因变量的观测向量，beta0 是回归函数中未知参数的初始值，modelfun 是自定义的回归函数，该函数要有两个输入量（模型参数、自变量），可以通过用"@"定义句柄函数。例如：

> modelfun1＝@(b,x)b(1)＊exp(b(2)＊x)

表示建立的非线性函数为 $y = a\mathrm{e}^{bx}$，其中 a、b 为参数，在上面分别用 b(1)、b(2) 代表。

非线性回归模型类的主要方法有：

> mdl.coefCI;　　　　　　　　　　　　　　　　　%系数估计值的置信区间
> mdl.coefTest;　　　　　　　　　　　　　　　　　%对回归系数进行检验
> mdl.plotDiagnostics;　　　　　　%对模型"mdl"做不同统计量的残差图分析
> mdl.feval;　　　　　　　　　　　　　　　　%回归模型的因变量预测值
> mdl.predict(xnew);　　　　　　　　　　　　　　　%点预测与区间预测
> mdl.disp;　　　　　　　　　　　　　　　　　%显示模型"mdl"结果

（3）创建广义线性回归模型类

> md2＝GeneralizedModel.fit(X,y,'modelspec')

或

> md2＝fitglm(X,y,'modelspec')

其中，X 是观测矩阵，y 是因变量的观测向量，模型设定选项 modelspec 可以设定为："constant"（长期不变模型）、"linear"（一次线性模型）、"interactions"（含有交叉项模型）、"purequadratic"（含一次、二次和有交叉项模型）、"polyijk"（自定义变量的次数及其交叉乘积项，如"poly122"表示第一个变量是 1 次、第二个变量是 2 次、第三个变量也是 2 次及其交叉乘积项）。

可通过 methods(md2)查询类方法有：

> | addTerms | devianceTest | plotDiagnostics | predict | step |
> |---|---|---|---|---|
> | coefCI | disp | plotResiduals | random | |
> | coefTest | feval | plotSlice | removeTerms | |

类方法的调用如非线性模型类一样，这里就不重述了。

下面举例说明各种模型的建立。

例 3.2－1　某机械装备公司将库存占用资金、机床设备投入预算、员工薪酬以及销售额的数据进行汇总，试图根据这些数据找到销售额与其他变量之间的关系，以便进行销售额预测，并为工作决策提供参考依据。

（1）建立销售额的回归模型；

（2）如果未来某月库存资金为 150 万元，机床设备投入为 45 万元，员工薪酬总额为 27 万元，试根据建立的回归模型预测该月的销售额。

表3-8 库存占用资金、机床设备投入、员工薪酬、销售额（单位：万元）

月份	库存占用资金（x_1）	机床设备投入（x_2）	员工薪酬总额（x_3）	销售额（y）
1	75.2	30.6	21.1	1090.4
2	77.6	31.3	21.4	1133
3	80.7	33.9	22.9	1242.1
4	76	29.6	21.4	1003.2
5	79.5	32.5	21.5	1283.2
6	81.8	27.9	21.7	1012.2
7	98.3	24.8	21.5	1098.8
8	67.7	23.6	21	826.3
9	74	33.9	22.4	1003.3
10	151	27.7	24.7	1554.6
11	90.8	45.5	23.2	1199
12	102.3	42.6	24.3	1483.1
13	115.6	40	23.1	1407.1
14	125	45.8	29.1	1551.3
15	137.8	51.7	24.6	1601.2
16	175.6	67.2	27.5	2311.7
17	155.2	65	26.5	2126.7
18	174.3	65.4	26.8	2256.5

解 为了确定销售额与库存占用资金、机床设备投入、员工薪酬之间的关系，分别作出 y 与 x_1、x_2、x_3 的散点图，若散点图显示它们之间近似线性关系，则可设定 y 与 x_1、x_2、x_3 的关系为三元线性回归模型：

$$y = \beta_0 + \beta_1 x_1 + \beta_2 x_2 + \beta_3 x_3 + \varepsilon$$

编写程序如下：

```
                                            %输入数据并作散点图(图3-19)
    A=[75.2    30.6    21.1    1090.4;
       77.6    31.3    21.4    1133
       80.7    33.9    22.9    1242.1;
       76      29.6    21.4    1003.2
       79.5    32.5    21.5    1283.2;
       81.8    27.9    21.7    1012.2
       98.3    24.8    21.5    1098.8;
       67.7    23.6    21      826.3
```

```
74        33.9      22.4      1003.3;
151       27.7      24.7      1554.6
90.8      45.5      23.2      1199;
102.3     42.6      24.3      1483.1
115.6     40        23.1      1407.1;
125       45.8      29.1      1551.3
137.8     51.7      24.6      1601.2;
175.6     67.2      27.5      2311.7
155.2     65        26.5      2126.7;
174.3     65.4      26.8      2256.5];
[m,n]=size(A);
subplot(3,1,1),plot(A(:,1),A(:,4),'+');        %绘制库存金额的散点图
xlabel('x1(库存占用资金)'),ylabel('y(销售额)')
subplot(3,1,2),plot(A(:,2),A(:,4),'*');        %绘制广告投入的散点图
xlabel('x2(机床设备投入)'),ylabel('y(销售额)')
subplot(3,1,3),plot(A(:,3),A(:,4),'×');        %绘制员工薪酬的散点图
xlabel('x3(员工薪酬)'),ylabel('y(销售额)')
```

　　所得图形如图 3-19 所示，销售额 y 与库存占用资金、机床设备投入、员工薪酬具有线性关系，因此，可以建立三元线性回归模型：

$$y = \beta_0 + \beta_1 x_1 + \beta_2 x_2 + \beta_3 x_3 + \varepsilon$$

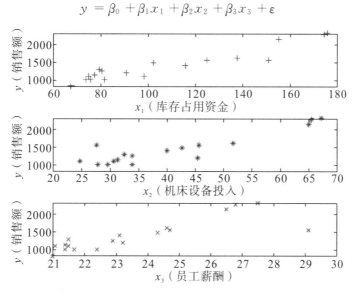

图 3-19　销售额与库存占用资金、机床设备投入、员工薪酬散点图

```
                                        %调用命令 regress 建立三元线性回归模型
x=[ones(m,1),A(:,1),A(:,2),A(:,3)];                    %构造回归设计矩阵
y=A(:,4);                                                    %因变量向量
[b,bint,r,rint,stats]=regress(y,x);                        %调用回归分析命令
b,bint,stats;                                                    %输出结果
```

运行结果：

```
b=
    162.0632
      7.2739
     13.9575
     -4.3996
bint=
   -580.3603      904.4867
      4.3734       10.1743
      7.1649       20.7501
    -46.7796       37.9805
stats=
    0.9574804050      105.0866520891    0.0000000008    10077.9867891125
```

输出结果说明，b 就是模型中的参数 β_0、β_1、β_2、β_3，所以回归模型为

$$\hat{y} = 162.0632 + 7.2739x_1 + 13.9579x_2 - 4.3996x_3$$

bint 的各行分别为参数 β_0、β_1、β_2、β_3 的 95% 的置信区间，如 β_0 的 95% 的置信区间 （-580.3603，904.4867）。

stats 的第一项表示模型可决系数 $R^2 \approx 0.9575$，第二项为 F 统计量的观测值 $F_0 \approx 105.09$，第三项得到检验 P 值为 $P = 0.0000000008$，最后一项为模型方差的无偏估计 $\hat{\sigma}^2 \approx 10078$。

由于可决系数 $R^2 = 0.9575$，$P = 0.0000000008 < 0.05$，因此可初步认为建立的回归模型有显著意义。

在上面的程序中加入：

```
rcoplot(r,rint)
```

得到如图 3-20 所示图形。

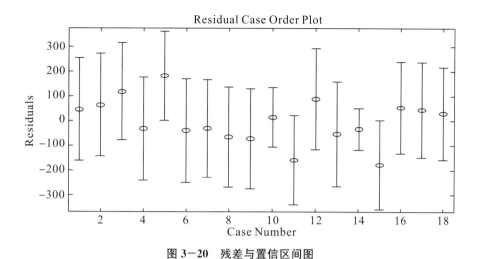

图 3-20　残差与置信区间图

从图 3-20 中可以看到，第五个点为异常点，实际上，从表 3-8 可以发现，第五个月库存占用资金、机床设备投入、员工薪酬均比 3 月份少，为何销售额反而增加？这就可以促使该公司的经理找出原因、寻找对策。

下面的例题介绍如何删除异常点、对模型进行改进的方法。

例 3.2-2　三峡大坝机组发电耗水率的主要影响因素为库水位、出库流量。现从数据库中将 2019 年 10 月某天 13：00—14：06 的出库流量、库水位对应的机组发电耗水率读取出来，见表 3-9。利用多元线性回归分析方法建立耗水率与出库流量、库水位的模型。

表 3-9　2019 年 10 月某天出库流量、库水位与机组发电耗水率

时间	库水位（m）	出库流量（m³）	机组发电耗水率$\left(\dfrac{\text{m}^3}{10^4\,\text{kW}}\right)$
13：00	65.08	15607	60.46
13：02	65.10	15565	60.28
13：04	65.12	15540	60.10
13：06	65.17	15507	59.78
13：08	65.21	15432	59.44
13：10	65.37	15619	59.25
13：12	65.38	15536	58.91
13：14	65.39	15514	58.76
13：16	65.40	15519	58.73
13：18	64.43	15510	58.63
13：20	65.47	15489	58.48

时间	库水位（m）	出库流量（m³）	机组发电耗水率$\left(\dfrac{m^3}{10^4 kW}\right)$
13：22	65.53	15437	58.31
14：00	65.62	16355	57.96
14：02	65.58	14708	57.06
14：04	65.70	14393	56.43
14：06	65.84	14296	55.83

解：编写程序如下：

```
clear
    A=[65.08  15607  60.46;                           ％输入原始数据
       65.10  15565  60.28
       65.12  15540  60.10;
       65.17  15507  59.78
       65.21  15432  59.44;
       65.37  15619  59.25
       65.38  15536  58.91;
       65.39  15514  58.76
       65.40  15519  58.73;
       65.43  15510  58.63
       65.47  15489  58.48;
       65.53  15437  58.31
       65.62  16355  57.96;
       65.58  14708  57.06
       65.70  14393  56.43;
       65.84  14296  55.83];
                                                      ％作散点图
    subplot(1,2,1),plot(A(:,1),A(:,3),'+')
    xlabel('x1(库水位)')
    ylabel('y(耗水率)')
    subplot(1,2,2),plot(A(:,2),A(:,3),'o')
    xlabel('x2(出库流量)')
    ylabel('y(耗水率)')
```

运行后得到图形如图3—21所示。从图中可以看到，无论是库水位还是出库流量，都与机组发电耗水率具有线性关系。因此，可以建立机组发电耗水率与库水位、出库流量的二元线性回归模型。

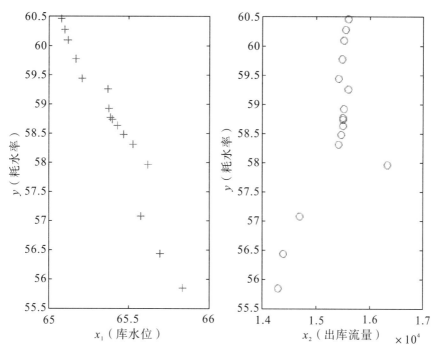

图 3-21　运行结果图

继续输入程序：

```
                                                    %建立模型
[m,n]=size(A);
y=A(:,3);
X=A(:,1:2);
[b,bint,r,rint,stats]=regress(y,[ones(m,1),X]);
b,bint,stats
```

输出回归模型的回归系数、回归系数置信区间与统计量，见表 3-10。

表 3-10　回归模型的回归系数、回归系数置信区间与统计量

回归系数	回归系数估计值	回归系数置信区间
β_0	373.8698	[340.082, 407.6577]
β_1	-4.9759	[-5.4642, -4.4875]
β_2	0.0007	[0.0004, 0.0009]
$R^2=0.9863$, $F=468.4118$, $P<0.0001$, $s^2=0.0278$		

可得模型为

$$\hat{y} = 373.8698 - 4.9759x_1 + 0.0007x_2$$

继续输入程序：

```
                                                          ％模型改进
    rcoplot(r,rint);
```

得到图形如图 3—22 所示，发现有一个异常点，下面给出删除异常点后重新建模的程序。

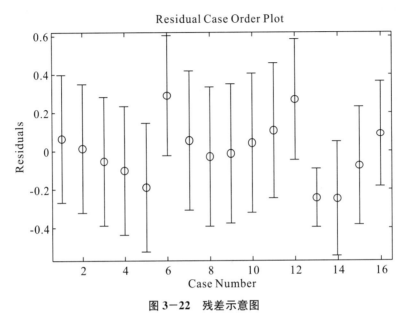

图 3—22 残差示意图

删除异常点后重新建模，编写程序如下：

```
                                              ％删除异常点的程序并建模
    [b1,bint1,r1,rint1,stats1]=regress([y(1:12);y(14:m)],[ones(m-1,1),[X
(1:12,:);X(14:m,:)]])
    rcoplot(r1,rint1);
```

删除异常点后，残差示意图如图 3—23 所示，此时没有异常点，改进回归模型的回归系数、回归系数置信区间与统计量，见表 3—11。

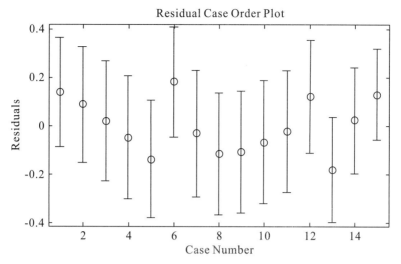

图 3-23 删除异常点后的残差示意图

表 3-11 改进回归模型的回归系数、回归系数置信区间与统计量

回归系数	回归系数估计值	回归系数置信区间
β_0	290.6145	[290.6145, 366.3087]
β_1	-4.9759	[-4.880, -3.8308]
β_2	0.0010	[0.00073, 0.0012]
$R^2 = 0.9931$, $F = 858.5846$, $P < 0.0001$, $s^2 = 0.0150$		

比较表 3-10 与表 3-11 可以发现,可决系数从 0.9863 提高到 0.9931,F 统计量从 468.4118 提高到 858.5846,由此可知改进后的模型显著性提高。

3.2.3 多元线性回归实例

例 3.2-3 电子信息产业是四川省五大支柱产业之一,随着经济的发展、科学技术的进步,电子信息产业的发展受到多种因素和条件的影响。不仅受到经济总体发展水平的影响,还受到第三产业、就业、投入等因素的影响,从这个主要方面出发,利用四川省统计的有关数据(表 3-12),通过建立多元线性回归模型对 2000—2018 年各种因素对现代服务业的影响进行回归分析。假如构建如下四川省电子信息产业增长模型:

$$Y = \beta_0 + \beta_1 x_1 + \beta_2 x_2 + \beta_3 x_3 + \beta_4 x_4 \tag{3.2.14}$$

在式(3.2.14)的模型中,β_0 是常数项,β_1、β_2、β_3、β_4 表示各种影响因素的常量系数,Y 代表四川省电子信息产业增加值(单位:亿元),反映了四川省电子信息产业的总体水平。$x_1 \sim x_4$ 表示影响四川省电子信息产业发展的四种主要因素和影响,其中,x_1 代表四川省人均地区生产总值(单位:元),说明四川省总体经济发展水平对电子信息产业的影响;x_2 代表四川省第三产业的增加值(单位:亿元),主要说明了服务业发展对工业的影响,体现了电子信息产业的需求规模;x_3 表示四川省电子信息产业就业人数(单位:万人);x_4 表示四川省电子信息产业资本形成总额(单位:亿元),

主要体现工业投资的经济效益。

表3-12　四川省关于电子信息产业发展及各影响因素相关数据

年份	电子信息产业增加值（Y）	人均地区生产总值（x_1）	第三产业的增加值（x_2）	电子信息产业就业人数（x_3）	电子信息产业资本形成总额（x_4）
2000	37.76	2038	70.24	589.74	252.01
2001	28.13	2109	35.53	623.19	275.82
2002	93.58	2353	101.33	640.95	330.71
2003	160.62	3106	325.34	706.39	439.32
2004	286.58	4321	478.79	786.37	620.97
2005	277.12	5801	588.72	855.97	858.91
2006	387.11	7319	528.49	920.45	1102.71
2007	367.16	8471	358.86	975.66	1293.43
2008	291.77	9371	337.74	1025.22	1370.21
2009	280.01	10049	228.24	1102.31	1624.74
2010	227.61	10695	280.05	1151.68	1773.37
2011	329.16	11765	515.74	1192.02	1903.37
2012	385.44	12882	471.57	1263.77	2131.87
2013	437.02	14396	697.03	1341.86	2189.78
2014	601.39	16830	1182.62	1407.63	2686.57
2015	704.72	20223	1650.88	1443.37	3362.19
2016	1291.11	24560	1917.05	1542.46	3930.56
2017	1360.09	28814	1895.8	1625.06	4628.59
2018	1769.28	33928	2055.56	1713.33	5287.91

运用MATLAB软件对上述数据进行多元线性回归分析。

解　程序如下：

```
clear
x0=[2038   70.24   589.74   252.01
    2109   35.53   623.19   275.82
    ..............................
    33928  2055.56  1713.33  5287.91];        %输入各影响因素的数
Y=[37.76, 28.13, 93.58, 160.62, 286.58, 277.12, 387.11, 367.16, 291.77,
280.01, 227.61,
```

329.16,385.44,437.02,601.39,704.71,1291.11,1360.09,1769.28];%Y 电子信息产业增加值列向量

[n,p]=size(x0);　　　　　　　　　　　%矩阵 x_0 的行数即样本容量

x=[ones(n,1),x0];　　　　　　　　　　%构造设计矩阵

[db,dbint,dr,drint,dstats]=regress(Y,x);　%调用多元回归分析命令

回归参数的估计。

输出结果：

db=345.2493

0.1672

0.1962

−0.7012

−0.6537

即 β 的最小二乘估计为

$$\hat{\beta} = (\hat{\beta}_0, \hat{\beta}_1, \hat{\beta}_2, \hat{\beta}_3, \hat{\beta}_4)^{\mathrm{T}} = (345.249, 0.1672, 0.1962, -0.7012, -0.6537)^{\mathrm{T}}$$

所以，电子信息产业增加值 Y 对 4 个自变量的线性回归方程为

$$\hat{y} = 345.249 + 0.1672x_1 + 0.1962x_2 - 0.7012x_3 - 0.6537x_4 \qquad (3.2.15)$$

输出结果：

dstats=

1.0e+003 *

0.00010　0.1727　0.0000　5.7926

其中，dstats 的第四项是残差的方差估计值，所以残差方差 σ^2 的无偏估计值为

$$\hat{\sigma}^2 = 5792.6$$

下面对例 3.2−3 的回归模型进行显著性检验。

接上面的程序，在 MATLAB 命令窗口中继续输入：

```
TSS=y'*(eye(n)−1/n*ones(n,n))*y;        %计算 TSS
H=x*inv((x'*x))*x';                      %计算对称幂等矩阵
ESS=y'*(eye(n)−H)*y;                     %计算 ESS
RSS=y'*(H−1/n*ones(n,n))*y;              %计算 RSS
MSR=RSS/p;                               %计算 MSR
MSE=ESS/(n−p−1);                         %计算 MSE
                                         %F 检验
F0=(RSS/p)/(ESS/(n−p−1));                %计算 F0
Fa=finv(0.95,p,n−p−1);                   %F 分布时的临界值 F0.95(p, n−p−1)
                                         %T 检验
```

```
S=MSE * inv(x' * x);                    %计算回归参数的协方差矩阵
T0=db. ./sqrt(diag(S));                 %每个回归参数的 T 统计量
Ta=tinv(n−p−1,0.975);                   %T 分布的分位数
PP=tpdf(T0,n−p−1);                      %每个回归参数的 T 统计值对应的概率
                                         %可决系数检验
R2=RSS/TSS;                             %计算样本可决系数
```

程序的输出结果列在表 3−13 和表 3−14。

表 3−13　方差分析

方差来源	平方和	自由度	均方和	F 值	P 值
回归	4000513	4	1000128.161	172.656	0
误差	81096.389	14	5792.599		
总计	4081609	18			

表 3−14　回归系数

变量	β 值	标准差	T 值	P 值
常数项	345.25	150.322	2.297	0.038
人均地区生产总值	0.167	0.044	3.812	0.002
第二产业增加值	0.196	0.082	2.39	0.031
服务业就业人数	−0.701	0.216	−3.242	0.006
服务业资本形成总额	−0.654	0.295	−2.215	0.044

该方程的拟合优度判定系数即可决系数：

$$R^2 = \frac{SSR}{SST} = 0.98$$

调整后的拟合优度判定系数即校正的可决系数：

$$R_\alpha^2 = 1 - (1 - R^2) \times \frac{n-1}{n-p-1} = 0.976$$

说明该多元线性回归方程的拟合程度比较理想。

F 检验：$H_0 : \beta_1 = \beta_2 = \beta_3 = \beta_4 = 0; H_1 : \beta_i (i = 1,2,3,4)$ 不全为 0。

从方差分析表可知统计量：

$$F_0 = 172.656$$

给定一个显著性水平 $\alpha = 0.05$，查 F 分布表，得到一个临界值 $F_\alpha = 3.1122$，因为 $F_0 > F_\alpha$，或者由 F_0 的 P 值为 0，小于 0.05，所以拒绝 H_0，接受备择假设，说明总体回归系数 β_i 不全为 0，即表明模型的线性关系在 95% 的置信水平下显著成立。

T 检验：$H_0 : \beta_1 = 0; H_1 : \beta_1 \neq 0$。

统计量：$T_0(1) = 2.297$。

给定一个显著性水平 $\alpha = 0.05$，查 T 分布表，得到一个临界值 $T_\alpha = 2.1448$，因为 $T_0(1) > T_\alpha$，或者由 T_0 的 P 值为 0.038，小于 0.05，所以拒绝 H_0，接受备择假设，即回归系数 $\beta_i \neq 0$。其他回归系数 $\beta_i (i = 2,3,4)$，用上述同样方法可以得出各回归系数是显著不为 0 的。

3.3 逐步回归

3.3.1 最优回归方程的选择

在建立经济预测问题的数学模型时，常常从可能影响预测量 Y 的许多因素中挑选一批因素作为自变量，应用回归分析的方法建立回归方程作预报或控制用，其问题是如何在众多因素中挑选变量，以建立这批观测数据的最优回归方程。

什么是最优的回归方程呢？

通过前面的学习，我们知道，回归方程中所包含的自变量越多，回归平方和 RSS 就越大，剩余平方和 ESS 就越小。一般来讲，剩余均方和 MSE 也随之较小，因而预报就较精确。所以就希望最优的回归方程中包括尽可能多的变量，特别是对 Y 有显著影响的变量不能遗漏。但是，方程所含变量太多，也有不利的一面：第一，在预报时必须测定许多变量，且计算不方便；第二，如果方程中含有对 Y 不起作用或作用极小的变量，那么 ESS 不会由于这些变量的增加而减少太多，相反，由于 ESS 自由度的减少，而使 MSE 增大；第三，由于存在对 Y 不显著的变量，以致影响了回归方程的稳定性，反而使预报效果下降，因此又希望在最优的回归方程中不包含对 Y 影响不显著的变量。

综上所述，最优回归方程就是包含所有对 Y 影响显著的变量，而不包含对 Y 影响不显著的变量的回归方程。

选择最优回归方程有以下几种方法：

（1）方法 1。从所有可能的变量组合的回归方程中挑选最优者，即把所有包含1个、2个……直至所有变量的线性回归方程全部计算出来，对每个方程及自变量做显著性检验，然后从中挑选一个方程，要求该方程中的所有变量全部显著，且剩余均方和 MSE 较小。

这种方法可以找到一个最优方程，然而计算工作量太大。例如，若有 10 个因子，就要建立 1023（$2^{10} - 2$）个方程，因而方法 1 只在变量较少时使用。

（2）方法 2。从包含全部变量的回归方程中逐次剔除不显著因子。首先建立包含全部变量的回归方程，再对每一个因子做显著性检验，剔除不显著因子中偏回归平方和最小的一个，重新建立包含全部变量（剔除的除外）的回归方程。重复上面的过程，对新建立的回归方程的每一个因子做显著性检验，剔除不显著因子中偏回归平方和最小的，再重新建立回归方程。如此重复，当新建立的回归方程中所有因子都显著时，回归方程就是最优的了。

这种方法在因子特别是不显著因子不多时可以采用，但计算工作量仍然可能较大。

（3）方法3。从一个变量开始，将变量逐个引入回归方程。首先计算各因子与 Y 的相关系数，将绝对值最大的一个因子引入方程，并对回归平方和进行检验，若显著，则引入。然后找出余下因子中与 Y 的偏相关系数最大的那一个，将其引入方程，检验显著性，等等。当引入的因子建立的方程检验不显著时，该因子就不再引入。

这种方法尽管工作量较小，但并不保证最后得到的方程是最优的，还需进一步做检验，剔除不显著因子。同时，这种方法每一步都要计算偏相关系数，也较麻烦。

结合方法2与方法3，产生一种建立最优回归方程的方法——逐步回归分析。

逐步回归的基本思想是有进有出。具体做法是将变量一个一个引入，每次引入一个自变量后，对已选入的变量要进行逐个检验，当原引入的变量由于后面变量的引入而变得不再显著时，要将其剔除。引入一个变量或从回归方程中剔除一个变量，为逐步回归的一步，每一步都要进行 F 检验，以确保每次引入新的变量之前，回归方程中只包含显著的变量。这个过程反复进行，直到既无显著的自变量引入回归方程，又无不显著的自变量从回归方程中剔除为止。这样保证最后所得变量子集中的所有变量都是显著的，经若干步后，便得"最优"变量子集。

3.3.2 引入变量和剔除变量的依据

如果在某一步，已有 l 个变量被引入回归方程中，不妨设为 $X_1, X_2, \cdots, X_l$，即已得回归方程：

$$\hat{Y} = \hat{\beta}_0 + \hat{\beta}_1 X_1 + \hat{\beta}_2 X_2 + \cdots + \hat{\beta}_l X_l \tag{3.3.1}$$

并且有平方和分解式：

$$TSS = RSS + ESS \tag{3.3.2}$$

显然，回归平方和 RSS 及残差平方和 ESS 均与引入的变量相关。为了使其意义更清楚，将其分别设为 $RSS(X_1, X_2, \cdots, X_l)$ 及 $ESS(X_1, X_2, \cdots, X_l)$。下面考虑又有一个变量 $X_i (l < i \leqslant k)$ 被引入回归方程，这时对于新的回归方程所对应的平方和分解式为

$$TSS = RSS(X_1, X_2, \cdots, X_l, X_i) + ESS(X_1, X_2, \cdots, X_l, X_i) \tag{3.3.3}$$

当变量 X_i 引入后，回归平方和从 $RSS(X_1, X_2, \cdots, X_l)$ 增加到 $RSS(X_1, X_2, \cdots, X_l, X_i)$，而相应的残差平方和从 $ESS(X_1, X_2, \cdots, X_l)$ 降到 $ESS(X_1, X_2, \cdots, X_l, X_i)$，并有

$$RSS(X_1, X_2, \cdots, X_l, X_i) - RSS(X_1, X_2, \cdots, X_l)$$
$$= ESS(X_1, X_2, \cdots, X_l) - ESS(X_1, X_2, \cdots, X_l, X_i) \tag{3.3.4}$$

记 $W_i = RSS(X_1, X_2, \cdots, X_l, X_i)$，反映了由于引入 X_i 后，X_i 对回归平方和的贡献，也等价于引入 X_i 后残差平方和减少的量，称其为 X_i 对因变量 Y 的方差贡献，故考虑检验统计量：

$$F_i = \frac{W_i(X_1, X_2, \cdots, X_i)}{ESS(X_1, X_2, \cdots, X_l, X_i)/(N - l - 1)} \tag{3.3.5}$$

式中，N 为样本量，l 是已引入回归方程的变量个数。

在 $\beta_i = 0$ 假设下，F_i 服从自由度为 $(1, N-l-1)$ 的 F 分布，给定显著水平 α_{in}，这时若 $F_i \geqslant F_{\alpha_{\text{in}}}$，则可以考虑将自变量 X_i 引入回归方程，否则不能引入。

实际上，大于 $F_{\alpha_{\text{in}}}$ 的变量开始时可能同时有几个，那么是否将它们都全部引入呢? 实际编程序时并不是一起全部引入回归方程，而是选其最大的一个引入。

关于剔除变量，如果已有 1 个变量被引入回归方程，不失一般性，设其为 X_1，$X_2, \cdots, X_l$，所对应的平方和分解公式为

$$TSS = RSS(X_1, X_2, \cdots, X_i, \cdots, X_l) + ESS(X_1, X_2, \cdots, X_i, \cdots, X_l) \quad (3.3.6)$$

式中，$i = 1, 2, \cdots, l$，为了研究每个变量在回归方程中的作用，考虑分别删掉 $X_i (i = 1, 2, \cdots, l)$ 后，相应的平方和分解公式为

$$TSS = RSS(X_1, X_2, \cdots, X_{i-1}, X_{i+1}, \cdots, X_l) + ESS(X_1, X_2, \cdots, X_{i-1}, X_{i+1}, \cdots, X_l)$$
$$(3.3.7)$$

这时，回归平方和从 $RSS(X_1, X_2, \cdots, X_i, \cdots, X_l)$ 降为 $RSS(X_1, X_2, \cdots, X_{i-1}, X_{i+1}, \cdots, X_l)$，同时残差也发生相应的变化。残差平方和从 $ESS(X_1, X_2, \cdots, X_i, \cdots, X_l)$ 增加到 $ESS(X_1, X_2, \cdots, X_{i-1}, X_{i+1} \cdots, X_l)$，$X_i$ 对回归平方和的贡献也等价于删除 X_i 后残差平方和增加的量，同理可表示为

$$W_i = RSS(X_1, X_2, \cdots, X_i, \cdots, X_l) - RSS(X_1, X_2, \cdots, X_{i-1}, X_{i+1}, \cdots, X_l)$$
$$= ESS(X_1, X_2, \cdots, X_{i-1}, X_{i+1}, \cdots, X_l) - ESS(X_1, X_2, \cdots, X_i, \cdots, X_l)$$
$$(3.3.8)$$

与前同理，构造检验统计量:

$$F_i = \frac{W_i(X_1, X_2, \cdots, X_i, \cdots, X_l)}{ESS(X_1, X_2, \cdots, X_i, \cdots, X_l)/(N-l-1)} \quad (3.3.9)$$

显然，这时 F_i 越小，则说明 X_i 在回归方程中起的作用 (对回归方程的贡献) 越小。在 $\beta_i = 0$ 假设下，F_i 服从自由度为 $(1, N-l-1)$ 的 F 分布，给定显著水平 α_{out}，若 $F_i \leqslant F_{\alpha_{\text{out}}}$，则可以考虑将自变量 X_i 从回归方程中剔除。在编程序时，每次只剔除一个，因此，每次选择最小的 $F_i = \min(F_1, F_2, \cdots, F_l)$ 与 $F_{\alpha_{\text{out}}}$ 进行比较。若 $F_i > F_{\alpha_{\text{out}}}$ 则可以不考虑剔除，而开始考虑引入。需要指出的是: 一般设定显著水平 $\alpha_{\text{in}} \leqslant \alpha_{\text{out}}$，否则剔除的变量有可能再次引入模型，形成无限循环。

3.3.3 逐步回归的 MATLAB 实现

逐步回归的计算实施过程可以利用 MATLAB 软件在计算机上自动完成，我们要求读者一定要通过前面的叙述掌握逐步回归方法的思想，这样才能用对、用好逐步回归法。

在统计工具箱中做逐步回归的是命令 stepwise，它提供了一个交互式画面，通过这个工具可以自由地选择变量，进行统计分析，其通常用法为

```
stepwise(X, Y, in, penter, premove)
```

其中，X 是自变量数据，Y 是因变量数据，分别为 $n \times p$ 和 $n \times l$ 矩阵; in 是矩阵 X 的列数的指标，给出初始模型中包括的子集，缺省时设定为全部自变量不在模型中;

penter 为变量进入时显著性水平，缺省时 penter＝0.05；premove 为变量剔除时显著性水平，缺省时 premove＝0.10。

在应用 stepwise 命令进行运算时，程序不断提醒将某个变量加入（Move in）回归方程，或者提醒将某个变量从回归方程中剔除（Move out）。

注意，应用 stepwise 命令做逐步回归，数据矩阵 X 的第一列不需要人工加一个全 1 向量，程序会自动求出回归方程的常数项（intercept）。

下面通过一个例子说明 stepwise 的用法。

例 3.3-1 某种合金的刚度 y（单位：牛顿/米）与合金中四种化学成分 x_1、x_2、x_3、x_4 所占百分比有关，其中，x_1 表示 Fe，x_2 表示 Cr，x_3 表示 Ni，x_4 表示 Mo。在生产中测得 13 组数据见表 3-15，试建立 y 关于这些化学成分因子的最优回归方程。

表 3-15 合金的刚度与其组成元素百分比

序号	1	2	3	4	5	6	7	8	9	10	11	12	13
x_1	7	1	11	11	7	11	3	1	2	21	1	11	10
x_2	26	29	56	31	52	55	71	31	54	47	40	66	68
x_3	6	15	8	8	6	9	17	22	18	4	23	9	8
x_4	60	52	20	47	33	22	6	44	22	26	34	12	12
y	78.5	74.3	104.3	87.6	95.9	109.2	102.7	72.5	93.1	115.9	83.8	113.3	109.4

解 在命令窗口中写如下程序：

```
X=[7,26,6,60;1,29,15,52;11,56,8,20;11,31,8,47;7,52,6,33;11,55,9,22;
3,71,17,6;1,31,22,44;2,54,18,22;21,47,4,26;1,40,23,34 ;11,66,9,12;10,
68,8,12];                                              %自变量数据
    y=[78.5,74.3,104.3,87.6,95.9,109.2,102.7,72.5,93.1,115.9,83.8,113.3,
109.4];                                                %因变量数据
    stepwise(X,y,[1,2,3,4],0.05,0.10);
                        % in=[1,2,3,4]表示 x₁、x₂、x₃、x₄均保留在模型中
```

程序执行后得到如图 3-24 所示的逐步回归窗口。

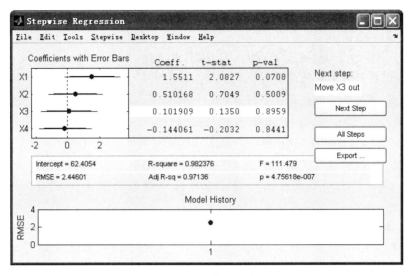

图 3-24　逐步回归窗口

在图 3-24 中，用左上角显示变量 x_1、x_2、x_3、x_4 均保留在模型中，窗口的右侧按钮上方提示：将变量 x_3 剔除回归方程（Move x_3 out），单击"Next Step"按钮，进行下一步运算，将第三列数据对应的变量 x_3 剔除回归方程。单击"Next Step"按钮后，剔除的变量 x_3 所对应的行发生变色（见 MATLAB），同时又得到提示：将变量 x_4 剔除回归方程（Move x_4 out），单击"Next Step"按钮，将第四列数据对应的变量 x_4 剔除回归方程。单击"Next Step"按钮，x_4 所对应的行用红色表示（见 MATLAB），同时提示"Move no terms"，即没有需要加入（也没有需要剔除）的变量（图 3-25）。在 MATLAB 软件包中，可以直接点击"All Steps"按钮，直接求出结果（省略中间过程）。

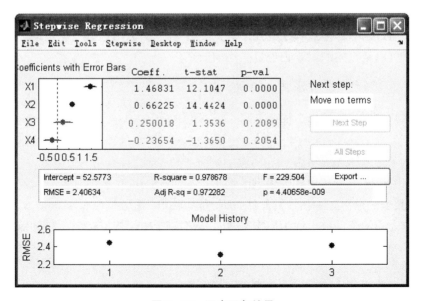

图 3-25　逐步回归结果

由图 3−25 可知，最后得到回归方程（蓝色行是被保留的有效行，红色行表示被剔除的变量，见 MATLAB）：

$$y = 52.5773 + 1.46831x_1 + 0.66225x_2$$

回归方程中录用了原始变量 x_1 和 x_2。

图 3−25 中显示了模型参数分别为：$R^2 = 0.978678$，修正的 R^2 值 $R_a^2 = 0.972282$，F 检验值为 229.504，与显著性概率相关的 P 值为 $4.40658e^{-9} < 0.05$，残差均方 $RMSE = 2.40634$（这个值越小越好）。以上指标值都很好，说明回归效果比较理想。另外，截距 intercept＝52.5773，这就是回归方程的常数项。

逐步回归窗口中对已建模型给出了在线与超链接的显示功能，当将光标指向"Model History"框中的均方残差 $RMSE$ 的第一个蓝色点（见 MATLAB）时，光标在线显示"In Model：x_1、x_2、x_3、x_4"，若指向蓝色点并单击光标，则超链接到图 3−24 所示的逐步回归窗口。从"Model History"框中可以观察不同模型的均方残差变化。

3.4　回归诊断

回归诊断主要包括三个方面：异常点与强影响点诊断、残差分析、多重共线性诊断。

3.4.1　异常点与强影响点诊断

异常点是指对既定模型偏离很大的数据点，或是远离数据集合中心的观测点，但偏离达到何种程度才算异常，就必须对模型误差项的分布有一定的假设（通常假定为正态分布）。强影响点是指数据集中的那些对统计量的取值或参数的估值结果有非常大影响的观测点，通过剔除异常点和某些强影响点，可对模型做出改进。一个模型中的异常点与强影响点可以是相同的点，也可以是不同的点。

3.4.1.1　查找异常点与强影响点的统计量

设有回归模型（3.2.2），即

$$\begin{cases} y_i = \beta_0 + \beta_1 x_{i1} + \cdots + \beta_p x_{ip} + \varepsilon_i \\ \varepsilon_i \sim N(0, \sigma^2) \text{独立同分布}(i = 1, 2, \cdots, n) \end{cases}$$

记 $IF_i = \hat{\beta}(i) - \hat{\beta}$，其中 $\hat{\beta}$ 为模型的最小二乘估计，$\hat{\beta}(i)$ 为剔除第 i 组数据后剩下的 $(n-1)$ 组数据的最小二乘估计。显然，IF_i 是反映第 i 组数据 $(x_{i1}, x_{i2}, \cdots, x_{ip}, y_i)$ 对回归估计影响大小的统计量，称为影响函数。又记矩阵 $\boldsymbol{H} = \boldsymbol{X}(\boldsymbol{X'X})^{-1}\boldsymbol{X'}$ 的对角线的第 i 个元素为 h_{ii} 称为杠杆值。基于影响函数与矩阵 $\boldsymbol{H}$，可构造查找异常点与强影响点的统计量，见表 3−16。

表 3-16　查找异常点与强影响点的统计量

统计量	定义	判异规则	作用
Pearson 残差	$Z_{e_i} = e_i / \sqrt{MSE}$	$\|Z_{e_i}\| > 2$	查找异常值
学生化残差	$S_{e_i} = e_i / \sqrt{MSE(1 - h_{ii})}$	$\|S_{e_i}\| > 2$	
杠杆值	h_{ii}	$h_{ii} > 2(P + 1)/n$	查找强影响点
Cook 距离	$D_i = \dfrac{e_i^2}{(p+1)MSE} \cdot \dfrac{h_{ii}}{(1 - h_{ii})^2}$	$D_i > 3\overline{D}$	
CovRatio 统计量	$C_i = \dfrac{MSE_{(i)}^{(p+1)}}{MSE^{(p+1)}}$	$\|C_i - 1\| > \dfrac{3(p+1)}{n}$	
Dffits 统计量	$Df_i = S_{e_i} \cdot \sqrt{\dfrac{h_{ii}}{1 - h_{ii}}}$	$\|Df_i\| > 2\sqrt{p + 1/n}$	
Dfbeta 统计量	$Db_{ij} = \dfrac{\hat{\beta}_j - \hat{\beta}_{j(i)}}{\sqrt{MSE_{(i)}(1 - h_{ii})}}$	$\|Db_{ij}\| > 3/\sqrt{n}$	

注：$e_i = y_i - \hat{y}_i$，$MSE = SSE/(n - p - 1)$，$MSE_{(i)}$ 表示剔除第 i 组数据的均方差。

3.4.1.2　MATLAB 实现

1. 查找异常点的统计量

Linear Model 类对象的 Residuals 属性值列出了残差（Raw）、皮尔森（Pearson）残差、学生化（Studentized）残差，调用方法为

```
mdl.Residuals
```

或

```
table2array(mdl.Residuals)
```

输出模型"mdl"的各种属性残差列表。若只要输出模型"mdl"的残差，则调用方法为

```
mdl.Residuals.Raw
```

其余属性的残差以同样方法调用。

2. 查找强影响点的统计量

Linear Model 类对象的 Diagnostics 属性值列出了杠杆（Leverage）值、Cook 距离、CovRatio 统计量、Dffits 统计量、Dfbeta 统计量等。调用方法为

```
mdl.Diagnostics
```

或

> table2array(mdl. Diagnostics)

输出模型"mdl"的各种属性的统计量值表。若只要输出模型"mdl"的杠杆值，则调用方法为

> mdl. Diagnostics. leverage

其余统计量调用类似。

3. 诊断图命令

MATLAB 提供了上述统计量的绘图命令，调用格式为

> plotDiagnostics(mdl, 'plottype')

或

> mdl. plotDiagnostics('plottype')

其中，选项 plottype 表示统计量形式，可以是 cookd、covratio、dfbetas、dffits、leverage 等。plotDiagnostics 绘制以观测序号为横坐标与统计量观测值纵坐标的散点图，从图形上可观察异常点或强影响点。

3.4.1.3 模型改进

利用残差（或 Diagnostics）属性值，比如皮尔森残差（或杠杆值），按照判定异常点（或强影响点）规则，在命令窗口编写程序：

> id=find(abs(mdl. Residuals. Pearson)>2)

或

> id=find(mdl. Diagnostics. leverage>2 * (p+1)/n)

则输出异常点的观测序号。若要剔除异常或强影响点，重新建立模型，则在命令窗口中编写程序：

> mdlnew=LinearModel. fit(X, y, 'Exclude', id);　　　　%剔除异常或强影响点 id

这就建立了新模型 mdlnew。

例 3.4—1　对例 3.2—1 做异常点诊断并改进模型。

解　程序如下：

```
clear
A=[75.2   30.6   21.1   1090.4
   77.6   31.3   21.4   1133.0
   80.7   33.9   22.9   1242.1
   76.0   29.6   21.4   1003.2
   79.5   32.5   21.5   1283.2
   81.8   27.9   21.7   1012.2
   98.3   24.8   21.5   1098.8
   67.7   23.6   21.0   826.3
   74.0   33.9   22.4   1003.3
   151.0  27.7   24.7   1554.6
   90.8   45.5   23.2   1199.0
   102.3  42.6   24.3   1483.1
   115.6  40.0   23.1   1407.1
   125.0  45.8   29.1   1551.3
   137.8  51.7   24.6   1601.2
   175.6  67.2   27.5   2311.7
   155.2  65.0   26.5   2126.7
   174.3  65.4   26.8   2256.5];
[m,n]=size(A)
X=[A(:,1),A(:,2),A(:,3)];              %提取自变量观测矩阵
y=A(:,4);                              %因变量观测向量
mdl=LinearModel.fit(X,y);             %建立线性回归模型
Res=mdl.Residuals;                    %输出不同属性的残差列矩阵表
Id=find(abs(Res.Studentized)>2);      %按学生化残差判异规则查找异常点
plot(Res.Studentized,'*');            %学生化残差图如图3-26所示
hold on
plot(Id,Res.Studentized(id),'or');    %在残差图上圈出残差点如图3-26所示
refline(0,-2);refline(0,2);           %判异区域分界线
title('学生化残差图');xlabel('观测序号');ylabel('学生化残差');
mdlnew=LinearModel.fit(X,y,'Exclude',Id);   %剔除异常点id再建模
mdl
```

输出结果：

```
mdl=
Linear regression model:
y~1+x1+x2+x3
```

Estimated Coefficients:

	Estimate	SE	tStat	pValue
(Intercept)	162.06	345.15	0.46818	0.64686
x1	7.2739	1.3523	5.3787	9.7273e−0.5
x2	13.957	3.167	4.4071	0.00059659
x3	−4.3996	19.76	−0.22265	0.82702

Number of observations: 18, Error degrees of freedom: 14

Root Mean Squared Error: 100

R−Squared: 0.957, Adjusted R−Squared: 0.948

F−Statistic vs. Constant model: 105, p−value=7.75e−10

从输出结果可以看出，常数项β_0和回归系数β_1、β_2、β_3的估计值分别为162.06、7.2739、13.957、−4.3996，从而可以写出线性回归方程：

$$\hat{y} = 162.06 + 7.2739x_1 + 13.957x_2 - 4.3996x_3$$

均方差的估计值为100，回归方程的可决系数为0.957，调整的可决系数为0.948，F统计量的观测值为105，P值为$7.75e^{-10}$，小于0.05，应拒绝原假设，即线性关系显著。但系数β_3的T检验统计量的P值为0.82702，大于0.05，所以认为x_3即工资额项不显著。从残差图看到有异常点存在，故剔除异常点再重新建模mdlnew，新模型结果为

mdl=

Linear regression model:

y~1+x1+x2+x3

Estimated Coefficients:

	Estimate	SE	tStat	pValue
(Intercept)	141.76	271.69	0.52177	0.61132
x1	7.8037	1.0482	7.4447	7.7911e−06
x2	14.231	2.455	5.7969	8.515e−05
x3	−6.4282	15.478	−0.41531	0.68524

Number of observations: 16, Error degrees of freedom: 12

Root Mean Squared Error: 76.8

R−Squared: 0.978, Adjusted R−Squared: 0.973

F−Statistic vs. constant model: 181, p−value=3.02e−10

比较模型 mdl 与模型 mdlnew 的校正可决系数 R_α^2 的大小，原模型是 0.948，改进模型是 0.973，可见剔除异常值后的模型拟合效果更好，比较 P 值也得出改进的模型显著性更高。

由 id=5、15 可知，模型 mdl 中存在异常点的观测序号为 5 和 15，从学生化残差图上也能看出两个同样的异常点结果（图 3−26）。

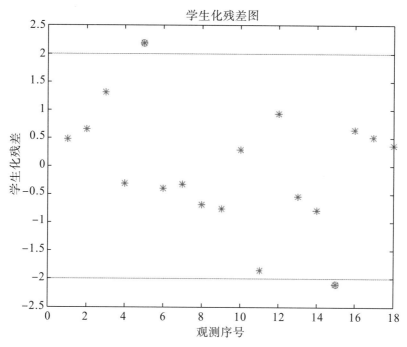

图 3−26　学生化残差诊断图

3.4.2　残差分析

从残差出发分析关于误差项假定的合理性以及线性回归关系假定的可行性称为残差分析，包括模型线性诊断、模型误差方差齐性诊断、模型误差独立性诊断、模型误差正态性诊断等。

3.4.2.1　模型误差项的正态性检验

残差是模型误差的估计，在一定程度上反映了误差的特点。通过对残差的正态性检验可以了解对误差项的正态分布假定的合理性。

设残差 $\hat{e}_i = y_i - \hat{y}_i (i = 1,2,\cdots,n)$ 学生化残差：

$$\hat{r}_i = \frac{\hat{e}_i}{\sqrt{MSE(1-h_{ii})}} \quad (i = 1,2,\cdots,n) \tag{3.4.1}$$

当模型假设成立时，$\hat{r}_1, \hat{r}_2, \cdots, \hat{r}_n$ 近似独立且近似服从 $\mathbf{N}(0,1)$，可以近似认为 $\hat{r}_1, \hat{r}_2, \cdots, \hat{r}_n$ 是来自 $\mathbf{N}(0,1)$ 的随机子样，从而可粗略地统计 $\hat{r}_1, \hat{r}_2, \cdots, \hat{r}_n$ 中正负个数是否各占一半左右，介于（−1，1）的比例是否约为 68%，介于（−2，2）的比例是否约

为 95%，介于（-3，3）的比例是否约为 99%，否则不能认为误差项服从正态分布。也可按照第 2 章介绍的方法，检验 $\hat{r}_1,\hat{r}_2,\cdots,\hat{r}_n$ 的正态性可用 Q-Q 图或直方图。

3.4.2.2 残差图检验

残差图是指以残差为纵坐标，以任何其他有关量的值为横坐标的散点图。模型线性诊断、模型误差方差齐性诊断可借助残差图检验。

（1）残差与拟合值图，此时横坐标为拟合值。若线性回归关系正确，且误差向量 $\boldsymbol{\varepsilon}\sim\boldsymbol{N}(0,\sigma^2\boldsymbol{I})$，则因变量 $\boldsymbol{Y}$ 的拟合值向量 $\hat{\boldsymbol{Y}}=\boldsymbol{HY}$ 与残差向量 $\boldsymbol{\varepsilon}=(\boldsymbol{I}-\boldsymbol{H})\boldsymbol{Y}$ 相互独立。这时残差图中的点 $(\hat{y}_i,\hat{e}_i)(i=1,2,\cdots,n)$ 应大致在一个水平的带状区域内，且不呈现任何明显的趋势。若残差与拟合值图呈现某种趋势（如向右递增、U 形等），或者散点分布呈现喇叭口状，则说明线性回归关系或残差不满足方差齐性假定。此时可对因变量 $\boldsymbol{Y}$ 做某种变换（如取平方根、取对数、取倒数或 Box-Cox 变换等），也可在模型中增加自变量的平方项、乘积项等，然后重新拟合。

（2）残差与自变量图，此时横坐标为自变量。若模型中对自变量的线性关系正确，则残差图中的点 $(x_{ij},\hat{e}_i)(i=1,2,\cdots,n;j=1,2,\cdots,p)$ 应分布在左右等宽的水平带状区域内。否则，若残差图中的点分布在某个弯曲的带状区域内，说明模型中应增加非线性项（如平方项、立方项、变量交叉乘积项等），然后重新拟合。

（3）残差与滞后残差图，此时横坐标为滞后残差。对于与时间有关的样本观测值，可检验自相关性，若模型条件满足，则 $\hat{e}_i$ 与 $\hat{e}_{i-1}(i=2,3,\cdots,n)$ 是不相关的，此时点 $(\hat{e}_i,\hat{e}_{i-1})$ 应均匀地分布在四个象限内，否则残差间存在自相关。

例 3.4-2 对例 3.2-1 做残差分析并绘制残差图。

解 程序如下：

```
clear
A=[75.2    30.6    21.1    1090.4
   77.6    31.3    21.4    1133.0
   80.7    33.9    22.9    1242.1
   76.0    29.6    21.4    1003.2
   79.5    32.5    21.5    1283.2
   81.8    27.9    21.7    1012.2
   98.3    24.8    21.5    1098.8
   67.7    23.6    21.0    826.3
   74.0    33.9    22.4    1003.3
   151.0   27.7    24.7    1554.6
   90.8    45.5    23.2    1199.0
   102.3   42.6    24.3    1483.1
   115.6   40.0    23.1    1407.1
```

```
       125.0   45.8   29.1   1551.3
       137.8   51.7   24.6   1601.2
       175.6   67.2   27.5   2311.7
       155.2   65.0   26.5   2126.7
       174.3   65.4   26.8   2256.5];
[m,n]=size(A);
X=[A(:,1),A(:,2),A(:,3)];              %提取自变量观测矩阵
y=A(:,4);                              %因变量观测向量
mdl=LinearModel.fit(X,y);              %建立线性回归模型
subplot(2,2,1)
mdl.plotResiduals('caseorde');         %残差序列图[图 3-27(a)]
title('(a)残差序列图');
subplot(2,2,2)
mdl.plotResiduals('fitted');           %残差与拟合值图[图 3-27(b)]
title('(b)残差与拟合值图');
subplot(2,2,3)
mdl.plotResiduals('probability');      %残差正态概率图[图 3-27(c)]
title('(c)残差正态概率图');
subplot(2,2,4)
plot(X(:,1),mdl.Residuals.Raw,'*');    %与自变量 x1 的残差图[图 3-27(d)]
title('(d)自变量 x1 与残差图');xlabel('自变量 x1');ylabel('残差');
```

运行程序绘制的回归诊断残差图如图 3-27 所示。从图中可看出建立的模型比较满意。

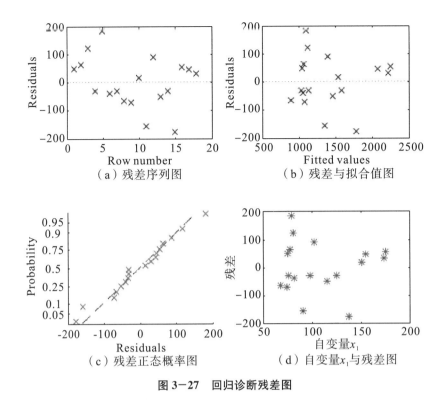

（a）残差序列图　　　　　（b）残差与拟合值图

（c）残差正态概率图　　　（d）自变量x_1与残差图

图 3-27　回归诊断残差图

3.4.3　多重共线性诊断

多元回归模型中解释变量之间存在高度线性相关关系称为多重共线性。多重共线性诊断就是检验解释变量之间是否存在共线性。一般来说，多重共线性可从经验判定：如果自变量的简单相关系数值较大，或者对重要自变量的回归系数进行 T 检验不显著，或者回归系数的代数符号与专业知识或一般经验相反等，则可初步诊断为存在多重共线性。而最常用的多重共线性的正规诊断方法是使用方差膨胀因子，设自变量 x_i 的方差膨胀因子记为 VIF_i，它的计算公式为

$$VIF_i = \frac{1}{1-R_i^2} \tag{3.4.2}$$

式中，R_i^2 是以 x_i 为因变量时对其他自变量回归的可决系数，所有 x_i 变量中最大的 VIF_i 用来作为测量多重相关性的指标，一般认为，如果最大的 VIF_i 超过 10（此时 $R_i^2 > 0.9$），则模型存在较严重的多重共线性。当存在多重共线性时，参数的最小二乘的估计值将受严重影响，此时$\hat{\beta}_i$的方差可以表示成

$$Var(\hat{\beta}_i) = \frac{\sigma^2}{\sum (X_i - \bar{X}_i)^2} \cdot \frac{1}{1-R_i^2} = \frac{\sigma^2}{\sum (X_i - \bar{X}_i)^2} \cdot VIF_i \tag{3.4.3}$$

显然，当$R_i^2 \to 1$时，$Var(\hat{\beta}_i) \to +\infty$，即随着多重共线性程度的增强，$OLS$ 估计量的方差也将成倍增长，直至变到无穷大。

例 3.4-3　（高速铁路出行需求的回归分析模型）我国高铁出行需求与多种影响

因素相关，我们选取了国内生产总值（GDP）、第二产业产值、总人口、能源消费总量、全社会固定资产投资 5 个因素，2001—2020 年的统计数据见表 3-17，保存在文件"dlxq.xls"中。试建立高速铁路需求的回归分析模型，并进行回归诊断与模型改进。

表 3-17　2001—2020 年高铁出行总需求及影响因素统计表

年份	高速铁路总需求	GDP x_1（亿元）	第二产业产值 x_2（亿元）	总人口 x_3（万人）	能源消费总量 x_4（万度）	全社会固定资产投资 x_5（亿元）
2001	10023.4	61129.8	28088.4	121121	131176	20019.3
2002	10764.3	71572.3	33153.0	122389	135192	22974.0
2003	11284.4	79429.5	36903.1	123626	135909	24941.1
2004	11598.4	84883.7	38162.1	124761	136184	28406.2
2005	12305.2	90187.7	40312.4	125786	140569	29854.7
2006	13471.4	99776.3	44747.2	126743	146964	32917.7
2007	14633.5	110270.4	48581.5	127627	155547	37213.5
2008	16331.5	121002.0	53055.9	128453	169577	43499.9
2009	19031.6	136564.6	61752.1	129227	197083	55566.6
2010	21971.4	160714.4	73412.7	129988	230281	70477.4
2011	24940.3	185895.8	86566.1	130756	261369	88773.6
2012	28588.0	217656.6	10294.9	131448	286467	109998.2
2013	32711.8	268019.4	125450.7	132129	311442	137323.9
2014	34541.4	316751.7	149168.8	132802	320611	172828.4
2015	37032.2	345629.2	157686.2	133450	336126	224598.8
2016	41934.5	408903.0	188097.7	134091	360648	278121.9
2017	47000.9	484123.5	221084.6	134735	387043	311485.1
2018	49762.6	534123.0	239792.4	135404	402138	374694.7
2019	54203.4	588018.8	254857.0	136072	416913	446294.1
2020	55233.0	636138.7	270736.5	136782	426000	512020.7

解　程序如下：

```
clear
x0＝xlsread('dlxq.xls','B:G');                  ％读取表 3-17 数据
y＝x0(:,1);                                     ％高速铁路需求数据
subplot(2,3,1);                                ％绘制因变量与每个自变量的散点图
plot(x0(:,2),y,'*');xlabel('GDP'),ylabel('高速铁路需求'),grid on
subplot(2,3,2);
plot(x0(:,3),y,'*');xlabel('第二产业产值'),ylabel('高速铁路需求'),grid on
```

```
subplot(2,3,3);
plot(x0(:,4),y,'*');xlabel('总人口'),ylabel('高速铁路需求'),grid on
subplot(2,3,4);
plot(x0(:,5),y,'+');xlabel('能源消费'),ylabel('高速铁路需求'),grid on
subplot(2,3,5);
plot(x0(:,6),y,'o');xlabel('全社会固定资产投资'),ylabel('高速铁路需求'),
grid on
```

输出散点图如图3—28所示，观察图形可认为每个变量与用电需求呈线性关系，建立线性回归模型式（3.2.1），继续编程求解模型。

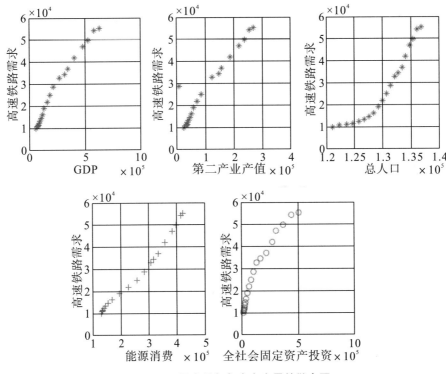

图3—28　因变量与每个自变量的散点图

```
x=x0(:,[2,3,4,5,6]);                        %提取自变量观测矩阵
y=x0(:,1);                                  %因变量观测向量
mdl=Linear Model.fit(x,y)                   %建立线性回归模型
mdl=
Linear regression model:
y~1+x1+x2+x3+x4+x5
```

Estimated Coefficients:

	Estimate	SE	tStat	pValue
(Intercept)	-11546	11193	-1.0316	0.31977
x1	0.08012	0.03772	2.1241	0.051962
x2	-0.056063	0.063851	-0.87802	0.39475
x3	0.0771	0.097972	0.78696	0.44442
x4	0.069683	0.0074935	9.2992	$2.2797\mathrm{e}{-07}$
x5	-0.016786	0.014473	-1.1599	0.2655

Number of observations:20, Error degrees of freedom:14

Root Mean Squared Error:405

R$-$Squared:1, Adjusted R$-$Squared:0.999

F$-$Statistic vs. constant model:5.68e+03, p$-$value$=$1.25e$-$22

输出结果解释类似于例 3.4$-$1，回归方程为

$$y = -11546 + 0.08012x_1 - 0.056063x_2 + 0.0771x_3 + 0.06983x_4 - 0.016786x_5$$

回归方程中有回归系数为负数，从经济意义看不合理，可能是变量间存在共线性。下面进行共线性检验，首先建立 x_1 关于 x_2、x_3、x_4、x_5 的回归方程，计算方差膨胀因子，程序如下：

```
md2＝Linear Model. fit(x0(:,［2 3 4 5］),x(:,1));
R2＝md2. Rsquared. Ordinary;
VIF1＝1/(1－R2)
```

输出结果：

```
VIF1＝
    5.8289e＋ 03
```

可见，方差膨胀因子远远大于 10，所以可以认为变量间存在共线性。为了改进模型，我们重新设定自变量为 GDP、总人口和能源消费总量，再进行回归分析，程序如下：

```
md3＝LinearModel. fit(x(:,［2 4 5］),y)
```

输出结果：

md3＝

Linear regression model:

y～1＋x1＋x2＋x3

Estimated Coefficients:

	Estimate	SE	tStat	pValue
(Intercept)	−1247.5	629.48	−1.9848	0.064955
x1	0.075648	0.019875	3.8061	0.0015526
x2	0.072566	0.0072311	10.035	2.6154e−08
x3	0.010786	0.0065934	1.6359	0.12137

Number of observations:20, Error degrees of freedom:16

Root Mean Squared Error:549

R−Squared:0.999, Adjusted R−Squared:0.999

F−Statistic vs. constant model:5.16e＋03, p−value＝4.33e−24

从结果得出回归方程为

$$\hat{y} = -1247.5 + 0.075648x_1 + 0.072566x_2 + 0.010786x_3$$

式中，x_1 表示 GDP、x_2 表示总人口、x_3 表示能源消费总量，从 R 值、F 值以及 T 值都说明方程是显著的。需要说明的是，模型改进有一定的主观性，相当于重新建模。

若要画模型 md3 的残差图，按照例 3.4−1，程序如下：

```
subplot(2,2,1)
md3.plotResiduals('caseorder')
title('(a)残差序列图');                    %残差序列图[图 3−29(a)]
subplot(2,2,2)
md3.plotResiduals('fitted');               %残差与拟合值图[图 3−29(b)]
title('(b)残差与拟合值图');
subplot(2,2,3)
md3.plotResiduals('probability');          %残差正态概率图[图 3−29(c)]
title('(c)残差正态概率图');
subplot(2,2,4)
plot(x(:,1),md3.Residuals.Raw,'*');  %与 x1(GDP) 的残差图[图 3−29(d)]
title('(d)自变量 x1 与残差图');xlabel('自变量 x1');ylabel('残差');
```

输出图形如图 3−29 所示，从残差图也可看出回归方程是显著的。

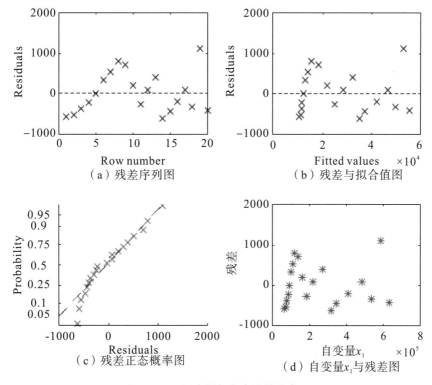

（a）残差序列图　　　　　　（b）残差与拟合值图

（c）残差正态概率图　　　　（d）自变量x_1与残差图

图 3-29　因变量与自变量的散点图

本章小结

　　本章主要从一元回归模型、多元线性回归模型、逐步回归、回归诊断四个方面对回归分析进行由浅入深的讲解。

　　回归分析只涉及两个变量的，称为一元回归分析。一元回归的主要任务是从相关变量中的一个变量去估计另一个变量。一元回归模型主要分为一元线性回归模型和一元非线性回归模型。

　　由于客观事物内部规律的复杂性及人们认识程度的限制，无法分析实际对象内在的因果关系，建立合乎机理规律的数学模型。所以再遇到此类问题时，就需要对数据进行统计分析，建立多元回归模型进行描述。

　　逐步回归的思想就是将变量逐个引入模型，在引入一个解释变量后都要进行 F 检验，并对已经选入的解释变量逐个进行 T 检验，当原来引入的解释变量由于后面解释变量的引入变得不再显著时，则将其剔除，以确保每次引入新的变量之前回归方程中只包含显著性变量。这是一个反复的过程，直到既没有显著的解释变量引入回归方程，又没有不显著的解释变量从回归方程中剔除为止，以保证最后得到的解释变量集是最优的。

　　回归诊断是对回归分析中的假设以及数据的检验与分析。通常包含两个方面的内容：①检验回归分析中的假设是否合理。如在线性回归模型中，通常假设随机误差之间独立，期望为 0 以及方差相同，或者进一步假设它们服从正态分布，回归诊断所要解决的问题之一是检验这些假设是否合理，如果这些假设不合理，对数据做怎样的修正后，能使它们满足或近似满足这些假设。②对数据的诊断，检验观测值中是否有异常数据，在有异常数据时如何处置。

通过对本章的学习，要求同学们理解回归分析原理，熟练掌握 MATLAB 回归分析命令，会应用 MATLAB 建立回归模型并解决实际问题。

习　题

1. 据国家统计局公布的数据，2011—2020 年国家工业企业在报告期内以货币表现的工业活动的最终成果数据见表 3-18。

表 3-18　2011—2020 年工业增加值

指标 x（年）	2020	2019	2018	2017	2016
工业增加值 y（亿元）	313071.10	311858.70	301089.35	275119.25	245406.44
指标 x（年）	2015	2014	2013	2012	2011
工业增加值 y（亿元）	234968.91	233197.37	222333.15	208901.43	195139.13

资料来源：https://data.stats.gov.cn/ks.htm.cn=C01。

（1）求经验回归方程 $\hat{y} = \hat{\beta}_0 + \hat{\beta}_1 x$；

（2）检验线性关系的显著性（$\alpha = 0.05$，采用 F 检验法）。

2. 某种合金的强度与碳含量有关，研究人员在生产试验中收集了该合金的碳含量 x 与强度 y 的数据，见表 3-19。试建立 y 与 x 的函数关系模型，并检验模型的可信度。

表 3-19　合金的强度与碳含量

x	0.10	0.11	0.12	0.13	0.14	0.15	0.16	0.17	0.18	0.20	0.21	0.23
y	42.0	41.5	45.0	45.5	45.0	47.5	49.0	55.0	50.0	55.0	55.5	60.5

3. 据国家统计局公布的数据，2011—2020 年我国能源生产总量 X 与能源消耗总量 Y 数据见表 3-20。试建立 X 与 Y 的回归模型，并预测能源生产总量比上年度增加 5% 时的能源消耗总量。

表 3-20　2011—2020 年我国能源生产总量与能源消耗总量（单位：万吨标准煤）

指标	2020 年	2019 年	2018 年	2017 年	2016 年
X	408000.00	397000.00	378859.00	358867.00	345954.00
Y	498000.00	487000.00	471925.00	455827.00	441492.00

指标	2015	2014	2013	2012	2011
X	362193.00	362212.00	358784.00	351041.00	340178.00
Y	434113.00	428334.00	416913.00	402138.00	387043.00

资料来源：https://data.stats.gov.cn/ks.htm.cn=C01。

4. 体重约 70kg 的某人在短时间内喝下 2 瓶啤酒后，隔一定时间测量其血液中酒精含量见表 3—21。

（1）依据数据作出人体血液中酒精含量与酒后时间的散点图，从图形上看能否选择多项式函数进行拟合？为什么？

（2）建立人体血液中酒精含量与酒后时间的函数关系。

（3）对照国家标准《车辆驾驶人员血液、呼气酒精含量阈值与检验》，车辆驾驶人员血液中的酒精含量大于或等于 20 毫克/百毫升，小于 80 毫克/百毫升为饮酒驾车；血液中的酒精含量大于或等于 80 毫克/百毫升为醉酒驾车。那么此人在短时间内喝下 1 瓶啤酒后，隔多长时间开车是安全的？

表 3—21　血液中酒精含量（单位：毫克/百毫升）

时间（小时）	0.25	0.5	0.75	1	1.5	2	2.5	3	3.5	4	4.5	5
酒精含量	30	68	75	82	82	77	68	68	58	51	50	41
时间（小时）	6	7	8	9	10	11	12	13	14	15	16	
酒精含量	38	35	28	25	18	15	12	10	7	7	4	

5. 在生、储、盖、圈、保这五个控制油气聚集条件互相结合可以形成油气藏的条件下，油气藏的储量密度 y（单位：$\dfrac{10^4 \text{t}}{\text{km}^2}$）与以下生油条件参数有密切关系，这些参数是：生油门限以下平均地温梯度 $\Delta t(x_1)$、生油门限以下总有机碳百分含量 $C\%(x_2)$、生油岩体积与沉积岩体积百分比 (x_3)、砂泥岩厚度百分比 (x_4)、生油门限以下生油带总烃与有机碳的百分比即有机质转化率 (x_5)。在我国东部 15 个勘探程度相对较高的中、新生代盆地及凹陷区测得数据见表 3—22，用逐步回归求储量密度 y 与这五个因素间的回归关系式。

表 3—22　原始数据表

样品	x_1	x_2	x_3	x_4	x_5	y
1	3.18	1.15	9.40	17.60	3.00	0.70
2	3.80	0.79	5.10	30.50	3.80	0.70
3	3.60	1.10	9.20	9.10	3.65	1.00
4	2.73	0.73	14.50	12.80	4.68	1.10
5	3.40	1.48	7.60	16.50	4.50	1.50

续表

样品	x_1	x_2	x_3	x_4	x_5	y
6	3.20	1.00	10.80	10.10	8.10	2.60
7	2.60	0.61	7.30	16.10	16.16	2.70
8	4.10	2.30	3.70	17.80	6.70	3.10
9	3.72	1.94	9.90	36.10	4.10	6.10
10	4.10	1.66	8.20	29.40	13.00	9.60
11	3.35	1.25	7.80	27.80	10.50	10.90
12	3.31	1.81	10.70	9.30	10.90	11.90
13	3.60	1.40	24.60	12.60	12.76	12.70
14	3.50	1.39	21.30	41.10	10.00	14.70
15	4.75	2.40	26.20	42.50	16.40	21.30

资料来源：我国东部 15 个勘探程度相对较高的中、新生代盆地及凹陷区测量数据。

6. 钢铁工业的发展状况反映国民经济发达的程度，钢铁可以直接为人民的日常生活服务，如为运输业、建筑业及民用品提供基本材料。根据国家统计局数据，2011—2020 年我国钢材年产量 y、粗钢产量 x_1、大型型钢产量 x_2、中小型型钢产量 x_3、钢筋产量 x_4、厚钢板产量 x_5 见表 3—22。试建立多元回归分析模型，并结合模型分析影响钢材年产量的主要因素，给出适当的建议。

表 3—22　2011—2020 年我国钢材生产数据

年份	y	x_1	x_2	x_3	x_4	x_5
2011	88619.57	68528.31	1085.25	4471.91	15573.99	2341.56
2012	95577.83	72388.22	1134.07	4718.32	17810.18	2341.56
2013	108200.54	81313.89	1282.61	5723.80	20774.38	2499.95
2014	112513.12	82230.63	1349.40	5617.43	21553.51	2638.50
2015	103468.41	80382.50	1322.21	5212.95	18815.57	2341.52
2016	104813.45	—	1549.43	4774.57	19051.35	2530.36
2017	104642.05	87074.09	1549.43	4604.81	19898.78	2608.92
2018	113287.33	92903.84	1395.33	4970.45	—	2926.69
2019	120456.94	99541.89	1586.87	4889.77	24916.21	3202.64
2020	132489.20	106476.70	—	—	—	—

数据来源：https://data.stats.gov.cn/easyquery.htm.cn=C01。

第 4 章   数值计算基础

本章主要介绍插值与逼近、数值积分与数值微分、非线性方程的数值解法、线性代数方程组的数值解法、常微分方程初值问题的数值解法等计算机上常用的数值计算方法及有关的基础理论。

4.1   插值法和最小二乘法概述

科学计算中经常遇到以表格形式出现的函数，其特点是将自变量与函数值或函数值之间的函数关系以表格形式给出，这种函数称为列表函数。

列表函数往往是进行科学计算的基础。然而，由于列表函数仅给出有限个点上的自变量与函数值之间的对应关系，如果需要使用表中没有列出的点上的函数值或者需要使用计算机进行计算时，这种函数就不便使用。

如果能找到一个合适的表达式来近似表达这个列表函数，再用这个表达式近似地完成所要求的计算，上述问题便迎刃而解。寻找原函数的近似表达式对科学计算是至关重要的，如对列表函数求积分或微分、求解非线性方程或非线性方程组等。

本章介绍两种常用的构造原函数近似函数的方法，即插值法和最小二乘法。

4.2   插值法

4.2.1   插值法概述

插值法是在离散数据的基础上补插连续函数，使得这条连续曲线通过全部给定的离散数据点。使用某种已知函数，按照一定规则近似原函数的数学方法。所采用的已知函数称为插值函数。

从理论上讲，插值函数可以有多种不同类型，但最常用的是代数多项式，这时的插值问题也可称为代数插值，所得到的插值函数称为插值多项式。寻找插值多项式是按照一定的规则构造的，这种规则在下面的定义中可以明确看到。

定义   给定函数 $y = f(x)$ 在区间 $[a,b]$ 上的 $n+1$ 个互异点（称为节点）$x_0 < x_1 < \cdots < x_n$，及对应的函数值 $y_0 = f(x_0), y_1 = f(x_1), \cdots, y_n = f(x_n)$，如果构造一个

次数不超过 n 次的多项式

$$P_n(x) = a_0 + a_1 x + a_2 x^2 + \cdots + a_n x^n \quad (a_1, a_2, \cdots, a_n \text{ 为实数}) \quad (4.2.1)$$

使其满足

$$P_n(x_i) = y_i \quad (i = 0, 1, 2, \cdots, n) \quad (4.2.2)$$

则称 $P_n(x)$ 为函数 $f(x)$ 的插值多项式。

从这个定义可以看出，代数插值多项式是一个次数不超过 n 次的多项式，即 $P_n(x) = a_0 + a_1 x + a_2 x^2 + \cdots + a_n x^n$，它是按照 $P_n(x_i) = y_i, i = 0, 1, 2, \cdots, n$ 规则确定的。也就是说，只需保证在插值节点上插值函数的计算值和原函数值相等即可，从几何图形上看，根据插值多项式绘制的曲线应该通过插值节点。

插值函数是一个近似函数，它与原函数的误差称为插值余项（或截断误差），用 $R_n(x)$ 表示为

$$R_n(x) = f(x) - P_n(x) \quad (4.2.3)$$

可以通过反证法证明，由 $n+1$ 个节点确定的 n 次多项式是唯一的，即不论采用什么方法构造插值多项式，或者所构造的插值多项式的形式如何，只要节点确定、插值多项式的次数确定，那么所构造的插值多项式就是一样的，这就是插值问题解的唯一性。后面将介绍一些构造插值多项式的巧妙方法，这些方法构造的插值多项式在形式上差别很大，通过插值问题解的唯一性可以知道，使用同样节点构造的相同次数的多项式，尽管外观不同，但本质上是同一个多项式。

4.2.2 拉格朗日插值

4.2.2.1 拉格朗日插值多项式的构造

拉格朗日插值法是以 18 世纪法国数学家约瑟夫·拉格朗日命名的一种多项式插值方法。许多实际问题中都用函数来表示某种内在联系或规律，且不少函数都只能通过实验和观测来了解。如对实践中的某个物理量进行观测，在若干个不同的地方得到相应的观测值，拉格朗日插值法可以找到一个多项式，其恰好在各个观测的点取到相应的观测值。这样的多项式称为拉格朗日（插值）多项式。数学上来说，拉格朗日插值法可以给出一个恰好穿过二维平面上若干个已知点的多项式函数。

定义 如果 $n+1$ 个 n 次多项式 $l_0(x), l_1(x), \cdots, l_n(x)$ 在 $n+1$ 个节点 $x_0 < x_1 < \cdots < x_n$ 上满足

$$
\begin{cases} l_0(x_0) = 1 \\ l_0(x_i) = 0 \end{cases} \quad (i = 1, 2, 3, \cdots, n; i \neq 0)
$$

$$
\begin{cases} l_1(x_1) = 1 \\ l_1(x_i) = 0 \end{cases} \quad (i = 0, 2, 3, \cdots, n; i \neq 1)
$$

$$\vdots$$

$$
\begin{cases} l_k(x_k) = 1 \\ l_k(x_i) = 0 \end{cases} \quad (i = 0, 1, 2, 3, \cdots, k-1, k+1, \cdots, n; i \neq k)
$$

$$(4.2.4)$$

$$\vdots$$

$$\begin{cases} l_n(x_n) = 1 \\ l_n(x_i) = 0 \end{cases} \quad (i = 0,1,2,3,\cdots,n-1;\ i \neq n)$$

则称 $l_0(x), l_1(x), \cdots, l_n(x)$ 为 n 次插值基函数。

显然

$$L_n(x) = l_0(x)y_0 + l_1(x)y_1 + \cdots + l_n(x)y_n \tag{4.2.5}$$

满足插值条件，即

$$L_n(x_i) = y_i \tag{4.2.6}$$

由此，若能求出插值基函数，则可构造一插值函数。

下面确定插值基函数。

由每个插值基函数的第二个条件，第 k 个插值基函数应含有下面因子，即

$$(x-x_0)(x-x_1)\cdots(x-x_{k-1})(x-x_{k+1})\cdots(x-x_n) \tag{4.2.7}$$

再由第一个条件可知

$$l_k(x) = \frac{(x-x_0)(x-x_1)\cdots(x-x_{k-1})(x-x_{k+1})\cdots(x-x_n)}{(x_k-x_0)(x_k-x_1)\cdots(x_k-x_{k-1})(x_k-x_{k+1})\cdots(x_k-x_n)} \tag{4.2.8}$$

所以

$$\begin{aligned} L_n(x) = &\ y_0 \frac{(x-x_1)(x-x_2)\cdots(x-x_n)}{(x_0-x_1)(x_0-x_2)\cdots(x_0-x_n)} + \\ &\ y_1 \frac{(x-x_0)(x-x_2)\cdots(x-x_n)}{(x_1-x_0)(x_1-x_2)\cdots(x_1-x_n)} + \cdots + \\ &\ y_n \frac{(x-x_0)(x-x_1)\cdots(x-x_{n-1})}{(x_n-x_0)(x_n-x_1)\cdots(x_n-x_{n-1})} \end{aligned} \tag{4.2.9}$$

形如式 (4.2.9) 的插值多项式称为拉格朗日插值多项式。拉格朗日插值多项式的特点是直观，知道节点可直接写出插值多项式。

若引入记号：

$$\omega_{n+1}(x) = (x-x_0)(x-x_1)\cdots(x-x_n) \tag{4.2.10}$$

可求得

$$\omega'_{n+1}(x_k) = (x_k-x_0)\cdots(x_k-x_{k-1})(x_k-x_{k+1})\cdots(x_k-x_n) \tag{4.2.11}$$

则

$$L_n(x) = \sum_{k=0}^{n} \frac{\omega_{n+1}(x)}{(x-x_k)\omega'_{n+1}(x_k)} \tag{4.2.12}$$

4.2.2.2　插值余项

定理　设 $f^{(n)}(x)$ 在 $[a,b]$ 上连续，$f^{(n+1)}(x)$ 在 (a,b) 内存在，节点为 $a \leqslant x_0 < x_1 < \cdots < x_n \leqslant b$，$L_n(x)$ 为 n 次拉格朗日插值多项式，则对任何 $x \in [a,b]$，插值余项为

$$R_n(x) = f(x) - L_n(x) = \frac{f^{(n+1)}(\xi)}{(n+1)!} \omega_{n+1}(x) \tag{4.2.13}$$

这里，$\xi \in (a,b)$，且依赖于 x。

几点说明如下：

（1）余项定理只有在高阶导数存在时才能使用。

（2）由于 ξ 在 (a,b) 内不能具体给出，但可求得

$$\max_{a \leqslant x \leqslant b} \left| f^{(n+1)}(x) \right| = M_{n+1} \tag{4.2.14}$$

于是用 $L_n(x)$ 近似 $f(x)$ 的截断误差限为

$$\left| R_n(x) \right| \leqslant \frac{M_{n+1}}{(n+1)!} \left| \omega_{n+1}(x) \right| \tag{4.2.15}$$

（3）由式（4.2.15）可以看出，$\left| R_n(x) \right|$ 不仅与 M_{n+1} 有关，还与 $\left| \omega_{n+1}(x) \right|$ 有关。通常 x 落在 $x_0 < x_1 < \cdots < x_n$ 的中部时，$\left| \omega_{n+1}(x) \right|$ 的值较小。

4.2.3　牛顿插值

4.2.3.1　差商及其性质

定义　已知函数 $y = f(x)$ 在节点 $x_0 < x_1 < \cdots < x_n$ 对应的函数值为 $y_0 = f(x_0)$，$y_1 = f(x_1), \cdots, y_n = f(x_n)$，若令

$$f[x_0, x_1] = \frac{f(x_1) - f(x_0)}{x_1 - x_0} \tag{4.2.16}$$

则称 $f[x_0, x_1]$ 为 $f(x)$ 关于 x_0, x_1 的一阶差商。

若令

$$f[x_0, x_1, x_2] = \frac{f[x_1, x_2] - f[x_0, x_1]}{x_2 - x_0} \tag{4.2.17}$$

则称 $f[x_0, x_1, x_2]$ 为 $f(x)$ 关于 x_0, x_1, x_2 的二阶差商。

以此类推，由 $k-1$ 阶差商可定义 k 阶差商

$$f[x_0, x_1, \cdots, x_k] = \frac{f[x_1, \cdots, x_k] - f[x_0, x_1, \cdots, x_{k-1}]}{x_k - x_0} \tag{4.2.18}$$

称为 $f(x)$ 关于 $x_0, x_1, \cdots, x_k$ 的 k 阶差商。

性质　①k 阶差商 $f[x_0, x_1, \cdots, x_k]$ 是 $f(x_0), f(x_1), \cdots, f(x_k)$ 的线性组合即

$$f[x_0, x_1, \cdots, x_k] = \sum_{j=0}^{k} \frac{f(x_j)}{(x_j - x_0) \cdots (x_j - x_{j-1})(x_j - x_{j+1}) \cdots (x_j - x_k)} \tag{4.2.19}$$

该性质可由差商定义推出。

②对称性。在阶差商 $f[x_0, x_1, \cdots, x_k]$ 中，x_i 和 $x_j (i, j = 0, 1, \cdots, k$，且 $i \neq j)$ 互换次序，其值不变。该性质由性质①即可理解。

③n 次多项式的 n 阶差商为常数。

性质③可以这样理解：如果原函数可用 n 次多项式近似，那么其 n 阶差商近似为常数。

假设 $f(x)$ 为 n 次多项式，由差商定义

$$f[x_0, x] = \frac{f(x) - f(x_0)}{x - x_0}$$

整理可得

$$f(x) = f(x_0) + (x - x_0)f[x_0, x]$$

可知，$f[x_0, x]$ 为 $n-1$ 次多项式；

　　而

$$f[x_0, x_1, x] = \frac{f[x_0, x] - f[x_0, x_1]}{x - x_1}$$

$$f[x_0, x] = f[x_0, x_1] + (x - x_1)f[x_0, x_1, x]$$

可知，$f[x_0, x_1, x]$ 为 $n-2$ 次多项式；

　　以此类推，可知 $f(x)$ 的 n 阶差商为 0 次多项式，即为常数。

4.2.3.2　牛顿插值公式及其余项

　　由差商定义可知：

　　一阶差商
$$f[x_0, x] = \frac{f(x) - f(x_0)}{x - x_0}$$

即

$$f(x) = f(x_0) + (x - x_0)f[x_0, x]$$

　　二阶差商
$$f[x_0, x_1, x] = \frac{f[x_0, x] - f[x_0, x_1]}{x - x_1}$$

即

$$f[x_0, x] = f[x_0, x_1] + (x - x_1)f[x_0, x_1, x]$$

$$\vdots$$

　　$n+1$ 阶差商

$$f[x_0, x_1, \cdots, x_n, x] = \frac{f[x_0, \cdots, x_{n-1}, x] - f[x_0, x_1, \cdots, x_n]}{x - x_n}$$

即

$$f[x_0, \cdots, x_{n-1}, x] = f[x_0, x_1, \cdots, x_n] + (x - x_n)f[x_0, x_1, \cdots, x_n, x]$$

　　由最后一式开始，逐个向前代入前一式，直到 $f(x)$ 式为止，可得

$$f(x) = f(x_0) + (x - x_0)f[x_0, x_1] + \cdots + (x - x_0)\cdots(x - x_n)f[x_0, \cdots, x_n, x] \tag{4.2.20}$$

　　若令

$$N_n(x) = f(x_0) + (x - x_0)f[x_0, x_1] + \cdots + (x - x_0)\cdots(x - x_{n-1})f[x_0, \cdots, x_n] \tag{4.2.21}$$

$$E_n(x) = (x - x_0)\cdots(x - x_n)f[x_0, \cdots, x_n, x] \tag{4.2.22}$$

则

$$f(x) = N_n(x) + E_n(x) \tag{4.2.23}$$

称 $N_n(x)$ 为牛顿插值公式，$E_n(x)$ 为牛顿插值公式的余项。

　　显然，牛顿插值公式的系数就是差商表中呈斜线排列的各阶差商。

　　由插值多项式唯一性可知，尽管牛顿插值公式与拉格朗日插值公式形式不一样，但

实质是一样的，其余项也应相等，即

$$E_n(x) - R_n(x) - \frac{f^{n+1}(\xi)}{(n+1)!}\omega_{n+1}(x) \tag{4.2.24}$$

即

$$(x-x_0)\cdots(x-x_n)f[x_0,\cdots,x_n,x] = \frac{f^{n+1}(\xi)}{(n+1)!}\omega_{n+1}(x)$$

$$f[x_0,\cdots,x_n,x] = \frac{f^{n+1}(\xi)}{(n+1)!}$$

同理

$$f[x_0,\cdots,x_{n-1},x] = \frac{f^n(\xi)}{n!} \tag{4.2.25}$$

令 $x = x_n$，可得

$$f[x_0,\cdots,x_n] = \frac{f^n(\xi)}{n!} \tag{4.2.26}$$

式（4.2.26）即为 n 阶差商与 n 阶导数的关系。

4.2.4 等距节点插值

前面章节讨论了节点任意分布的插值公式，但实际应用时经常遇到等距节点的情况，这时插值公式可进一步简化。此外，等距节点插值公式在数值微分、数值积分中均有重要应用。

4.2.4.1 差分

定义 设函数 $y = f(x)$ 在等距节点 $x_k = x_0 + kh(k = 0,1,\cdots,n)$ 上的函数值 $f(x)$ 为已知。这里 h 为常数，称为步长。

引入符号：

$$\Delta y_k = y_{k+1} - y_k \tag{4.2.27}$$

称为 $f(x)$ 在 x_k 处的一阶向前差分；

$$\nabla y_k = y_k - y_{k-1} \tag{4.2.28}$$

称为 $f(x)$ 在 x_k 处的一阶向后差分；

$$\delta y_k = y_{k+\frac{1}{2}} - y_{k-\frac{1}{2}} \tag{4.2.29}$$

称为 $f(x)$ 在 x_k 处的一阶中心差分。

利用一阶差分可定义二阶差分，即

$$\Delta^2 y_k = \Delta y_{k+1} - \Delta y_k = y_{k+2} - 2y_{k+1} + y_k \tag{4.2.30}$$

利用 $m-1$ 阶差分可定义 m 阶差分，即

$$\Delta^m y_k = \Delta^{m-1} y_{k+1} - \Delta^{m-1} y_k \tag{4.2.31}$$

$$\nabla^m y_k = \nabla^{m-1} y_{k+1} - \nabla^{m-1} y_k \tag{4.2.32}$$

由两者的定义可得差分和差商的关系

$$f[x_k,x_{k+1}] = \frac{f(x_{k+1}) - f(x_k)}{x_{k+1} - x_k} = \frac{\Delta y_k}{h}$$

$$f\left[x_k, x_{k+1}, x_{k+2}\right] = \frac{f\left[x_{k+1}, x_{k+2}\right] - f\left[x_k, x_{k+1}\right]}{x_{k+2} - x_k} = \frac{\dfrac{\Delta y_{k+1}}{h} - \dfrac{\Delta y_k}{h}}{2h} = \frac{\Delta^2 y_k}{2h^2}$$

一般地

$$f\left[x_k, \cdots, x_{k+m}\right] = \frac{1}{m!} \frac{1}{h^m} \Delta^m y_k \quad (m = 1, 2, \cdots, n) \tag{4.2.33}$$

同理

$$f\left[x_k, x_{k-1}, \cdots, x_{k-m}\right] = \frac{1}{m!} \frac{1}{h^m} \nabla^m y_k \quad (m = 1, 2, \cdots, n) \tag{4.2.34}$$

4.2.4.2　等距节点插值公式

将牛顿插值公式中各阶差商用相应的差分代替，就可得到各种形式的等距节点插值公式。这里只推导常用的前插和后插公式。

由牛顿插值公式［式（4.2.20）］、差商与差分的关系式［式（4.2.34）］得

$$N_n(x) = f(x_0) + (x - x_0) \frac{\Delta y_0}{h} + (x - x_0)(x - x_1) \frac{\Delta^2 y_0}{2h^2} + \cdots$$

$$+ (x - x_0) \cdots (x - x_{n-1}) \frac{\Delta^n y_0}{n! h^n} \tag{4.2.35}$$

因 $x_k = x_0 + kh$，$k = 0, 1, \cdots, n$。

引入变量 p，令 $x = x_0 + ph$，则式（4.2.35）为

$$N_n(x) = f(x_0) + ph \frac{\Delta y_0}{h} + ph(p - 1)h \frac{\Delta^2 y_0}{2h^2} + \cdots$$

$$+ ph(p - 1)h \cdots (p - n + 1)h \frac{\Delta^n y_0}{n! h^n}$$

$$= y_0 + p \Delta y_0 + \frac{p(p - 1)}{2!} \Delta^2 y_0 + \cdots + \frac{p(p - 1) \cdots (p - n + 1)}{n!} \Delta^n y_0 \tag{4.2.36}$$

即为牛顿前插公式，其余项为

$$E_n(x) = \frac{f^{n+1}(\xi)}{(n + 1)!} \omega_{n+1}(x) = \frac{p(p - 1) \cdots (p - n) h^{n+1}}{(n + 1)!} f^{n+1}(\xi) \tag{4.2.37}$$

牛顿前插公式适用于求靠表头部分的插值点值。如果要求靠表末部分的插值点值，此时应用牛顿插值公式［式（4.2.20）］，插值节点应按 $x_n, x_{n-1}, \cdots, x_0$ 的次序排列。与牛顿前插公式类似的方法，可以得到插值节点按 $x_n, x_{n-1}, \cdots, x_0$ 的次序排列的牛顿后插公式及余项

$$N_n(x) = N_n(x + ph) = y_n + p \nabla y_n + \frac{p(p - 1)}{2!} \nabla^2 y_n + \cdots$$

$$+ \frac{p(p - 1) \cdots (p + n - 1)}{n!} \nabla^n y_n \tag{4.2.38}$$

$$E_n(x) = \frac{f^{n+1}(\xi)}{(n + 1)!} \omega_{n+1}(x) = \frac{p(p + 1) \cdots (p + n) h^{n+1}}{(n + 1)!} f^{n+1}(\xi) \tag{4.2.39}$$

式中，$x = x_0 + ph$，对于内插节点 x，这里 p 为负值。

4.2.5　三次样条插值

在工程上经常要求经过平面上 $n+1$ 个已知点作一条连接光滑的曲线，即要求曲线不仅连续而且处处光滑。例如设计高速飞机的机翼时，要求尽可能采用流线型，使气流沿机翼表面能形成平滑的流线，以减少空气的阻力。当节点很多时，构造一个高次插值多项式是不理想的，可能出现龙格现象，所以解决此类问题，通常采用分段插值法来降低插值多项式的次数。但分段插值也有缺点：虽然插值曲线的各分段是衔接的，但在连接点处不能保证曲线的光滑性。

样条是一种富有弹性的细木长条，过去绘图员常用其绘图，现在使用曲线板。把样条用压铁固定在样点上，其他地方让它自由弯曲，然后画下长条的曲线，称为样条曲线。样条曲线具有连续而且处处光滑的特点。研究表明，样条曲线可以看成由一段一段的三次多项式曲线拼合而成，在拼接处，不仅函数自身是连续的，而且它的一阶和二阶导数也是连续的。对样条曲线进行数学模拟得出的函数叫作样条插值函数，本节只介绍三次样条插值函数。

定义　已知函数 $y = f(x)$ 在 $[a,b]$ 上的节点 $a \leqslant x_0 < x_1 < \cdots < x_n \leqslant b$ 处的函数值 $f(x_j) = y_j (j = 0,1,\cdots,n)$。如果存在一函数 $S(x)$ 满足以下条件：

（1）在节点 x_j 处，有

$$S(x_j) = y_j \quad (j = 0,1,\cdots,n) \tag{4.2.40}$$

（2）在节点 x_j 处具有连续的一阶和二阶导数，即

$$\begin{cases} S'(x_j - 0) = S'(x_j + 0) \\ S''(x_j - 0) = S''(x_j + 0) \end{cases} \quad (j = 0,1,\cdots,n) \tag{4.2.41}$$

（3）$S(x)$ 在每个小区间 $[x_j, x_{j+1}] (j = 0,1,\cdots,n-1)$ 上是不高于三次的多项式。则称 $S(x)$ 是在节点 $x_0,x_1,\cdots,x_n$ 的三次样条插值函数。

4.3　最小二乘法

前面介绍了代数插值法，它是根据 $P_n(x_i) = y_i$ 确定的原函数近似表达式。代数插值法简单实用，适用于列表函数中数据比较准确的场合。如果观测数据存在较大误差，通常采用"近似函数在各实验点的计算结果与实验结果的偏差平方和最小"的原则构造近似函数，这个原则称为最小二乘原理。采用最小二乘原理构造原函数近似表达式的方法称为最小二乘法，或称最小二乘曲线拟合法。

最小二乘曲线拟合法的另一个优点是函数形式多种多样，根据来源不同，可分为半经验（或半机理）模型和经验模型。

如果数学模型建立过程中有一定理论依据，即根据机理写出模型结构，再由实验数据估计模型参数，这时建立的模型为半经验模型。例如，反应速率常数与温度的关系可用阿仑纽斯方程描述，即

$$k = k_0 e^{\frac{-E}{RT}}$$

式中，k_0 与 E 是待定常数。

经验模型的建立又分为两种情况：一是无任何理论依据，但有经验公式可供选用，如热容、饱和蒸气压等物性数据与温度的关联式：

$$\varphi(T) = b_0 + b_1 T + b_2 T^2 + b_3 T^3 + b_4 \ln T + b_5/T \tag{4.3.1}$$

二是无任何参考，只能根据曲线形状判断，选用形状接近的函数作拟合模型。

最小二乘法又分为线性最小二乘法和非线性最小二乘法，鉴于许多非线性函数可以通过数学变换转化为线性函数，而非线性函数的曲线拟合也可结合最优化方法进行，所以本节只介绍线性最小二乘法。

线性最小二乘法又分为二参数、三参数和多参数等不同情况。

4.3.1　二参数线性最小二乘法法

含有两个参数的线性模型为

$$\hat{y} = a + bx \tag{4.3.2}$$

用其拟合实验数据 $(x_i, y_i)(i = 1, 2, \cdots, n)$，令

$$\delta_i = y_i - \hat{y}_i = y_i - (a + bx_i) \tag{4.3.3}$$

称其为第 i 点的残差。

最小二乘法的思想就是使各实验点的残差平方和最小，即

$$Q(a,b) = \sum_{i=1}^{n} \delta_i^2 = Q(a,b)_{\min} \tag{4.3.4}$$

即

$$Q(a,b) = \sum_{i=1}^{n} (y_i - a - bx_i)^2 = Q(a,b)_{\min} \tag{4.3.5}$$

上述最小二乘法中含有两个参数 a、b。显然，如果确定了参数 a、b，这个问题就解决了。

确定 a、b 的方法很多，例如可以采用最优化方法搜索出 a、b 的最佳值，也可采用数学分析中求极值的方法确定。无论采用何种方法，a、b 的值都是一组近似值，通常结果不唯一，与求解方法及精度要求有关。下面给出采用数学分析中求极值的方法确定 a、b 的过程。

由数学分析中多元函数极值点条件可知，a、b 在 $Q(a, b)$ 的极小值点应满足

$$\begin{cases} \dfrac{\partial Q}{\partial a} = -2 \sum_{i=1}^{n} (y_i - a - bx_i) = 0 ① \\ \dfrac{\partial Q}{\partial b} = -2 \sum_{i=1}^{n} (y_i - a - bx_i)x_i = 0 ② \end{cases} \tag{4.3.6}$$

由式 (4.3.6) 中的第①式得

$$\sum_{i=1}^{n} y_i - na - \sum_{i=1}^{n} bx_i = 0$$

即

$$a = \frac{1}{n}\sum_{i=1}^{n} y_i - b\frac{1}{n}\sum_{i=1}^{n} x_i = \bar{y} - b\bar{x} \tag{4.3.7}$$

由式（4.3.6）中的第②式得

$$\sum_{i=1}^{n} x_i y_i - a\sum_{i=1}^{n} x_i - b\sum_{i=1}^{n} x_i^2 = 0$$

整理得

$$b = \frac{\sum\limits_{i=1}^{n} x_i y_i - \frac{1}{n}\left(\sum\limits_{i=1}^{n} x_i\right)\left(\sum\limits_{i=1}^{n} y_i\right)}{\sum\limits_{i=1}^{n} x_i^2 - \frac{1}{n}\left(\sum\limits_{i=1}^{n} x_i\right)^2} \tag{4.3.8}$$

或

$$b = \frac{\sum\limits_{i=1}^{n}(x_i - \bar{x})(y_i - \bar{y})}{\sum\limits_{i=1}^{n}(x_i - \bar{x})^2} \tag{4.3.9}$$

其中，

$$\bar{x} = \frac{1}{n}\sum_{i=1}^{n} x_i \tag{4.3.10}$$

$$\bar{y} = \frac{1}{n}\sum_{i=1}^{n} y_i \tag{4.3.11}$$

由式（4.3.7）~式（4.3.10）即可由实验数据计算出 a、b，即得到模型方程 $\hat{y} = a + bx$。

若以 $\sum$ 代表 $\sum\limits_{i=1}^{n}$，令 $x_i - \bar{x}$ 为 x_i 的离差，x_i 离差平方和记为 l_{xx}，即

$$l_{xx} = \sum(x_i - \bar{x})^2 = \sum x_i^2 - \frac{1}{n}\left(\sum x_i\right)^2 \tag{4.3.12}$$

同样，将 y_i 的离差平方和记为 l_{yy}，即

$$l_{yy} = \sum(y_i - \bar{y})^2 = \sum y_i^2 - \frac{1}{n}\left(\sum y_i\right)^2 \tag{4.3.13}$$

而将 x_i 的离差与 y_i 的离差的乘积记为 l_{xy}，即

$$l_{xy} = \sum(x_i - \bar{x})(y_i - \bar{y}) = \sum x_i y_i - \frac{1}{n}\left(\sum x_i \sum y_i\right) \tag{4.3.14}$$

则有

$$\begin{cases} a = \bar{y} - b\bar{x} \\ b = \dfrac{l_{xy}}{l_{xx}} \end{cases} \tag{4.3.15}$$

式（4.3.15）即为（4.3.7）和式（4.3.8）的简化形式

在应用最小二乘法曲线拟合时，通常遇到更多的是非线性函数，例如前面提到的阿仑纽斯方程，即 $k = k_0 \mathrm{e}^{\frac{-E}{RT}}$。这些非线性函数多数可通过数学变换进行线性化，再以阿仑纽斯方程为例，方程两边同取自然对数，得

$$\ln k = \ln k_0 - \frac{E}{RT}$$

令 $y = \ln k$，$x = \frac{1}{T}$，$a = \ln k_0$，$b = -\frac{E}{R}$，可得

$$y = a + bx$$

4.3.2　三参数线性最小二乘法

含有三个参数的二元线性模型为

$$\hat{Y} = B_0 + B_1 X_1 + B_2 X_2 \tag{4.3.16}$$

数据点为 (X_{1i}, X_{2i}, Y_i)，$i = 1, 2, \cdots, n$。

残差平方和为

$$\sum \delta^2 = \sum (Y_i - \hat{Y}_i)^2$$
$$= \sum (Y_i - B_0 - B_1 X_{1i} - B_2 X_{2i})^2 = Q(B_0, B_1, B_2) \tag{4.3.17}$$

可由极值条件确定使残差平方和达到最小时的三个参数值 B_0、B_1、B_2，即

$$\frac{\partial Q}{\partial B_0} = -2 \sum (Y_i - B_0 - B_1 X_{1i} - B_2 X_{2i}) = 0 \tag{4.3.18}$$

$$\frac{\partial Q}{\partial B_1} = -2 \sum (Y_i - B_0 - B_1 X_{1i} - B_2 X_{2i}) X_{1i} = 0 \tag{4.3.19}$$

$$\frac{\partial Q}{\partial B_2} = -2 \sum (Y_i - B_0 - B_1 X_{1i} - B_2 X_{2i}) X_{2i} = 0 \tag{4.3.20}$$

整理后得

$$B_0 = \overline{Y} - B_1 \overline{X_1} - B_2 \overline{X_2} \tag{4.3.21}$$

$$B_1 \left[\sum X_{1i}^2 - \frac{1}{n} \left(\sum X_{1i} \right)^2 \right] + B_2 \left[\sum X_{1i} X_{2i} - \frac{1}{n} \left(\sum X_{1i} \right) \left(\sum X_{2i} \right) \right]$$
$$= \sum X_{1i} Y_i - \frac{1}{n} \left(\sum X_{1i} \right) \left(\sum Y_i \right) \tag{4.3.22}$$

$$B_1 \left[\sum X_{1i} X_{2i} - \frac{1}{n} \left(\sum X_{1i} \right) \left(\sum X_{2i} \right) \right] + B_2 \left[\sum X_{2i}^2 - \frac{1}{n} \left(\sum X_{1i} \right)^2 \right]$$
$$= \sum X_{2i} Y_i - \frac{1}{n} \left(\sum X_{2i} \right) \left(\sum Y_i \right) \tag{4.3.23}$$

令

$$l_{11} = \sum (X_{1i} - \overline{X_1})^2 = \sum X_{1i}^2 - \frac{1}{n} \left(\sum X_{1i} \right)^2 \tag{4.3.24}$$

$$l_{22} = \sum (X_{2i} - \overline{X_2})^2 = \sum X_{2i}^2 - \frac{1}{n} \left(\sum X_{2i} \right)^2 \tag{4.3.25}$$

$$l_{12} = l_{21} = \sum (X_{1i} - \overline{X_1})(X_{2i} - \overline{X_2}) = \sum X_{1i} X_{2i} - \frac{1}{n} \left(\sum X_{1i} \right) \left(\sum X_{2i} \right) \tag{4.3.26}$$

$$l_{1Y} = \sum (X_{1i} - \overline{X_1})(Y_i - \overline{Y}) = \sum X_{1i} Y_i - \frac{1}{n} \left(\sum X_{1i} \right) \left(\sum Y_i \right) \tag{4.3.27}$$

$$l_{2Y} = \sum (X_{2i} - \overline{X_2})(Y_i - \overline{Y}) = \sum X_{2i} Y_i - \frac{1}{n} \left(\sum X_{2i} \right) \left(\sum Y_i \right) \quad (4.3.28)$$

于是

$$\begin{cases} l_{11} B_1 + l_{12} B_2 = l_{1Y} \\ l_{21} B_1 + l_{22} B_2 = l_{2Y} \end{cases} \quad (4.3.29)$$

式（4.3.29）称为二元线性模型正规方程组，解之得

$$B_1 = \frac{l_{1Y} l_{22} - l_{2Y} l_{12}}{l_{11} l_{22} - l_{12}^2} \quad (4.3.30)$$

$$B_2 = \frac{l_{2Y} l_{11} - l_{1Y} l_{21}}{l_{11} l_{22} - l_{12}^2} \quad (4.3.31)$$

由式（4.3.21）和式（4.3.29），或由式（4.3.21）和式（4.3.30）、式（4.3.31）便可求得模型参数 B_0、B_1、B_2。

上述思路可以推广到多元线性模型。多元线性函数可写成

$$\hat{Y} = B_0 + B_1 X_1 + \cdots + B_m X_m \quad (4.3.32)$$

数据点为 $(X_{1i}, X_{2i}, \cdots, X_{mi}, Y_i)$，$i = 1, 2, \cdots, n$。

显然可得，参数求解正规方程组为

$$\begin{cases} l_{11} B_1 + l_{12} B_2 + \cdots + l_{1m} B_m = l_{1Y} \\ l_{21} B_1 + l_{22} B_2 + \cdots + l_{2m} B_m = l_{2Y} \\ \qquad \vdots \\ l_{m1} B_1 + l_{m2} B_2 + \cdots + l_{mm} B_m = l_{mY} \end{cases} \quad (4.3.33)$$

$$B_0 = \overline{Y} - B_1 \overline{X_1} - B_2 \overline{X_2} - \cdots - B_m \overline{X_m}$$

其中，

$$\overline{Y} = \frac{1}{n} \sum_{k=1}^{n} Y_k, \overline{X_i} = \frac{1}{n} \sum_{k=1}^{n} X_{ik}$$

$$l_{ij} = l_{ji} = \sum_{k=1}^{n} (X_{ik} - \overline{X_i})(X_{jk} - \overline{X_j}) = \sum_{k=1}^{n} X_{ik} X_{jk} - \frac{1}{n} \left(\sum_{k=1}^{n} X_{ik} \right) \left(\sum_{k=1}^{n} X_{jk} \right)$$

$$l_{iY} = \sum_{k=1}^{n} (X_{ik} - \overline{X_i})(Y_k - \overline{Y}) = \sum_{k=1}^{n} X_{ik} Y_k - \frac{1}{n} \left(\sum_{k=1}^{n} X_{ik} \right) \left(\sum_{k=1}^{n} Y_k \right)$$

多元拟合与一元拟合一样，也需检验拟合的好坏，这时要用复相关系数 R_a 作为衡量线性相关程度的指标考察 Y 与 X_1，X_2，$\cdots$，X_m 之间线性相关密切程度。其计算式为

$$R_a = \sqrt{\frac{1}{l_{YY}} \sum_{i=1}^{m} l_{iY} B_i} \quad (4.3.34)$$

式中，l_{YY} 为 Y 的离差平方和，即

$$l_{YY} = \sum_{k=1}^{n} (Y_k - \overline{Y})^2 = \sum_{k=1}^{n} Y_k^2 - \frac{1}{n} \left(\sum_{k=1}^{n} Y_k \right)^2 \quad (4.3.35)$$

当然，也有 $0 \leqslant |R_a| \leqslant 1$。

在多变量问题中，如果要求表示两个变量之间的相关关系，必须除去其余变量的影响计算其相关系数，这种相关系数称为偏相关系数。以两个自变量为例，考察 X_1、Y

在除去 X_2 的影响之后的相关系数称为 X_1 与 Y 对 X_2 的偏相关系数，记作 r_{X_1Y,X_2}，它可由两个变量的相关系数 $r_{X_1X_2}$、r_{X_1Y} 和 r_{X_2Y} 来表示，即

$$r_{X_1Y,X_2} = \frac{r_{X_1Y} - r_{X_1X_2}\,r_{X_2Y}}{\sqrt{(1 - r_{X_1X_2}^2)(1 - r_{X_2Y}^2)}} \tag{4.3.36}$$

由于多元拟合效果评价比较复杂，为了简便，也可直接计算出残差平方和来对拟合效果进行评价。多元线性拟合问题的求解步骤也分为以下四步：

第一步，建立数学模型；

第二步，线性化；

第三步，参数计算；

第四步，拟合效果评价。

多元线性拟合的难点在于非线性模型的线性化。

4.4　数值微分和数值积分

微积分是高等数学中的重要内容，在工程上有许多非常重要的应用。本章介绍的求解微分或积分的方法是数值方法，不同于高等数学中的解析方法，数值方法尤其适合求解没有或很难求出微分或积分表达式的工程问题的微分或积分计算问题，例如列表函数求微分或积分。

4.4.1　数值微分

常用两种思路建立数值微分方法：一种是从微分定义出发，通过近似处理，得到数值微分的计算公式，即所谓的用差商近似微商或差商代导数方法；另一种思路是从插值出发，既然原函数可以用插值公式近似，那么它的导数也可以用插值公式近似求导得到。

数值微分根据函数在一些离散点的函数值，推算它在某点的导数或高阶导数的近似值的方法。通常用差商代替微商，或者用一个能够近似代替该函数的较简单的可微函数（如多项式或样条函数等）的相应导数作为所求导数的近似值。例如一些常用的数值微分公式（如两点公式、三点公式等）就是在等距步长情形下用插值多项式的导数作为近似值的。此外，还可以采用待定系数法建立各阶导数的数值微分公式，并且用外推技术来提高所求近似值的精确度。当函数可微性不太好时，利用样条插值进行数值微分要比多项式插值更适宜。如果离散点上的数据有不容忽视的随机误差，应该用曲线拟合代替函数插值，然后用拟合函数的导数作为所求导数的近似值，这种做法可以起到减少随机误差的作用。数值微分公式还是微分方程数值解法的重要依据。

4.4.2　数值积分

数值积分，用于求定积分的近似值。在数值分析中，数值积分是计算定积分数值的方法和理论。在数学分析中，给定函数的定积分的计算不总是可行的。许多定积分不能

用已知的积分公式得到精确值。

数值积分是利用黎曼积分的定义，用数值逼近的方法近似计算给定的定积分值。借助于电子计算设备，数值积分可以快速而有效地计算复杂的积分。

构造数值积分公式最通常的方法是用积分区间上的 n 次插值多项式代替被积函数，由此导出的求积公式称为插值型求积公式。特别在节点分布等距的情形称为牛顿－柯茨公式，例如梯形公式与抛物线公式就是最基本的近似公式。但它们的精度较差。

龙贝格算法是在区间逐次分半过程中，对梯形公式的近似值进行加权平均获得准确度较高的积分近似值的一种方法，它具有公式简练、计算结果准确、使用方便、稳定性好等优点，因此，在等距情形宜采用龙贝格求积公式。

当用不等距节点进行计算时，常用高斯型求积公式计算，它在节点数目相同情况下，准确度较高、稳定性好，而且还可以计算无穷积分。数值积分还是微分方程数值解法的重要依据。许多重要公式都可以用数值积分方程导出。

4.5　代数方程组的解法

代数方程组是由多个 n 元多项式方程所构成的方程组，由数域 P 上 m 个 n 元多项式 $f_i(x_1, x_2, \cdots, x_n)(i = 1, 2, \cdots, m)$ 组成的方程组称为数域 P 上的代数方程组，若 $x_1 = a_1$，$x_2 = a_2$，$\cdots$，$x_n = a_n$ 满足方程组中的每一个方程，则称它们为代数方程组的一个解。当代数方程组中每个方程的次数 $\leqslant 1$ 时，则代数方程组就是通常的线性方程组；当代数方程组中 $m = n = 1$ 时，代数方程组就是通常的一元高次方程，因此，代数方程组可以看成线性方程组与一元高次方程的推广和发展，研究代数方程组的解及其性质属于代数几何。

代数方程组的求解方法通常可以归结为两类：直接解法和迭代解法。所谓直接解法，是指通过有限步的数值计算获得代数方程组真解的方法；而迭代解法往往是先假定一个关于求解变量的场分布，然后通过逐次迭代的方法，得到所有变量的解。采用迭代解法求得的解一般为近似解。

典型的直接解法有 Cramer 法则和 Gauss 消元法。Cramer 法则通常只适用于方程组规模较小的情况，而 Gauss 消元法则要先将系数矩阵通过初等变换转化为上三角阵，然后逐一回代，从而求得方程组的解。Gauss 消元法虽然比 Cramer 法则更能够适应较大规模的方程组，但效率仍然不及迭代解法高。

目前常用的迭代解法有 Jacobi 迭代法和 Gauss－Seidel 迭代法。这两种方法均可以非常容易地在计算机上实现，但当方程组规模较大时，收敛速度往往较慢。

对于一个给定的代数方程组，直接解法更有效还是迭代解法更有效，取决于代数方程组的大小和性质。一般来讲，当方程组中方程的个数足够多时，迭代解法可能更省时。当代数方程组为线性方程组时，直接解法可能更有效。若方程组为非线性方程组，则必须采用迭代解法求解，每一次迭代得到的中间结果并不追求其计算精度，因而迭代解法效果可能更好。

现代计算实践中，常用的线性方程组的数值解法有直接法和迭代法两大类。直接法是在没有舍入误差的假设下，经过有限次运算就可得出方程组的精确解的方法，如各种消元法。迭代法则采取逐次逼近的方法，即从一个初始向量出发，按照一定的计算格式（迭代公式），构造一个向量的无穷序列，其极限才是方程组的精确解，用有限次运算得不到精确解。迭代法是牛顿最先提出来的；1940 年，绍司威尔提出的松弛法也是一种迭代法；共轭梯度法则是另一种迭代法，是 20 世纪 60 年代由 R. 弗莱彻等提出来的。

4.5.1　线性方程组的直接解法

直接解法是指通过有限次计算，可以得到原方程组准确解的方法，如高斯消元法、主元素高斯消元法、高斯－约当消元法、追赶法等；迭代解法是指通过迭代计算，可以得到原方程组近似解的方法，如雅可比迭代法、赛德尔迭代法、松弛迭代法等，迭代解法如果不加限制，可以进行无穷多次的计算。

4.5.1.1　高斯（Gauss）消元法

高斯消元法是求解线性方程组最常用、最有效的方法之一。高斯消元法也有一些变形，如主元素高斯消元法、高斯－约当消元法、追赶法，这些变形提高了高斯消元法的性能，在一些特定计算条件下，能够较大地简化计算。

数学上，高斯消元法是线性代数中的一个算法，可用来为线性方程组求解。但其算法十分复杂，不常用于加减消元法，求出矩阵的秩，以及求出可逆方阵的逆矩阵。不过，如果有过百万条等式时，这个算法会十分省时。一些极大的方程组通常会用迭代法以及花式消元来求解。当用于一个系数矩阵时，高斯消元法会产生出一个"行梯阵式"。

4.5.1.2　高斯－约当消元法

高斯消元法的消元过程是把方程组的系数矩阵转化为三角形矩阵，如果在此基础上继续消元，可将三角形矩阵转化为对角形矩阵，即系数矩阵中除主元素外的元素全化为零。这样，求解时不用回代就可直接解出 X，这种方法称为高斯－约当消去法。

4.5.2　线性方程组的迭代解法

4.5.2.1　雅可比（Jacobian）迭代法

雅可比迭代法是众多迭代法中比较早且较简单的一种，其命名也是为纪念普鲁士著名数学家雅可比。雅可比迭代法的计算公式简单，每迭代一次只需计算一次矩阵和向量的乘法，且计算过程中原始矩阵 A 始终不变，比较容易并行计算。

首先将方程组中的系数矩阵 A 分解成三部分，即 $A = L + D + U$，其中 D 为对角阵，L 为下三角矩阵，U 为上三角矩阵。

对形如式（4.5.1）的线性方程组

$$\begin{cases} a_{11}x_1 + a_{12}x_2 + \cdots a_{1n}x_n = b_1 \\ a_{21}x_1 + a_{22}x_2 + \cdots a_{2n}x_n = b_2 \\ \quad\quad\quad\quad\vdots \\ a_{n1}x_1 + a_{n2}x_2 + \cdots a_{nn}x_n = b_n \end{cases} \tag{4.5.1}$$

若 $a_{ii} \neq 0$，改写为

$$\begin{cases} x_1 = (b_1 - a_{12}x_2 - a_{13}x_3 - \cdots - a_{1n}x_n)/a_{11} \\ x_2 = (b_2 - a_{21}x_1 - a_{23}x_3 - \cdots - a_{2n}x_n)/a_{22} \\ \quad\quad\quad\quad\vdots \\ x_n = (b_n - a_{n1}x_1 - a_{n2}x_2 - \cdots - a_{nn-1}x_{n-1})/a_{nn} \end{cases} \tag{4.5.2}$$

如设定 $\boldsymbol{X}^{(0)} = (x_1^{(0)}, x_2^{(0)}, \cdots, x_n^{(0)})^{\mathrm{T}}$，称为初始值或初值，代入式（4.5.2）右端，可得到新的一组 $\boldsymbol{X}$ 向量，令其为 $\boldsymbol{X}^{(1)} = (x_1^{(1)}, x_2^{(1)}, \cdots, x_n^{(1)})^{\mathrm{T}}$。接下来，由 $\boldsymbol{X}^{(1)}$ 又可求得 $\boldsymbol{X}^{(2)}$；以此类推，经过一系列运算，就可能找到原方程组的近似解。这种类型的求解方法称为迭代解法。与直接解法不同的是，如果不给定求解终止条件，迭代解法可以进行无穷多次的运算，而且迭代解法只能得到原方程组的近似解，不论得到的解与准确解多么接近，迭代解法得到的永远是近似解。

一般要通过规范的迭代格式表明计算是怎样进行的。对于上述计算过程，可以写出如下迭代格式

$$\begin{cases} x_1^{(k+1)} = (b_1 - a_{12}x_2^{(k)} - a_{13}x_3^{(k)} - \cdots - a_{1n}x_n^{(k)})/a_{11} \\ x_2^{(k+1)} = (b_2 - a_{21}x_1^{(k)} - a_{23}x_3^{(k)} - \cdots - a_{2n}x_n^{(k)})/a_{22} \\ \quad\quad\quad\quad\vdots \\ x_n^{(k+1)} = (b_n - a_{n1}x_1^{(k)} - a_{n2}x_2^{(k)} - \cdots - a_{nn-1}x_{n-1}^{(k)})/a_{nn} \end{cases} \tag{4.5.3}$$

式中，$k+1$ 和 k 分别表示第 $k+1$ 次和第 k 次迭代结果。

形如式（4.5.23）的迭代格式称为雅可比迭代格式，它的通式为

$$x_i^{(k+1)} = \frac{\left(b_i - \sum_{j=1}^{i-1} a_{ij}x_j^{(k)} - \sum_{j=i+1}^{n} a_{ij}x_j^{(k)}\right)}{a_{ii}} \quad (i = 1, 2, \cdots, n) \tag{4.5.4}$$

迭代解法是数值计算中十分重要的一种算法。在迭代计算中，如果经过有限次计算可以找到原问题的近似解，那么，称这个迭代过程收敛，否则称为发散。收敛还是发散是通过收敛判据判别的，对于雅可比迭代法，常用的收敛判据有绝对收敛判据和相对收敛判据两种。收敛判据也称为收敛准则。

绝对收敛判据：

$$\left| x_i^{(k+1)} - x_i^{(k)} \right| \leqslant \varepsilon \quad (i = 1, 2, \cdots, n) \tag{4.5.5}$$

相对收敛判据：

$$\left| \frac{x_i^{(k+1)} - x_i^{(k)}}{x_i^{(k)}} \right| \leqslant \varepsilon \quad (i = 1, 2, \cdots, n) \tag{4.5.6}$$

式（4.5.5）和式（4.5.6）中的 ε 通常为一很小的正数（如 10^{-6}）叫作收敛精度。由于相对收敛判据排除了 x_i 自身绝对值大小的影响，所以，相对收敛判据较绝对收敛

判据得到更多的应用。

4.5.2.2　高斯－赛德尔（Gauss－Seidel）迭代法

由雅可比迭代法可知，求解 $x_i^{(k+1)}$ 时，实质上已获得 $x_1^{(k+1)}$、$x_2^{(k+1)}$、$x_{l-1}^{(k+1)}$ 的信息。如果利用这些信息，迭代格式就成为

$$x_i^{(k+1)} = \left(b_i - \sum_{j=1}^{i-1} a_{ij} x_j^{(k+1)} - \sum_{j=i+1}^{n} a_{ij} x_j^{(k)}\right)/a_{ii} \qquad (4.5.7)$$

这种迭代格式称为高斯－赛德尔迭代格式。

高斯－赛德尔迭代法的算法与雅可比迭代法非常类似，只是迭代格式有所不同。研究表明，根据方程组系数矩阵 $\boldsymbol{A}$ 的特性可判断雅可比迭代法与高斯－赛德尔迭代法的收敛性。

定理 1　若方程组 $AX = \bar{\boldsymbol{b}}$ 的系数矩阵 $\boldsymbol{A} = (a_{ij})_{n \times n}$ 严格对角占优，即

$$\sum_{\substack{j=1 \\ j \neq i}}^{n} |a_{ij}| < |a_{ii}| \qquad (i = 1, 2, \cdots, n) \qquad (4.5.8)$$

或

$$\sum_{\substack{i=1 \\ i \neq j}}^{n} |a_{ij}| < |a_{jj}| \qquad (j = 1, 2, \cdots, n) \qquad (4.5.9)$$

则方程组 $AX = \bar{\boldsymbol{b}}$ 有唯一解，且雅可比迭代法和高斯－赛德尔迭代法均收敛。

定理 2　若方程组 $AX = \bar{\boldsymbol{b}}$ 的系数矩阵 $\boldsymbol{A}$ 且正定，则高斯－赛德尔迭代法收敛。

用定理 1 判断收敛性比较方便，但定理 1 是充分条件，有时矩阵 $\boldsymbol{A}$ 系数不严格对角占优，迭代也可能收敛。

4.5.2.3　松弛迭代（SOR）法

松弛迭代法为基于高斯－赛德尔迭代法的线性加速法，由以下两步构成。

第一步：做高斯－赛德尔迭代。

$$\tilde{x}_i^{(k+1)} = \left(b_i - \sum_{j=1}^{i-1} a_{ij} x_j^{(k+1)} - \sum_{j=i+1}^{n} a_{ij} x_j^{(k)}\right)/a_{ii} \qquad (4.5.10)$$

第二步：引进松弛因子 ω，做线性加速。

$$x_i^{(k+1)} = \omega \tilde{x}_i^{(k+1)} + (1-\omega) x_i^{(k)} = x_i^{(k)} + \omega \left(b_i - \sum_{j=1}^{i-1} a_{ij} x_j^{(k+1)} - \sum_{j=i}^{n} a_{ij} x_j^{(k)}\right)/a_{ii}$$

$$(4.5.11)$$

$0 < \omega < 2$ 是松弛迭代法收敛的必要条件。如果系数矩阵 $\boldsymbol{A}$ 对称且正定，当 $0 < \omega < 2$ 时，松弛迭代法必收敛。

一般情况下，当 $0 < \omega < 1$ 时，ω 可改善一个发散过程的收敛性，促使其收敛，SOR 法为高斯－赛德尔法迭代与其前一次迭代的加权平均值，称为"亚松弛"。当 $1 < \omega < 2$ 时，ω 可加速一个收敛过程的迭代，SOR 法相当于高斯－赛德尔迭代法外推值，称为"超松弛"；当 $\omega = 1$ 时，SOR 法就是高斯－赛德尔迭代法。

4.5.3 非线性方程求根

非线性方程就是因变量与自变量之间的关系不是线性的关系，这类方程有很多，如平方关系、对数关系、指数关系、三角函数关系等。求解此类方程往往很难得到精确解，经常需要求近似解问题。相应的求近似解的方法也逐渐得到重视。

4.5.3.1 二分法

二分法是最简单的求解非线性方程的方法，弄清楚二分法的求解思路，就掌握了这一方法。考虑非线性方程

$$f(x) = 0 \qquad\qquad (4.5.12)$$

若式（4.5.12）的解为 $f(x)$ 与横坐标的交点 x^*，则称其为函数的零点。二分法寻找该交点，或求解非线性方程的思路如下：

第一步，在 $f(x)$ 求解范围内任取两点 a 和 b，使得 $f(a)f(b) < 0$，则 $f(x)$ 的解在 $[a,b]$ 内，若 $f(a) < 0$，$f(b) > 0$，则 $f(a)f(b) < 0$，所以 x^* 在 $[a,b]$ 内。

第二步，取 $[a,b]$ 中点 $\dfrac{a+b}{2}$，求 $f\left(\dfrac{a+b}{2}\right)$。

第三步，判别是否找到近似解，如果找到近似解就终止计算，否则继续下一步。

第四步，判断 $f\left(\dfrac{a+b}{2}\right)$ 是否与 $f(a)$ 同号，如果是，则以 $\dfrac{a+b}{2}$ 取代 a，即将 $\dfrac{a+b}{2}$ 赋值给 a；否则，将 $\dfrac{a+b}{2}$ 赋值给 b，回到第二步。

4.5.3.2 简单迭代法

将式（4.5.12）改变形式，构造迭代格式

$$x^{(k+1)} = \varphi\left[x^{(k)}\right] \qquad\qquad (4.5.13)$$

若给定初值 $x^{(0)}$，则可得到一个解的序列 $x^{(1)}$，$x^{(2)}$，…，若此序列收敛，则收敛于原方程的根。这种求解非线性方程的方法称为简单迭代法。

一般情况下，将 $f(x) = 0$ 变为 $x = \varphi(x)$ 的方法不止一种，即同一问题可以有多种不同的迭代格式。例如，对 $f(x) = x^2 + 3e^{-x} - 7.2 = 0$，可构造以下三种迭代格式：

格式 1 $x^{(k+1)} = \pm\sqrt{7.2 - 3e^{-x^{(k)}}}$

格式 2 $x^{(k+1)} = \left[x^{(k)}\right]^2 + 3e^{-x^{(k)}} - 7.2 + x^{(k)}$

格式 3 $x^{(k+1)} = -\ln\dfrac{7.2 - \left[x^{(k)}\right]^2}{3}$

简单迭代法的关键是构造可收敛的迭代格式。

简单迭代法的收敛准则是

$$\left| x^{(k)} - x^{(k-1)} \right| \leqslant \varepsilon \qquad\qquad (4.5.14)$$

收敛条件如下：

定理 对迭代格式 $x^{(k+1)} = \varphi\left[x^{(k)}\right]$，如果 $\varphi(x)$ 有连续的一阶导数，且满足

$$|\varphi'(x)| \leqslant q < 1 \tag{4.5.15}$$

则迭代格式对任意初值 $x^{(0)}$ 均收敛。q 值越小，收敛速度越快。

4.5.3.3　牛顿（Newton）法

如果将 $f(x) = 0$ 在初值 x_0 处进行泰勒（Taylor）展开，取到线性项，则有

$$f(x) \approx f(x_0) + f'(x_0)(x - x_0) \approx 0 \tag{4.5.16}$$

若 $f'(x_0) \neq 0$，则

$$x \approx x_0 - \frac{f(x_0)}{f'(x_0)} \tag{4.5.17}$$

于是

$$x_1 = x_0 - \frac{f(x_0)}{f'(x_0)} \tag{4.5.18}$$

由此可建立一种求解非线性方程 $f(x) = 0$ 的迭代格式

$$x^{(k+1)} = x^{(k)} - \frac{f[x^{(k)}]}{f'[x^{(k)}]} \tag{4.5.19}$$

这种迭代格式称为牛顿（Newton）法迭代格式。

4.6　常微分方程数值解法

常微分方程数值解法（Numerical methods for ordinary differential equations）是计算数学的一个分支，是解常微分方程各类定解问题的数值方法。现有的解析方法只能用于求解一些特殊类型的定解问题，实用上很多有价值的常微分方程的解不能用初等函数来表示，常常需要求其数值解。所谓数值解，是指在求解区间内一系列离散点处给出真正解的近似值。这就促成了数值方法的产生与发展。

4.6.1　引言

4.6.1.1　基本概念

形如式（4.6.1）、式（4.6.2）、式（4.6.3）的微分方程分别称为一阶常微分方程、一阶常微分方程组和高阶常微分方程。

$$\begin{cases} y' = f(x, y) \\ y(a) = \eta \\ a \leqslant x \leqslant b \end{cases} \tag{4.6.1}$$

$$\begin{cases} y'_1 = f_1(x, y_1, y_2, \cdots, y_n) \\ y'_2 = f_2(x, y_1, y_2, \cdots, y_n) \\ \qquad\qquad \vdots \\ y'_n = f_n(x, y_1, y_2, \cdots, y_n) \\ y_1(a) = \eta_1 \\ y_2(a) = \eta_2 \\ \qquad \vdots \\ y_n(a) = \eta_n \\ a \leqslant x \leqslant b \end{cases} \qquad (4.6.2)$$

$$\begin{cases} y^{(n)} = f(x, y', y'', \cdots, y^{(n-1)}) \\ y(a) = \eta_1 \\ y'(a) = \eta_2 \\ \qquad \vdots \\ y^{(n-1)}(a) = \eta_n \\ a \leqslant x \leqslant b \end{cases} \qquad (4.6.3)$$

化工中存在大量与时间有关系的动力学过程，这些动力学过程的数学模型通常为一阶常微分方程、一阶常微分方程组或高阶常微分方程。

4.6.1.2　数值方法求解微分方程的思路

数值方法求解微分方程的思路是首先将常微分方程及其边界条件离散化，即将连续的常微分方程及其边界条件转化为离散的差分方程，然后求取常微分方程在离散点上的函数近似值，这些近似值称为常微分方程数值解。

以一阶常微分方程 $\begin{cases} y' = f(x, y) \\ y(a) = \eta \end{cases} (a \leqslant x \leqslant b)$ 为例。首先将区间 $[a, b]$ 进行 n 等分，若令 $h = \dfrac{b-a}{n}$ （称为步长），则节点为 $x_i = a + ih (i = 0, 1, \cdots, n)$。数值方法求解该微分方程的思路就是求解在各节点上原函数的近似值，即数值解。

4.6.2　离散化方法

考虑式（4.6.1）所示一阶常微分方程初值问题。一般采用差商代导数法、数值积分法和泰勒展开法对其离散化。

4.6.2.1　差商代导数法

将区间 $[a, b]$ 进行 n 等分，令 $h = \dfrac{b-a}{n}$，则 $x_i = a + ih (i = 0, 1, \cdots, n)$。以 x_i 点为基准点，采用一阶向前差商近似式（4.6.1）中的导数项，即

$$y'_i = \frac{y_{i+1} - y_i}{h} \qquad (4.6.4)$$

式中，y_{i+1}、y_i 分别是 $y(x_{i+1})$、$y(x_i)$ 的近似值。

将式（4.6.4）和 $x=x_i$，$y=y_i'$ 代入式（4.6.1），可得

$$\begin{cases} \dfrac{y_{i+1}-y_i}{h}=f(x_i,y_i) \\ y_0=\eta \end{cases}$$

整理得

$$\begin{cases} y_{i+1}=y_i+hf(x_i,y_i) \\ y_0=\eta \end{cases} \tag{4.6.5}$$

分析式（4.6.5）可知，如果从初始条件 $x_0=a$，$y_0=\eta$ 出发，根据 $y_{i+1}=y_i+hf(x_i,y_i)$ 可逐一算出其余各节点 $x_i=a+ih(i=0,1,\cdots,n)$ 处的函数值 y_i，所以式（4.6.5）实质上是一个求解常微分方程［式（4.6.1）］数值解的公式，称为欧拉（Euler）公式。欧拉公式实质上是以一条折线近似原函数曲线，折线的斜率为 $f(x_i,y_i)$。

4.6.2.2　数值积分法

由式（4.6.1），在 $[x_i,x_{i+1}]$ 区间内对方程 $y'=f(x,y)$ 两边求积分，可得

$$y(x_{i+1})-y(x_i)=\int_{x_i}^{x_{i+1}}f(x,y)\mathrm{d}x \tag{4.6.6}$$

令 $y_i\approx y(x_i)$，$y_{i+1}\approx y(x_{i+1})$，即令 $y(x_i)$、$y(x_{i+1})$ 的近似计算结果为 y_i、y_{i+1}，对式（4.6.6）取近似，可得

$$y_{i+1}-y_i=\int_{x_i}^{x_{i+1}}f(x,y)\mathrm{d}x$$

即

$$y_{i+1}=y_i+\int_{x_i}^{x_{i+1}}f(x,y)\mathrm{d}x \tag{4.6.7}$$

若使用前面章节的数值积分方法求式（4.6.7）中的积分值，可得到式（4.6.1）的近似公式。

1. 采用梯形公式

如果采用梯形公式求式（4.6.7）中的积分值，有

$$y_{i+1}=y_i+\frac{h}{2}(f_i+f_{i+1}) \tag{4.6.8}$$

加上初始条件，有

$$\begin{cases} y_{i+1}=y_i+\dfrac{h}{2}(f_i+f_{i+1}) \\ y_0=\eta \end{cases} \tag{4.6.8a}$$

式中，$f_i=f(x_i,y_i)$，$f_{i+1}=f(x_{i+1},y_{i+1})$。

式（4.6.8a）称为改进的欧拉公式。改进的欧拉公式实质上也是以一条折线近似原函数曲线，只是折线的斜率用 $\dfrac{1}{2}\big[f(x_i,y_i)+f(x_{i+1},y_{i+1})\big]$ 取代欧拉公式的

$f(x_i, y_i)$。

2. 采用辛普森公式

如果采用辛普森公式求式（4.6.7）中的积分值，有

$$y_{i+1} = y_i + \frac{h}{6}(f_i + 4f_{i+\frac{1}{2}} + f_{i+1}) \tag{4.6.9}$$

加上初始条件，有

$$\begin{cases} y_{i+1} = y_i + \frac{h}{6}(f_i + 4f_{i+\frac{1}{2}} + f_{i+1}) \\ y_0 = \eta \end{cases} \tag{4.6.9a}$$

式中，$f_{i+\frac{1}{2}} = f(x_{i+\frac{1}{2}}, y_{i+\frac{1}{2}})$。

3. 采用矩形公式

在求数值积分时，也可采用矩形下的面积近似曲线下的面积，这时的数值积分公式称为矩形公式。当采用矩形公式求式（4.6.7）中的积分值时，有

$$y_{i+1} = y_i + hf_i \tag{4.6.10}$$

加上初始条件，有

$$\begin{cases} y_{i+1} = y_i + hf_i \\ y_0 = \eta \end{cases} \tag{4.6.10a}$$

式（4.6.10a）实质上就是前面得到的欧拉公式［式（4.6.5）］。

4.6.2.3 泰勒（Taylor）展开法

如果 $y' = f(x, y)$ 充分可微，则可将 $y(x_{i+1})$ 在 x_i 处展开成泰勒级数

$$y(x_{i+1}) = y(x_i) + hy'(x_i) + \frac{h^2}{2!}y''(x_i) + \cdots + \frac{h^n}{n!}y^{(n)}(x_i) + \frac{h^{n+1}}{(n+1)!}y^{(n+1)}(\xi_i) \tag{4.6.11}$$

式中，$\xi \in (x_i, x_{i+1})$，$y' = f(x, y)$，$y'' = f'_x + f'_y y' = f'_x + f'_y f$，$y''' = f''_{xx} + 2f''_{xy}f + f''_{yy}f^2 + f'_x f'_y f + (f'_y)^2 f + \cdots$

对式（4.6.11）取近似，可得

$$y_{i+1} \approx y_i + hy'_i + \frac{h^2}{2!}y''_i + \cdots + \frac{h^n}{n!}y_i^{(n)} = y_i + \delta_i \tag{4.6.12}$$

式中，$\delta_1 = hy'_i + \frac{h^2}{2!}y''_i + \cdots + \frac{h^n}{n!}y_i^{(n)}$。

显然，从理论上看，式（4.6.12）是一个精度较高的式子，但当 n 较大时，式（4.6.12）涉及高阶求导问题，运算会很复杂，通常不直接使用。

当 $n=1$ 时，式（4.6.12）简化为

$$y_{i+1} \approx y_i + h y_i' = y_i + h f(x_i, y_i)$$

此式即为欧拉公式。

本章小结

本章第一、二、三节主要学习插值法和最小二乘法的基本概念。其基本内容包括拉格朗日插值、牛顿插值、等距节点插值、三次样条插值、二参数值最小二乘法以及三参数值最小二乘法。

本章第四节主要学习数值的积分与微分的数值计算方法，其基本思想都是通过逼近原理，将积分和微分归结为函数值的四则运算问题。数值积分公式主要介绍了插值型求积公式，包括等距节点的 Newton−Cotes 公式和非等距节点的 Gauss 型求积公式。Newton−Cotes 公式主要有梯形求积公式、Simpson 求积公式和 Cotes 求积公式，以及相对应的复化求积公式。数值微分主要介绍了基于 Taylor 级数展开和基于插值的两类方法，其中还介绍了两种技巧，即外推技术和将数值微分转化为数值积分来处理。

本章第五节主要学习代数方程组的解法。主要介绍了线性代数方程组的几种常见的迭代法：Jacobi 迭代法、Gauss − Seidel 迭代法、SOR 迭代法。迭代算法简单，易于编程计算，特别适合大规模科学工程计算。

本章第六节主要学习常微分方程的数值解法。初值问题的数值解法主要有单步法和线性多步法。单步法中常见的有 Euler 方法，向后 Euler 方法、梯形法、改进的 Euler 方法以及二阶、三阶、四阶的 R−K 方法等，其中的向后 Euler 方法、梯形法等是隐式方法。其中，突出介绍了贯穿本章的构造初值问题的三种有效途径，即差商代替微商、数值积分方法，Taylor 级数展开法，这为我们解决实际问题提供了非常重要的思路，因为很多科学与工程问题并不像本章中介绍的模型那么简单。

通过本章数值计算基础的学习，使我们可以了解数值计算的重要性及其基本内容，熟悉基本算法，并能够帮助理解其他章节的算法在计算机上实现的原理，掌握如何构造、评估、选取甚至改进算法的数学理论依据，培养和提高独立解决数值计算问题的能力。

习 题

1. 写出拉格朗日插值多项式及其插值余项。
2. Newton−Cotes 公式主要包括哪些？
3. 非线性方程求根的基本方法。

第 5 章 优化设计的数学模型及一维优化方法

优化设计是 20 世纪 60 年代发展起来的一门新兴学科，是最优化方法和计算机技术相结合而产生并应用于工程设计问题的一种科学设计方法。优化设计的目的是寻求最佳的效益或最佳的设计方案，即在给定的各种约束条件下合理确定各设计参数，从众多的设计方案中寻找出目标最佳的设计方案，如质量轻、材料省、成本低、性能好、承载能力强等，因此优化设计是基于工程需要而产生和发展的并广泛应用于各类工程实践的一种现代设计方法。

任何机械设计问题，总是满足一定的工作条件、载荷和工艺等方面的要求，并在强度、刚度、寿命、尺寸范围及其他一些技术要求的限制条件下寻找一组设计参数或设计方案。在进行优化设计时，首先需要对实际问题的物理模型加以分析、抽象和简化，将工程问题转化成数学模型，即用优化设计的数学表达式描述工程设计问题的设计条件和设计目标，然后按照数学模型的特点，选择合适的优化方法和计算机程序，运用计算机求解，最终获得最优设计方案。

数学模型是对实际工程问题的数学描述，是优化设计的基础。优化设计的结果是否可用，主要取决于所建立的模型是否能够准确而简洁地反映工程问题的客观实际。在建立数学模型时，如果过于强调准确或确切，往往会使模型十分冗长、复杂，增加求解的难度，有时甚至会使问题无法求解；而片面强调简洁，则可能使数学模型失真，以至于失去求解的意义。因此，建立数学模型的基本原则是在能够准确反映实际工程问题的基础上力求简洁，这是优化设计成功与否的关键。

一维优化就是指求解一维目标函数 $f(x)$ 的极小点和极小值的方法，可归结为单变量函数的极小化问题，也称为一维搜索方法。一维优化方法是优化设计中最简单、最基本的方法，它不仅可以用来解决一维目标函数的优化问题，更重要的是在多目标函数的优化过程中，常常将多维优化问题转化为一系列一维优化问题来进行求解，所以说一维优化是优化设计的基础。

5.1 优化设计的数学模型

优化设计问题在数学上可以表示为以等式或不等式函数描述的约束条件和以多变量函数描述的优化设计目标，这就是优化设计的数学模型。数学模型是用数学语言来描述实际设计问题的设计条件和设计目标，是优化设计问题的抽象描述。

例 5.1-1　现用钢板制造体积为 $100\ \mathrm{m^3}$ 的无上盖的长方体货箱，要求箱体的长度不小于 $5\ \mathrm{m}$，并且钢板的耗费量最少，试确定货箱的长、宽、高尺寸。

解　因为货箱的体积已确定，则钢板耗费量最少取决于钢板用料最少，即货箱的表面积最小。设货箱的长、宽、高分别为 x_1、x_2、x_3，则设计目标可确定为

$$S = x_1 x_2 + 2(x_2 x_3 + x_1 x_3) \to S_{\min}$$

显然，影响货箱表面积的设计参数（变量）是 x_1、x_2、x_3，可写成向量形式的设计变量

$$\boldsymbol{X} = \begin{bmatrix} x_1 & x_2 & x_3 \end{bmatrix}^{\mathrm{T}}$$

根据设计要求的体积条件和各边长度条件，可确定如下约束表达式

$$x_1 \geqslant 5, x_2 \geqslant 0, x_3 \geqslant 0, x_1 x_2 x_3 = 100$$

因此，该工程问题的数学模型可写成

$$\begin{cases} \min f(\boldsymbol{X}) = x_1 x_2 + 2(x_2 x_3 + x_1 x_3) \\ \mathrm{s.\,t.}\ g_1(\boldsymbol{X}) = -x_1 + 5 \leqslant 0 \\ g_2(\boldsymbol{X}) = -x_2 \leqslant 0 \\ g_3(\boldsymbol{X}) = -x_3 \leqslant 0 \\ h_1(\boldsymbol{X}) = x_1 x_2 x_3 - 100 = 0 \end{cases}$$

式中，s. t. 是 subject to 的缩写，意为"受约束于"。

由此可见，一个优化数学模型涉及三个要素：设计变量、约束条件和优化设计目标。

5.1.1　设计变量与设计空间

5.1.1.1　设计变量的定义与表示

设计变量就是进行优化设计时所要确定的设计参数，它在优化设计过程中是不断变化的。通过其变化，使设计方案逐步趋近于最优方案。设计变量可以是几何参数（如形状、体积、位置等），也可以是物理参数（如力、速度、加速度等）。从数学上讲，所有设计变量都应是独立的自变量，它们之间不存在相互依赖关系。

通常来说，一组设计变量取值确定后就代表着一个设计方案；一组值不相同的设计变量，就代表着不同的设计方案。

在优化设计中，设计变量通常有连续设计变量与离散设计变量两种。连续设计变量的取值没有限制，可以取连续量，如几何量（如形状、位置、体积等）、物理量（如力、速度等）；而离散设计变量只能取离散的数值（如齿轮的齿数、模数等）。对于离散设计变量的优化问题，既可用离散化方法求解，也可在优化过程中先视为连续变量，然后在优化结果的基础上再做圆整或标准化处理，使之成为一个符合实际问题的近似最佳设计方案。对于一个具有 n 个设计变量的优化设计问题，可以用一个 n 维列向量或列矩阵来予以表达。

$$\boldsymbol{X} = \begin{bmatrix} x_1 \\ x_2 \\ \vdots \\ x_n \end{bmatrix} = \begin{bmatrix} x_1 & x_2 & \cdots & x_n \end{bmatrix}^{\mathrm{T}} \quad (\boldsymbol{X} \in \mathbf{R}^n) \tag{5.1.1}$$

式中，$x_i (i = 1, 2, \cdots, n)$ 是设计向量 $\boldsymbol{X}$ 的第 i 个向量分量，它们分别表示不同的设计变量。

5.1.1.2　设计空间

在优化数学模型中设计变量的个数称为优化问题的维数。如果优化数学模型有 n 个设计变量，则称该优化问题为 n 维优化问题。

由设计变量的表达式（5.1.1）可知，n 个独立的设计变量就确定了一个 n 维欧氏空间，设计向量 $\boldsymbol{X}$ 是定义在 n 维欧氏空间的一个向量或一个点。在 n 维欧氏空间里以 n 个坐标分量 $x_1, x_2, \cdots, x_n$ 为坐标轴的空间，它构成了设计空间，包含了所有可能的设计方案，且每一个设计方案都对应着设计空间的一个向量或一个点。

例如，设计变量个数 $n = 2$，优化两个设计参数，则设计空间就是由两个设计参数 x_1、x_2 为坐标轴所构成的平面——设计平面，如图 5-1 所示。该平面上任一点 (x_1, x_2) 即代表了一个设计方案。

同理，设计变量个数 $n = 3$，优化三个设计参数，则设计空间就是由三个设计参数 x_1、x_2、x_3 为坐标轴所构成的三维空间——设计空间，如图 5-2 所示，其中任一点 (x_1, x_2, x_3) 即代表一个设计方案。

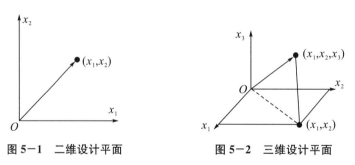

图 5-1　二维设计平面　　　　图 5-2　三维设计平面

5.1.1.3　设计变量对优化设计的影响

优化问题设计变量的个数越多，所要确定的设计参数越多，其设计空间维数越高，设计的自由度越大，优化的效果越好，但优化工作量也越大，难度也越高。因此，为了使优化问题简单易行，在优化设计过程中应慎重确定设计变量。

确定设计变量的原则就是在满足设计要求的前提下，尽可能减少设计变量的个数。根据各设计参数对设计目标的影响程度分析其主次，有些能预先确定的量可定义为设计常量，尽量减少设计变量的个数，降低优化设计的维数，以简化优化设计问题。

按照设计问题维数的多少，通常把优化设计问题规模分为三类：若设计变量个数 $n < 10$ 时，则为小型优化问题；若设计变量个数 $10 \leqslant n \leqslant 50$，则为中型优化问题；若设

计变量个数 $n>50$，则为大型优化问题。机械优化设计中大多数是中小型的优化问题。

5.1.2　约束条件与可行域

5.1.2.1　约束条件

在机械优化设计中，设计变量往往有许多技术上、经济上的限制，这些限制用设计变量的函数来进行描述。限制设计变量取值的等式或不等式，称为约束条件。

根据约束条件对设计变量的限制形式，可将约束条件分为等式约束与不等式约束两类。如果约束条件是用数学不等式来表示，可将约束条件称为不等式约束条件。如

$$g_u(\boldsymbol{X}) \leqslant 0 \quad (u=1,2,\cdots,m)$$

或

$$g_u(\boldsymbol{X}) \geqslant 0 \quad (u=1,2,\cdots,m)$$

不等式约束可以是"$\geqslant 0$"形式，也可以是"$\leqslant 0$"形式。

用等式约束来表示的约束条件称为等式约束条件。如

$$h_v(\boldsymbol{X}) = 0 \quad (v=1,2,\cdots,p,p<n) \tag{5.1.2}$$

等式约束条件对设计变量的约束较严格。一个等式的约束条件等价于两个不等式的约束条件，即 $g(\boldsymbol{X})=0$ 等价于 $g(\boldsymbol{X}) \leqslant 0$ 和 $-g(\boldsymbol{X}) \leqslant 0$。

等式约束的个数必须小于设计变量的个数。增加一个等式约束，设计的自由度就减小 1。当等式约束的个数与设计变量的个数相等时，该优化问题的解可能是唯一的，甚至无解，即优化问题转化为解方程组的问题；当 $p>n$ 时，该优化问题无解。

除约束的等式和不等式形式外，根据约束条件的性质，可将其分为边界约束与性能约束。边界约束就是规定设计变量取值范围的限制条件。如约束

$$a_i \leqslant x_i \leqslant b_i \quad (i=1,2,\cdots,n)$$

式中，a_i 为设计变量 x_i 的下限，b_i 为设计变量 x_i 的上限。该约束条件可写成两个不等式约束函数的形式

$$g_1(\boldsymbol{X}) = a_i - x_i \leqslant 0$$
$$g_2(\boldsymbol{X}) = x_i - b_i \leqslant 0$$

性能约束是根据设计性能要求所推导出的数学表达式，实际上是对设计变量的一种间接限制。对于机械设计问题，它一般是非线性函数，其几何意义表示为曲线、曲面或超曲面。性能约束往往与设计对象专业有关，如齿轮传动的传动条件、装配条件、接触应力条件、弯曲应力条件、刚度条件及稳定性条件等。

5.1.2.2　可行域和可行点

在优化设计问题中，由于约束条件的存在，将优化问题的设计空间分为可行域和非可行域两部分。可行域是指满足所有约束条件的设计空间，即所有可行设计方案对应点的集合，一般用符号 D 或 ϑ 表示。同样，非可行域就是不满足约束条件的设计空间。

不等式约束条件将设计空间划分为两个部分：可行域和非可行域。如图 5-3(a) 所示，约束函数 $g_i(\boldsymbol{X}) \leqslant 0(i=1,2,3)$ 的一侧满足约束条件，为可行域；而 $g_i(\boldsymbol{X})>0$

$(i=1,2,3)$ 的一侧不满足约束条件，为非可行域（带阴影线侧）。因此，不等式约束 $g_1(\boldsymbol{X})$、$g_2(\boldsymbol{X})$、$g_3(\boldsymbol{X})$ 的三条约束边界可围成一个可行域 D。

而对于等式约束，则等式约束曲线（超曲面）本身就是可行域，代表所有可行方案的点的集合，除此之外的其他区域都是非可行域。如图 5-3(b) 所示，约束曲线 $h(\boldsymbol{X})=0$ 为约束线，曲线本身就是可行域。

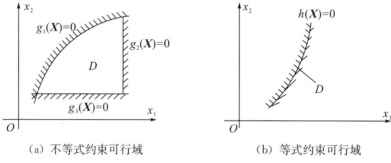

（a）不等式约束可行域　　　　　（b）等式约束可行域

图 5-3　可行域

如约束条件

$$g_1(\boldsymbol{X})=-x_1+x_2-2\leqslant 0$$
$$g_2(\boldsymbol{X})=x_1^2-x_2+1\leqslant 0$$
$$g_3(\boldsymbol{X})=-x_1\leqslant 0$$

的三条约束边界线所围成的约束可行域如图 5-4 所示。

根据优化问题的解（即设计点）是否满足约束条件，可将其分为可行点（可行解）和非可行点（非可行解）。满足所有约束条件的设计点均是可行点，不满足约束条件的设计点是非可行点。如图 5-4 所示，点 $\boldsymbol{X}^{(2)}$ 位于可行域内，满足所有约束条件，是可行点；点 $\boldsymbol{X}^{(1)}$ 在可行域外，不满足约束条件 $g_1(\boldsymbol{X})\leqslant 0$，是非可行点。

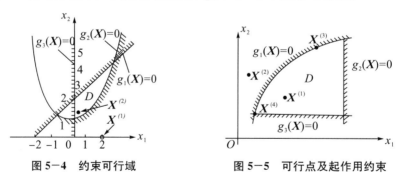

图 5-4　约束可行域　　　　　图 5-5　可行点及起作用约束

由此可知，可行域是由所有可行点组成的集合，非可行域是由所有非可行点组成的集合，可行域内的任一点均代表一个可行的设计方案，存在等式约束时，只有不等式约束可行域内的等式约束线上的点才是可行的设计方案。

故不等式约束的可行域可表达为

$$D=\{\boldsymbol{X}\,|\,g_u(\boldsymbol{X})\leqslant 0\quad(u=1,2,\cdots,m)\}$$

如果同时存在等式约束，则可行域表示为

$$D = \left\{ \boldsymbol{X} \left| \begin{array}{l} g_u(\boldsymbol{X}) \leqslant 0 \quad (u = 1, 2, \cdots, m) \\ h_v(\boldsymbol{X}) = 0 \quad (v = 1, 2, \cdots, p, p < n) \end{array} \right. \right\}$$

另外，根据设计点是否在约束边界上，可将约束条件分为起作用约束和不起作用约束。对于可行设计点 $\boldsymbol{X}^{(k)}$，若不等式约束 $g_i(\boldsymbol{X}^{(k)}) = 0$，则称第 i 个约束条件 $g_i(\boldsymbol{X})$ 为可行点 $\boldsymbol{X}^{(k)}$ 的起作用约束；若 $g_i(\boldsymbol{X}^{(k)}) < 0$，则称 $g_i(\boldsymbol{X})$ 为可行点 $\boldsymbol{X}^{(k)}$ 的不起作用约束，即只有在可行域边界上的点的约束才起作用，所有约束对可行域内部的点都是不起作用约束。对于等式约束，凡是满足该约束的任一可行点，该等式约束都是起作用约束。如图 5-5 所示，点 $\boldsymbol{X}^{(3)}$ 位于约束边界 $g_1(\boldsymbol{X}) = 0$ 上，故约束条件 $g_1(\boldsymbol{X}) \leqslant 0$ 是点 $\boldsymbol{X}^{(3)}$ 的起作用约束。

5.1.3　目标函数与等值线（面）

5.1.3.1　目标函数

在优化设计中，以设计变量函数描述的优化设计目标，称为目标函数。目标函数一般是可变化的设计参数的显函数，作为用来评价设计方案优劣的指标。优化模型中目标函数十分关键，因为它直接影响着优化设计的效果。

一般情况下，目标函数可用以下数学式表示

$$f(\boldsymbol{X}) = f(x_1, x_2, \cdots, x_n) \tag{5.1.3}$$

优化的目标是优选一组设计变量，使得目标函数值达到最优值，即 $f(\boldsymbol{X}) \rightarrow$ Optimum。通常的优化都是指极小化，即 $f(\boldsymbol{X}) \rightarrow f(\boldsymbol{X})_{\min}$，这在算法及计算机程序上都是统一的。对于极小化问题，目标函数值越小，对应的设计方案越好。而对于求极大化的问题（如利润等），可转化为 $-f(\boldsymbol{X})$ 的形式进行求解。

根据优化设计所选定目标函数的个数，可将优化问题分为多目标优化问题与单目标优化问题。工程实践中的设计问题可能会要求多个设计指标达到最优，因此优化问题的数学模型有时会有多个目标函数。单目标优化问题即是追求一项设计指标达到最优，而多目标优化问题指使多项设计指标达到最优。通常，多目标优化问题可经过加权组合后将其转化为单目标的优化问题，形如式（5.1.4）

$$f(\boldsymbol{X}) = \sum_{i=1}^{q} W_i f_i(\boldsymbol{X}) \tag{5.1.4}$$

式中，$f_i(\boldsymbol{X})$ 代表第 i 个分目标函数，$i = 1, 2, \cdots, q$；W_i 代表各项设计指标的加权系数（因子）。加权因子是非负数，平衡各目标函数的量纲，它代表着各分目标函数的重要程度。

如果 $f(\boldsymbol{X})$ 是非线性函数，则优化问题为非线性优化问题；如果 $f(\boldsymbol{X})$ 是线性函数，且约束函数 $g(\boldsymbol{X})$ 也是线性函数，则优化问题为线性优化问题。

5.1.3.2　目标函数的等值线（面）

1. 目标函数的几何表示

对于 n 维优化设计的问题，它确定了一个 n 维设计空间，该空间中任一点都对应着一个目标函数值，而以 n 个设计变量作为自变量的目标函数的几何图形需在 $n+1$ 维空间中表示出来。例如，一个设计变量的目标函数 $f(x)$，可用二维空间中的几何曲线来表示；两个设计变量的目标函数 $f(x_1,x_2)$，可用三维空间中的几何曲面来表示，如图 5-6 和图 5-7 所示。

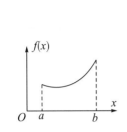

图 5-6　一维优化的几何表示

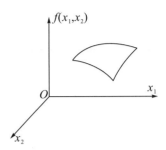

图 5-7　二维优化的几何表示

2. 目标函数的等值线（面）

从二维优化问题目标函数的几何图形——曲面片可以看出，当目标函数取一定值，即 $f(x_1,x_2)=c$ 时（用平面去截曲面），对应着其几何表面上的一条平面截线，这条平面截线在 x_1Ox_2 坐标平面上的投影即为等值线。当 c 取不同时，就有一组相似的等值线，每条等值线上所有点的函数值均相等。

若给定二次函数

$$f(\boldsymbol{X}) = ax_1^2 + 2bx_1x_2 + cx_2^2 = \begin{bmatrix} x_1 & x_2 \end{bmatrix} \begin{bmatrix} a & b \\ b & c \end{bmatrix} \begin{bmatrix} x_1 \\ x_2 \end{bmatrix}$$

当 $a>0$，$ac-b^2>0$ 时，$f(\boldsymbol{X})$ 为一椭圆抛物面，其几何表示如图 5-8 所示。当目标函数值依次为 $c_1,c_2,\cdots,c_n$ 时，得到一簇截线，它在水平面（设计空间）上的投影为一簇椭圆曲线（等值线）。

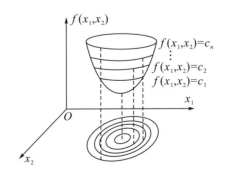

图 5-8　二维目标函数的等值线

由此可知，等值线就是在设计变量所构成的设计空间里，目标函数值相同的点的集合或者点的连线。当设计变量 $n=2$ 时，称为等值线；当设计变量 $n=3$ 时，称为等值面；当设计变量 $n>3$ 时，称为等值超曲面。

3. 等值线（面）的作用

目标函数的等值线类似于地形图上的等高线，它定性地描述了函数值在定义空间内的变化规律，通过它可以直观地看出目标函数的变化趋势。

等值线的中心点就是目标函数的极值点。等值线有一个中心点，则该极值点即极小值点，这种函数称为单峰（凸）函数，如椭圆抛物面；等值线有多个中心点的函数称为多峰（凸）函数，每个中心点都为局部极小值点，而全域极小值点要通过比较才能得到。

5.1.4 优化数学模型

数学模型是对实际工程问题的抽象化数学描述，是优化设计的基础。优化设计的数学模型的一般形式为

$$\begin{cases} \min\limits_{\boldsymbol{X} \in \mathbf{R}^n} f(\boldsymbol{X}) \\ \text{s. t. } g_u(\boldsymbol{X}) \leqslant 0 (u = 1,2,\cdots,m) \\ h_v(\boldsymbol{X}) = 0 (v = 1,2,\cdots,p < n) \end{cases} \tag{5.1.5}$$

该数学模型可描述：在满足不等式约束 $g_u(\boldsymbol{X}) \leqslant 0$ 和等式约束 $h_v(\boldsymbol{X}) = 0$ 的前提下，优选设计变量 $\boldsymbol{X} = [x_1,x_2,\cdots,x_n]^{\mathrm{T}}$，使目标函数 $f(\boldsymbol{X})$ 的值趋近于最优或最小化，即 $f(\boldsymbol{X}) \to f(\boldsymbol{X})_{\min}$。目标函数的最小值及其对应的设计变量值称为优化问题的最优解。

例 5.1-2 某工厂生产 A 和 B 两种产品，A 产品单位价格为 P_A 万元，B 产品单位价格为 P_B 万元。每生产一个单位 A 需消耗煤 a_C 吨、电 a_E 度、人工 a_L 个；每生产一个单位 B 产品需消耗煤 b_C 吨、电 b_E 度、人工 b_L 个。现有可利用生产资源煤 C 吨，电 E 度，人工 L 个，试确定其最优分配方案，使该厂所生产两种产品的总产值最大。

解 由设计问题的具体情况分析可知，产值大小取决于所生产产品的总价格，而总价格又由产品的生产数目和单位价格决定。因此，可假设 A 和 B 两种产品的生产数目分别为 x_A 和 x_B，即设计变量为

$$\boldsymbol{X} = \begin{bmatrix} x_A & x_B \end{bmatrix}^{\mathrm{T}} \in \mathbf{R}^2$$

由此可得到两种产品总产值的表达式为

$$P = P_A x_A + P_B x_B \to P_{\max}$$

根据设计要求的生产资源煤、电及人工等限制条件，可确定设计约束条件为

$$x_A \geqslant 0, x_B \geqslant 0, a_C x_A + b_C x_B \leqslant C, a_E x_A + b_E x_B \leqslant E, a_L x_A + b_L x_B \leqslant L$$

因此，该工程问题的数学模型可写为

$$\begin{cases} \min f(\boldsymbol{X}) = -(P_A x_A + P_B x_B) \\ \text{s. t. } g_1(\boldsymbol{X}) = a_C x_A + b_C x_B - C \leqslant 0 \\ g_2(\boldsymbol{X}) = a_E x_A + b_E x_B - E \leqslant 0 \\ g_3(\boldsymbol{X}) = a_L x_A + b_L x_B - L \leqslant 0 \\ g_4(\boldsymbol{X}) = -x_A \leqslant 0 \\ g_5(\boldsymbol{X}) = -x_B \leqslant 0 \end{cases}$$

例 5.1-3 图 5-9 为某智能制造系统中机器人末端执行机构的空心转轴,D 和 d 分别为空心轴的外径和内径,$d = 8$ mm,轴长 $L = 3.6$ mm。轴传递的功率 $P = 7$ kW,转速 $n = 1500$ r/min。轴的材料密度 $\rho = 7800$ kg/m³,剪切弹性模量 $G = 81$ GPa,许用剪应力 $[\tau] = 45$ MPa,单位长度许用扭转角 $[\varphi] = 1.5°/M$。要求在满足扭转强度和扭转刚度限制的条件下,使轴的质量最小。

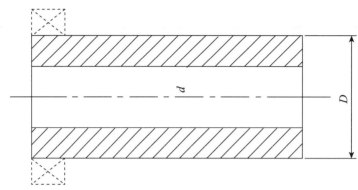

图 5-9 空心转轴

解 (1) 设计变量的确定。

由题意可知,轴的外径是决定轴的质量和力学性能的重要独立参数,故将其作为设计变量,记为 $X = D$。

(2) 目标函数的确定。

按设计要求,取质量最小为设计目标,轴的质量可表示为

$$M = \pi \rho l (D^2 - d^2)/4$$

即

$$f(X) = \pi \rho l (D^2 - d^2)/4 \rightarrow f(X)_{\min}$$

(3) 约束条件的确定。

轴在工作中主要受扭矩作用,故需满足扭转强度条件和刚度条件。

① 扭转强度约束条件为

$$\tau_{\max} = \frac{T}{W_n} \leqslant [\tau]$$

式中,T 是圆轴所受扭矩,$T = 9550P/n$;W_n 是抗扭截面模量,$W_n = \pi(D^4 - d^4)/(16D)$。

② 扭转刚度约束条件为

$$\varphi = \frac{T}{GJ_p} \leqslant [\varphi]$$

式中,φ 是单位长度扭转角;G 是剪切弹性模量;J_p 是极惯性矩,$J_p = \pi(D^4 - d^4)/32$。

③ 结构尺寸限制条件。

根据轴设计的自然条件,轴外径应大于内径,即 $D \geqslant d$。

④ 规范数学模型为

$$
\begin{cases}
\min f(\boldsymbol{X}) = \dfrac{\pi}{4}\rho l\,(x^2 - d^2) \times 10^{-6} \\[2mm]
\text{s. t. } g_1(\boldsymbol{X}) = \dfrac{16xT \times 10^9}{\pi(x^4 - d^4)} - [\tau] \times 10^6 \leqslant 0 \\[2mm]
g_2(\boldsymbol{X}) = \dfrac{T \times 10^3}{GJ_p} - [\varphi] \times \dfrac{\pi}{180} \leqslant 0 \\[2mm]
g_3(\boldsymbol{X}) = d - x \leqslant 0
\end{cases}
$$

通过以上实例可以看出，虽然实际问题的具体情况和设计要求不尽相同，但将优化设计问题转化为数学模型，都是由设计变量、目标函数和约束条件三个要素组成，其形式是统一、一致的。因此，建立数学模型的一般方法如下：

（1）选取并确定设计变量。

（2）准确、简洁地表达目标函数。

（3）分析并确定约束条件。

建立数学模型是优化设计的关键，设计变量、目标函数和约束条件的确定原则是：设计变量越少越好；性能约束要考虑全面周到，且不矛盾；目标函数要简单、性态稳定。这样，就能保证优化达到满意的效果。

5.2　优化问题的极值条件

5.2.1　无约束优化问题的极值条件

根据高等数学中多元函数的极值存在条件，假设多元函数 $f(\boldsymbol{X})$ 在 $\boldsymbol{X}^*$ 点附近对所有的点 $\boldsymbol{X}$ 都有 $f(\boldsymbol{X}) > f(\boldsymbol{X}^*)$，则称点 $\boldsymbol{X}^*$ 为严格极小值点，$f(\boldsymbol{X}^*)$ 为极小值；若 $f(\boldsymbol{X})$ 在 $\boldsymbol{X}^*$ 点附近对所有的点 $\boldsymbol{X}$ 都有 $f(\boldsymbol{X}) < f(\boldsymbol{X}^*)$，则称点 $\boldsymbol{X}^*$ 为严格极大值点，$f(\boldsymbol{X}^*)$ 为极大值。

5.2.1.1　无约束极值存在的必要条件

对于 n 元连续可导的函数 $f(\boldsymbol{X})$，在 $\boldsymbol{X}^*$ 点存在极值的必要条件为函数 $f(\boldsymbol{X})$ 在该点的一阶偏导数均等于 0，或函数 $f(\boldsymbol{X})$ 在该点的梯度等于 0。即

$$
\nabla f(\boldsymbol{X}^*) = \begin{bmatrix} \partial f/\partial x_1 \\ \partial f/\partial x_2 \\ \vdots \\ \partial f/\partial x_n \end{bmatrix}\Bigg|_{\boldsymbol{X}=\boldsymbol{X}^*} = 0 \tag{5.2.1}
$$

满足极值条件或梯度 $\nabla f(\boldsymbol{X}^*) = 0$ 的点称为驻点。驻点不一定是极值点，只有满足充分条件时，才能判定驻点为极值点。

5.2.1.2　无约束极值存在的充分条件

设 n 元函数 $f(\boldsymbol{X})$ 在 $\boldsymbol{X}^*$ 点附近存在连续的一阶、二阶偏导数，且满足函数极值存

在的必要条件·$\nabla f(\boldsymbol{X}^*) = 0$。将函数 $f(\boldsymbol{X})$ 在点 $\boldsymbol{X}^*$ 附近用泰勒（Taylor）二次展开式来逼近，有

$$f(\boldsymbol{X}) = f(\boldsymbol{X}^*) + \left[\nabla f(\boldsymbol{X}^*)\right]^{\mathrm{T}}\left[\boldsymbol{X} - \boldsymbol{X}^*\right] + \frac{1}{2}\left[\boldsymbol{X} - \boldsymbol{X}^*\right]^{\mathrm{T}} H(\boldsymbol{X}^*)\left[\boldsymbol{X} - \boldsymbol{X}^*\right]$$

$$(5.2.2)$$

式中，$H(\boldsymbol{X}^*)$ 为函数 $f(\boldsymbol{X})$ 在 $\boldsymbol{X}^*$ 点的 Hessian 矩阵，也即 $f(\boldsymbol{X})$ 的二阶偏导数矩阵。

将函数极值存在的必要条件 $\nabla f(\boldsymbol{X}^*) = 0$ 代入式（5.2.2），有

$$f(\boldsymbol{X}) - f(\boldsymbol{X}^*) = \frac{1}{2}\left[\boldsymbol{X} - \boldsymbol{X}^*\right]^{\mathrm{T}} H(\boldsymbol{X}^*)\left[\boldsymbol{X} - \boldsymbol{X}^*\right] \qquad (5.2.3)$$

式（5.2.3）右端为变量 $\left[\boldsymbol{X} - \boldsymbol{X}^*\right]$ 的二次型。如果 $H(\boldsymbol{X}^*)$ 正定，对于一切 $\boldsymbol{X} \neq \boldsymbol{X}^*$（$\left[\boldsymbol{X} - \boldsymbol{X}^*\right] \neq 0$）恒有二次型的值大于 0，即 $f(\boldsymbol{X}) > f(\boldsymbol{X}^*)$，则 $\boldsymbol{X}^*$ 为极小值点（也称极小点），$f(\boldsymbol{X}^*)$ 为极小值；如果 $H(\boldsymbol{X}^*)$ 负定，对于一切 $\boldsymbol{X} \neq \boldsymbol{X}^*$（$\left[\boldsymbol{X} - \boldsymbol{X}^*\right] \neq 0$) 恒有二次型的值小于 0，即 $f(\boldsymbol{X}) < f(\boldsymbol{X}^*)$，则 $\boldsymbol{X}^*$ 为极大值点，$f(\boldsymbol{X}^*)$ 为极大值。

由此可以得到结论，点 $\boldsymbol{X}^*$ 成为多元函数 $f(\boldsymbol{X})$ 极小值点的充分条件是函数 $f(\boldsymbol{X})$ 在 $\boldsymbol{X}^*$ 点的 Hessian 矩阵 $H(\boldsymbol{X}^*)$ 正定；点 $\boldsymbol{X}^*$ 成为极大值点的充分条件是函数 $f(\boldsymbol{X})$ 在 $\boldsymbol{X}^*$ 点的 Hessian 矩阵 $H(\boldsymbol{X}^*)$ 负定。

例 5.2-1 求无约束优化问题 $f(\boldsymbol{X}) = x_1^2 + x_2^2 - x_1 x_2 - x_1 - 4x_2 + 60$ 的极值点和极值。

解 此问题是无约束优化问题的极值条件问题。首先利用无约束极值存在的必要条件确定驻点，再利用其充分条件，即可判定该驻点是不是极值点。

（1）利用必要条件确定驻点。

令

$$\nabla f(\boldsymbol{X}) = \begin{bmatrix} 2x_1 - x_2 - 1 \\ 2x_2 - x_1 - 4 \end{bmatrix} = 0$$

求解得到驻点 $\boldsymbol{X}^* = \begin{bmatrix} 2 \\ 3 \end{bmatrix}$。该点已满足极值存在的必要条件，是不是极值点，还需要判断其是否满足充分条件。

（2）利用充分条件判断驻点是否为极值点。

首先求函数的 Hessian 矩阵（二阶偏导数矩阵）：

$$H(\boldsymbol{X}^*) = \nabla^2 f(\boldsymbol{X}^*) = \begin{bmatrix} \dfrac{\partial^2 f}{\partial x_1^2} & \dfrac{\partial^2 f}{\partial x_1 x_2} \\ \dfrac{\partial^2 f}{\partial x_2 \partial x_1} & \dfrac{\partial^2 f}{\partial x_2^2} \end{bmatrix}\Bigg|_{\boldsymbol{X} = \boldsymbol{X}^*} = \begin{bmatrix} 2 & -1 \\ -1 & 2 \end{bmatrix}$$

然后判断 Hessian 矩阵正定性。由于 $H(\boldsymbol{X}^*)$ 的一阶顺序主子式 $|2| > 0$，二阶顺序主子式 $\begin{vmatrix} 2 & -1 \\ -1 & 2 \end{vmatrix} = 3 > 0$，因此 $H(\boldsymbol{X}^*)$ 是正定的。

所以，$\boldsymbol{X}^* = \begin{bmatrix} 2 \\ 3 \end{bmatrix}$ 是该无约束优化问题的极值点，而且是极小值点，极小值 $f(\boldsymbol{X}^*) = 53$。

例 5.2－2　证明函数 $f(\boldsymbol{X}) = x_1^4 - 2x_1^2 x_2 + x_1^2 + x_2^2 - 4x_1 + 5$ 在点（2，4）处具有极小值。

解　首先判断点（2，4）是否为函数 $f(\boldsymbol{X})$ 的驻点。

$$\nabla f(\boldsymbol{X}) = \begin{bmatrix} 4x_1^3 - 4x_1 x_2 + 2x_1 - 4 \\ -2x_1^2 + 2x_2 \end{bmatrix}$$

将点（2，4）代入，可知 $\nabla f(\boldsymbol{X}) = 0$，因此点（2，4）是函数 $f(\boldsymbol{X})$ 的驻点。

目标函数的 Hessian 矩阵为

$$H(\boldsymbol{X}) = \nabla^2 f(\boldsymbol{X}^*) = \begin{bmatrix} 12x_1^2 - 4x_2 + 2 & -4x_1 \\ -4x_1 & 2 \end{bmatrix}$$

将点（2，4）代入，可知其 Hessian 矩阵为

$$H(2,4) = \begin{bmatrix} 34 & -8 \\ -8 & 2 \end{bmatrix} \quad \text{正定}$$

因此，点（2，4）是函数 $f(\boldsymbol{X})$ 的极小值点。

无约束优化问题的极值条件是研究优化问题的基础，但在工程上只有理论上的意义。这是因为实际工程优化问题的目标函数比较复杂，Hessian 矩阵不易求解，其正定和负定的判断也更加困难。因此，无约束问题的极值条件只作为优化过程中的极小点判断。

5.2.2　约束优化问题的极值条件

约束优化问题最优解存在多种情况，下面以简单的二维问题为例来说明约束最优解存在的几种情况。

5.2.2.1　约束最优解的存在情况

1．约束不起作用

图 5-10 为极值点 $\boldsymbol{X}^*$ 落在可行域内部的一种情况。可行域 D 为凸集，目标函数 $f(\boldsymbol{X})$ 为凸函数，且有 $\nabla f(\boldsymbol{X}^*) = 0$，$H(\boldsymbol{X}^*)$ 正定，极值点 $\boldsymbol{X}^* \in D$。此时，所有约束条件对最优点 $\boldsymbol{X}^*$ 都不起作用。因此约束优化问题就等价于无约束优化问题，目标函数的极值点就是该约束优化问题的极小点。

2．等式约束起作用

图 5-11 为在满足不等式约束的条件下，极值点 $\boldsymbol{X}^*$ 落在等式约束 $h(\boldsymbol{X}) = 0$ 与目标函数 $f(\boldsymbol{X})$ 等值线的切点上（或等式约束与约束边界的交点）。此时，仅有等式约束对最优点 $\boldsymbol{X}^*$ 起作用。

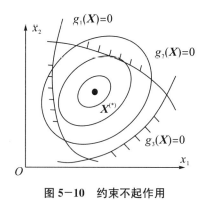

图 5-10　约束不起作用

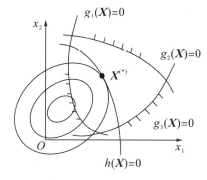

图 5-11　等式约束起作用

3. 一个约束起作用

图 5-12 为约束最优点 X^* 落在约束边界 $g_1(X)$ 与目标函数 $f(X)$ 等值线的切点上。此时，$g_1(X)=0$ 为起作用约束，而 $g_2(X)<0$，$g_3(X)<0$ 为不起作用约束，目标函数的无约束极值点在可行域外。

4. 两个或两个以上约束起作用

图 5-13 为约束最优点 X^* 落在两约束边界 $g_2(X)$、$g_3(X)$ 与目标函数 $f(X)$ 等值线的交点上。此时，$g_2(X)=0$，$g_3(X)=0$ 为起作用约束，而 $g_1(X)<0$ 为不起作用约束，目标函数的无约束极值点在可行域外。

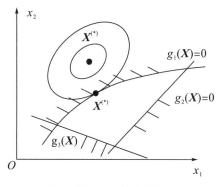

图 5-12　一个约束起作用

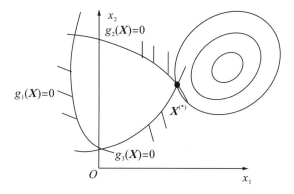

图 5-13　两个或两个以上约束起作用

5. 约束函数为凸函数，目标函数为非凸函数

图 5-14 所示可行域 D 为凸集，目标函数 $f(X)$ 为非凸函数，而约束函数 $g(X)$ 是凸函数，则可能有多个最优点［如图 5-12 中的 $X^{*(1)}$ 和 $X^{*(2)}$］，但只有一个点为全局最优点。

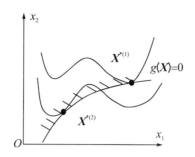

图 5—14　约束函数为凸函数，目标函数为非凸函数

6. 约束函数为非凸函数

图 5—15 中的目标函数 $f(\boldsymbol{X})$ 是凸函数，而起作用约束 $g(\boldsymbol{X})$ 是非凸函数，则也可能会产生多个最优点（如图 5—15 中的 $\boldsymbol{X}^{*(1)}$ 和 $\boldsymbol{X}^{*(2)}$），但只有一个为全局最优点，其余为局部最优点。

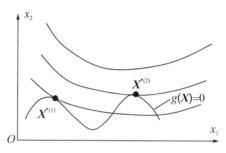

图 5—15　约束函数为非凸函数

由此可见，约束问题最优解的存在情况可能有两种：一是极值点在可行域内部，即极值点是可行域的内点，这种情况的约束优化问题等价于无约束优化问题；另一种情况的最优点是等值线（面）与起作用约束线（面）的切点，或者是多个起作用约束的交点。对于目标函数是凸函数，可行域是凸集的凸规划问题，局部极值点与全局极值点重合，因此凸规划问题有唯一的约束极值点；而非凸规划问题有多个约束极值点。

5.2.2.2　约束极值存在的必要条件

约束优化问题的极值条件比无约束优化问题要复杂得多。一般来说，我们在研究约束优化问题时，主要解决两个方面的问题：

（1）判断约束极值点存在的必要条件。

（2）判断所得极值点是全域最小点或是局部最小点。

这里只是讨论第一个问题，也就是说，这里所给出的必要条件只是局部最优解的必要条件。

1. 下降方向、可行方向和可行下降方向

（1）下降方向。优化过程中，只要能使目标函数值减小的方向均称为下降方向。下

降方向如图 5-16 所示，等值线为二维优化目标函数 $f(X) = c_1, c_0, \cdots, c_n$ 时的等值线，$\nabla f(X)$ 为 $f(X)$ 在设计点 $X^{(k)}$ 处的梯度方向。

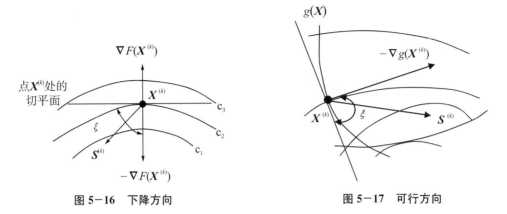

图 5-16　下降方向　　　　　　　图 5-17　可行方向

由梯度的定义可知，梯度方向 $\nabla f(X)$ 是目标函数等值线（面）的法线方向，所以沿与 $-\nabla f(X)$ 夹角为锐角的方向 S 取点，都能使目标函数值减小。由此可见，下降方向 S 与目标函数 $f(X)$ 的负梯度方向 $-\nabla f(X)$ 的夹角应为锐角。即

$$-\nabla f(X) \cdot S > 0 \qquad (5.2.4)$$

这样，下降方向就位于负梯度方向 $[-\nabla f(X)]$ 与等值线切线所围成的扇形区域内，如图 5-16 所示，在角度为 ξ 的扇形区域内确定的 S 方向一定是下降方向。

（2）可行方向。从约束边界出发的所有方向有两种，一种是可行方向，另一种是不可行方向。可行方向是从约束边界出发，指向可行域内的任何方向，即不破坏约束条件的方向。可行域内的任何方向均为可行方向。

可行方向区如图 5-17 所示，假设 $g(X)$ 是起作用约束边界，它将设计空间分为两部分，$g(X) < 0$ 侧为可行域，$g(X) > 0$ 侧为非可行域，$g(X) = 0$ 为约束边界。当约束边界取 $g(X) \leqslant 0$ 形式时，约束函数的梯度（法线）方向总是由约束边界指向非可行域一侧。方向 S 是可行方向，它与约束梯度方向 $\nabla g(X)$ 的夹角应为钝角。即

$$S \cdot \nabla g(X) < 0 \qquad (5.2.5)$$

也可写为

$$-[\nabla g(X)]^{\mathrm{T}} \cdot S > 0$$

由图 5-17 可看出，可行方向应位于约束负梯度方向 $[-\nabla g(X)]$ 与其切线方向所围成的区域内，在角度为 ξ 的区域内确定的方向 S 一定是可行方向。

（3）可行下降方向。可行下降方向包含了可行方向和下降方向的所有特征，即在不破坏约束的条件下，使目标函数数值下降的方向。所以，可行下降方向需同时满足式（5.2.4）和式（5.2.5），联立两式有

$$\begin{cases} -\nabla f(X) \cdot S > 0 \\ -\nabla g(X) \cdot S > 0 \end{cases} \qquad (5.2.6)$$

约束边界上的可行下降方向如图 5-18(a) 所示，$-\nabla f(X)$ 为目标函数等值线在设计点 $X^{(k)}$ 的负梯度方向，$-\nabla g(X)$ 为约束边界 $g(X)$ 在 $X^{(k)}$ 的梯度方向，指向可行域。

根据可行下降方向的定义，目标函数 $f(\boldsymbol{X})$ 等值线在 $\boldsymbol{X}^{(k)}$ 处的切线与约束边界 $g(\boldsymbol{X})$ 在 $\boldsymbol{X}^{(k)}$ 处的切线所夹角度 ξ 的扇形区域内的所有方向都是可行下降方向。

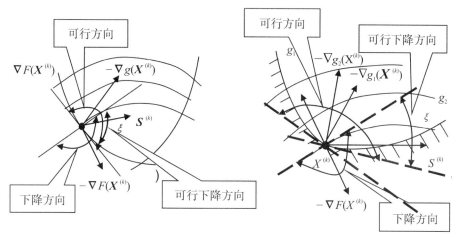

（a）约束边界上的可行下降方向　　　（b）约束边界交点的可行下降方向

图 5-18　可行下降方向

在两约束函数 $g_1(\boldsymbol{X})$ 和 $g_2(\boldsymbol{X})$ 的交点 $\boldsymbol{X}^{(k)}$ 处的可行下降方向如图 5-18(b) 所示。由图中可以看出，要满足可行下降方向的所有条件，可行下降方向必处于各可行方向区和下降方向区的交叉区，即夹角为 ξ 的扇形区域内。

2. 一个约束起作用时极值点存在的必要条件

对于约束优化问题，无约束极值点位于可行域外，约束起作用的方式如图 5-19 所示。

在约束边界上有方向 $\boldsymbol{S}$ 存在，且 $\boldsymbol{S}$ 满足式（5.2.6），即总存在可行下降方向，则该点就不是极值点。当且仅当 $-\nabla f(\boldsymbol{X}) // \nabla g(\boldsymbol{X})$ 时，不存在可行下降方向，则使这一条件成立的点即为所求的约束极值点，它是目标函数的等值线与起作用约束的切点，如图 5-19 中的点 $\boldsymbol{X}^*$（在点 $\boldsymbol{X}^*$ 的约束边界与目标函数的两梯度方向完全重合）。

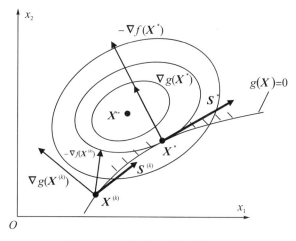

图 5-19　一个约束起作用的情况

因此，一个约束起作用时，约束极值点存在的必要条件可写为

$$\nabla f(\boldsymbol{X}) = -\lambda \, \nabla g(\boldsymbol{X}) \quad (\lambda > 0) \tag{5.2.7}$$

3. 两个约束起作用时极值点存在的必要条件

如图 5-20 所示，假设点 $\boldsymbol{X}^{(k)}$ 处于约束线的交点上，该点的目标函数 $f(\boldsymbol{X})$ 的负梯度方向为 $-\nabla f(\boldsymbol{X}^{(k)})$，两个起作用约束的梯度方向分别为 $\nabla g_1(\boldsymbol{X}^{(k)})$、$\nabla g_2(\boldsymbol{X}^{(k)})$。若在 $\boldsymbol{X}^{(k)}$ 点找到一个方向 $\boldsymbol{S}$，并使它满足下列三个不等式：

$$-\nabla f(\boldsymbol{X}^{(k)}) \cdot \boldsymbol{S} > 0 \quad 保证下降性$$
$$-\nabla g_1(\boldsymbol{X}^{(k)}) \cdot \boldsymbol{S} > 0 \quad 保证可行性$$
$$-\nabla g_2(\boldsymbol{X}^{(k)}) \cdot \boldsymbol{S} > 0 \quad 保证可行性$$

则方向 $\boldsymbol{S}$ 为可行下降方向。所以，$\boldsymbol{X}^{(k)}$ 为非极值点；若不满足上述三个条件中的任何一个，或者在 $\boldsymbol{X}^{(k)}$ 点找不到可行下降方向，则 $\boldsymbol{X}^{(k)}$ 为极值点，如图 5-20 中的 $\boldsymbol{X}^*$ 点。

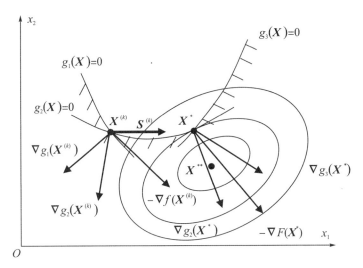

图 5-20　两个约束起作用的情况

实践证明，对于两个约束起作用的问题，只有当约束交点 $\boldsymbol{X}^{(k)}$ 处的目标函数的负梯度方向 $-\nabla f(\boldsymbol{X}^{(k)})$ 位于两个约束函数的梯度方向 $\nabla g_1(\boldsymbol{X}^{(k)})$、$\nabla g_2(\boldsymbol{X}^{(k)})$ 所夹的扇形区域内时，上述三个不等式才不能同时成立，即不存在可行下降方向 $\boldsymbol{S}$，则该点为两个约束起作用时的约束极值点。

如果记两个约束的交叉点为约束极值点，则在该点必有目标函数的负梯度方向位于两个约束梯度方向所夹扇形区域内。由于 $-\nabla f(\boldsymbol{X}^{(k)})$ 位于 $\nabla g_1(\boldsymbol{X}^{(k)})$、$\nabla g_2(\boldsymbol{X}^{(k)})$ 的夹角内，由矢量的平行四边形法则有

$$-\nabla f(\boldsymbol{X}^{(k)}) = \lambda_1 \, \nabla g_1(\boldsymbol{X}^{(k)}) + \lambda_2 \, \nabla g_2(\boldsymbol{X}^{(k)}) \quad (\lambda_1 > 0, \lambda_2 > 0) \tag{5.2.8}$$

成立。式（5.2.8）就是两个约束起作用时约束极值点存在的必要条件。

4. 约束极值点存在的必要条件——K-T 条件

由一个约束起作用及两个约束起作用的必要条件，也同样可以得到多个约束起作用

的必要条件，由此归纳出一般情况下约束极值点存在的必要条件，即 Kuhn–Tucker 条件。它是由 Kuhn 和 Tucker 提出的，简称 K–T 条件。

如果 $\boldsymbol{X}^{(k)}$ 为约束极值点，则该点的目标函数的梯度可以表示为各起作用约束函数的梯度的线性组合。其数学表达式为

$$\nabla f(\boldsymbol{X}^{(k)}) = -\lambda_1 \nabla g_1(\boldsymbol{X}^{(k)}) - \lambda_2 \nabla g_2(\boldsymbol{X}^{(k)}) - \cdots - \lambda_q \nabla g_q(\boldsymbol{X}^{(k)}) = -\sum_{i=1}^{q} \lambda_i \nabla g_i(\boldsymbol{X}^{(k)})$$

(5.2.9)

式中，$\lambda_i > 0$ 是常数；$i = 1, 2, \cdots, q$ 为起作用约束个数。

满足 K–T 条件的点称为 K–T 点。用优化术语讲，K–T 点为无可行下降方向的设计点（约束极值点）；从几何角度讲，K–T 点有以下几个特征：

(1) 一个约束起作用的 K–T 点的特征为 $-\nabla f(\boldsymbol{X}^{(k)}) \parallel \nabla g(\boldsymbol{X}^{(k)})$；

(2) 两个约束起作用的 K–T 点的特征为 $-\nabla f(\boldsymbol{X}^{(k)})$ 位于 $\nabla g_1(\boldsymbol{X}^{(k)})$、$\nabla g_2(\boldsymbol{X}^{(k)})$ 所夹的扇形区域内；

(3) 三个以上约束起作用的 K–T 点的特征为 $-\nabla f(\boldsymbol{X}^{(k)})$ 位于所有起作用约束的梯度方向在设计空间所构成的多棱锥体内。

5. 关于 K–T 条件应用的几点说明

(1) K–T 条件是约束极值存在的必要条件。必要条件是起否定作用的，因此 K–T 条件主要用于判定所得最优点是否为约束最优点。

(2) 对目标函数或约束函数为非凸的优化问题（非凸规划问题），K–T 条件可能是局部极小点；对目标函数和可行域为凸的优化问题（凸规划问题），K–T 点为全域最小点，即此时 K–T 条件成为约束极值存在的充要条件。

(3) 约束函数表达式不同，K–T 条件的表达式有变。建议运用 K–T 条件时，先将约束条件处理为 $g(\boldsymbol{X}) \leqslant 0$ 形式。

(4) 对于同时存在等式约束和不等式约束条件的情况，K–T 条件采用以下形式

$$-\nabla f(\boldsymbol{X}^{(k)}) = \sum_{i=1}^{m} \lambda_i \nabla g_u(\boldsymbol{X}^{(k)}) + \sum_{j=1}^{p} u_j \nabla h_v(\boldsymbol{X}^{(k)})$$

(5.2.10)

式中，$\lambda_i \geqslant 0$ 是常数（非负）；u_j 不全为 0。

例 5.2–3　用 K–T 条件判断 $\boldsymbol{X}^* = \begin{bmatrix} 1 & 1 & 1 \end{bmatrix}^{\mathrm{T}}$ 是不是下列约束优化问题的最优解。

$$\begin{cases} \min f(\boldsymbol{X}) = -3x_1^2 + x_2^2 + 2x_3^2 \\ \text{s. t. } g_1(\boldsymbol{X}) = x_1 - x_2 \leqslant 0 \\ g_2(\boldsymbol{X}) = x_1^2 - x_3^2 \leqslant 0 \\ g_3(\boldsymbol{X}) = -x_1 \leqslant 0 \\ g_4(\boldsymbol{X}) = -x_2 \leqslant 0 \\ g_5(\boldsymbol{X}) = -x_3 \leqslant 0 \end{cases}$$

解　要利用 K–T 条件判断设计点是不是约束优化问题的最优解，首先要判断哪些约束条件是起作用约束。判断某个约束条件是不是起作用约束，可将设计点 $\boldsymbol{X}^*$ 代入该

约束条件。若 $g_i(\boldsymbol{X}^*)=0$，则约束条件 $g_i(\boldsymbol{X}^*)\leqslant 0$ 是起作用约束；若 $g_i(\boldsymbol{X}^*)\neq 0$，则约束条件 $g_i(\boldsymbol{X}^*)\leqslant 0$ 是不起作用约束，在运用 K-T 条件时不予考虑。

因此，将点 $\boldsymbol{X}^*=\begin{bmatrix}1&1&1\end{bmatrix}^T$ 代入各约束函数后判断可知，约束条件 $g_1(\boldsymbol{X})$ 和 $g_2(\boldsymbol{X})$ 为起作用约束。

$$\nabla f(\boldsymbol{X}^*)=\begin{bmatrix}-6x_1\\2x_2\\4x_3\end{bmatrix}\Bigg|_{\boldsymbol{X}=\boldsymbol{X}^*}=\begin{bmatrix}-6\\2\\4\end{bmatrix}$$

$$\nabla g_1(\boldsymbol{X}^*)=\begin{bmatrix}1\\-1\\0\end{bmatrix}$$

$$\nabla g_2(\boldsymbol{X}^*)=\begin{bmatrix}2x_1\\0\\-2x_3\end{bmatrix}\Bigg|_{\boldsymbol{X}=\boldsymbol{X}^*}=\begin{bmatrix}2\\0\\-2\end{bmatrix}$$

将 $\nabla f(\boldsymbol{X}^*)$、$\nabla g_1(\boldsymbol{X}^*)$ 和 $\nabla g_2(\boldsymbol{X}^*)$ 代入 K-T 条件，可得

$$-\begin{bmatrix}-6\\2\\4\end{bmatrix}=\lambda_1\begin{bmatrix}1\\-1\\0\end{bmatrix}+\lambda_2\begin{bmatrix}2\\0\\-2\end{bmatrix}$$

解方程组可得

$$\lambda_1=2,\lambda_2=2$$

由于 $\lambda_1=2>0$，$\lambda_2=2>0$，满足 K-T 条件，故 $\boldsymbol{X}^*=\begin{bmatrix}1&1&1\end{bmatrix}^T$ 是该约束优化问题的最优解。

从例 5.2-3 可归纳出运用 K-T 条件的一般步骤：

（1）判断起作用约束。

（2）计算目标函数梯度 $\nabla f(\boldsymbol{X}^*)$ 和起作用约束梯度 $\nabla g_i(\boldsymbol{X}^*)$。

（3）代入 K-T 条件，判断 $\lambda_i\geqslant 0$，若满足，则 $\boldsymbol{X}^*$ 为约束极值点。

例 5.2-4 用 K-T 条件求解等式约束问题

$$\begin{cases}\min f(\boldsymbol{X})=(x_1-3)^2+x_2^2\\ \text{s. t. } h(\boldsymbol{X})=x_1+x_2-4=0\end{cases}$$

的最优解。

解 将

$$\nabla f(\boldsymbol{X})=\begin{bmatrix}2(x_1-3)\\2x_2\end{bmatrix}$$

$$\nabla h(\boldsymbol{X})=\begin{bmatrix}1\\1\end{bmatrix}$$

代入 K-T 条件，可得

$$-\begin{bmatrix}2(x_1-3)\\2x_2\end{bmatrix}=u_1\begin{bmatrix}1\\1\end{bmatrix}$$

解方程组可得

$$x_1 = \frac{6-u_1}{2}, \ x_2 = -\frac{u_1}{2}$$

将 x_1 和 x_2 代入等式约束 $h(\boldsymbol{X}) = 0$，求解后得

$$u_1 = -1$$

将 u_1 代入 x_1 和 x_2 的表达式，得到

$$\boldsymbol{X}^* = [7/2 \quad 1/2]^{\mathrm{T}}$$

$\boldsymbol{X}^*$ 为等式约束优化问题的最优解。

对于如例 5.2-4 所示的仅包含等式约束条件的约束优化问题

$$\begin{cases} \min f(\boldsymbol{X}) & \boldsymbol{X} \in \mathbf{R}^n \\ \mathrm{s.\,t.}\, h_v(\boldsymbol{X}) = 0 & (v = 1, 2, \cdots, p) \end{cases}$$

也可通过建立拉格朗日函数来进行求解。拉格朗日函数可写成

$$L(\boldsymbol{X}, u) = f(\boldsymbol{X}) + \sum_{j=1}^{p} u_j h_v(\boldsymbol{X}) \tag{5.2.11}$$

利用极值存在条件，令

$$\nabla L(\boldsymbol{X}^*, u) = 0$$

整理后，得

$$-\nabla f(\boldsymbol{X}^*) = \sum_{j=1}^{p} u_j \, \nabla h_v(\boldsymbol{X}^{(k)}) (u_j \ \text{不全为} \ 0) \tag{5.2.12}$$

显然，式（5.2.12）与前述的 K−T 条件完全一致。因此，对例 5.2-4 也可通过构造拉格朗日函数的方法求解。

构造拉格朗日函数

$$L(\boldsymbol{X}, u) = f(\boldsymbol{X}) + \sum_{j=1}^{p} u_j h_v(\boldsymbol{X}) = (x_1 - 3)^2 + x_2^2 + u(x_1 + x_2 - 4)$$

令

$$\begin{cases} \dfrac{\partial L}{\partial x_1} = 2(x_1 - 3) + u = 0 \\[2mm] \dfrac{\partial L}{\partial x_2} = 2x_2 + u = 0 \\[2mm] \dfrac{\partial L}{\partial u} = x_1 + x_2 - 4 = 0 \end{cases}$$

解方程组可得

$$x_1 = \frac{6-u}{2}, \ x_2 = -\frac{u}{2}$$

将 x_1 和 x_2 代入上面方程组的第三个方程，可得

$$u = -1$$

故等式约束优化问题的最优解 $\boldsymbol{X}^* = [7/2 \quad 1/2]^{\mathrm{T}}$。两种解法结果是一致的。

5.3 优化设计问题的基本解法

5.3.1 优化问题的图解法

将设计变量、目标函数及约束条件的最优解 [最小值点 $\boldsymbol{X}^*$，最小值 $f(\boldsymbol{X}^*)$] 之间的关系用几何图形予以描述，就是优化问题的图解法。对于一些实际问题，通过图形表示可以了解设计变量的取值范围，也可以通过图解法直接得到优化问题的解。

假设给定优化设计问题为

$$\min f(\boldsymbol{X}) = x_1^2 + x_2^2 - 4x_1 + 4 = (x_1 - 2)^2 + x_2^2$$
$$\text{s. t. } g_1(\boldsymbol{X}) = -x_1 + x_2 - 2 \leqslant 0$$
$$g_2(\boldsymbol{X}) = x_1^2 - x_2 + 1 \leqslant 0$$
$$g_3(\boldsymbol{X}) = -x_1 \leqslant 0$$

这是一个二维约束非线性优化的设计问题。先确定其设计空间，再考查其目标函数 $f(\boldsymbol{X})$。显然，在三维空间内目标函数的几何图形为一上凹的旋转抛物面，抛物面的顶点位于 $\boldsymbol{X} = [x_1 \quad x_2]^{\mathrm{T}} = [2 \quad 0]^{\mathrm{T}}$，此点的函数值 $f(\boldsymbol{X}) = 0$，如图 5-21 所示。

如果不考虑约束条件，即求 $f(\boldsymbol{X})$ 的无约束极小值，则旋转抛物面的顶点 $\boldsymbol{X} = [2 \quad 0]^{\mathrm{T}}$ 为极小值点，极小值为 $f(\boldsymbol{X}^*) = 0$。一般来说，无约束优化问题的极值点位于目标函数等值线的中心，称为自然极值点。

如果考虑约束条件，在二维设计空间内，各约束线确定一个约束可行域。画出目标函数的一簇等值线，如图 5-21 所示，它是以点 (2,0) 为圆心的一簇同心圆。根据等值线与可行域的相互关系，在约束可行域内寻找目标函数的极小值点的位置。显然，约束最优点位于约束边界与目标函数等值线的切点（起作用约束），约束极值点 $\boldsymbol{X}^* = [0.58 \quad 1.34]^{\mathrm{T}}$，最优值为 $f(\boldsymbol{X}^*) = 3.8$。

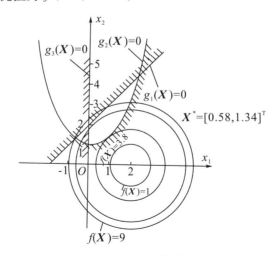

图 5-21 图解法

图解法只适用于一些简单的优化问题。对于 $n>2$ 的约束优化问题，就难以进行直观的几何描述，但可以这样理解 n 维约束优化问题：在 n 个设计变量所构成的设计空间内，由 m 个不等式约束超曲面组成一个可行域 D，优化的任务即是在 D 内找出目标函数值最小的点。对于约束优化问题来说，最小点一定落在某个约束边界上，是该约束边界与目标函数等值超曲面的切点。

5.3.2　优化问题的数值迭代法

由于实际工程优化问题中，目标函数及约束函数大多数都是非线性的，有时对它们进行解析（求导）运算是十分困难的，甚至是不可能的，所以在实践中仅能解决小型和简单的问题，对于大多数工程实际问题是无能为力的。随着电子计算机技术的发展，为优化设计提供了另一种寻优途径——数值迭代法，它是优化设计问题的基本解法，是真正实用的寻优手段。

5.3.2.1　数值迭代法

数值迭代法是一种近似的优化算法。它根据目标函数的变化规律，以适当的步长沿着能使目标函数值下降的方向，逐步向目标函数值的最优点进行探索，最终逼近到目标函数的最优点或直至达到最优点。

下面以二维优化问题为例说明数值迭代法的基本思想。如图 5－22 所示，首先选择一个初始点 $\boldsymbol{X}^{(0)}$，从 $\boldsymbol{X}^{(0)}$ 出发，按照某种方法确定一个使目标函数值下降的可行方向，沿该方向走一定的步长 α_0，得到一个新的设计点 $\boldsymbol{X}^{(1)}$，$\boldsymbol{X}^{(1)}$ 与 $\boldsymbol{X}^{(0)}$ 的函数值应满足以下下降关系

$$f(\boldsymbol{X}^{(0)}) > f(\boldsymbol{X}^{(1)})$$

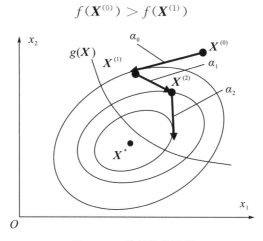

图 5－22　数值迭代过程

然后，再以 $\boldsymbol{X}^{(1)}$ 为出发点，采用相同的方法，得到第二个点 $\boldsymbol{X}^{(2)}$；重复以上步骤，依次得到点 $\boldsymbol{X}^{(3)}$，$\boldsymbol{X}^{(4)}$，…，$\boldsymbol{X}^{(n)}$，直至得到一个近似最优点 $\boldsymbol{X}^{*}$，它与理论最优点的近似程度应满足一定的精度要求。

数值迭代法的基本思想就是：由一点 $\boldsymbol{X}^{(k)}$ 出发，先找出一个使目标函数值下降最快

的方向 $S^{(k)}$，再沿 $S^{(k)}$ 方向搜索，找出使目标函数值达到最小所走的最优步长 α_k。

5.3.2.2 数值迭代法的迭代格式

为了优化过程的顺利进行以及便于计算机编程，通常选用一种适用于反复计算的迭代格式

$$\boldsymbol{X}^{(k+1)} = \boldsymbol{X}^{(k)} + \alpha_k \boldsymbol{S}^{(k)} \quad (k = 0,1,\cdots) \tag{5.3.1}$$

式中，$\boldsymbol{X}^{(k+1)}$ 为第 k 次迭代所得的新设计点（终点），也是下一次（$k+1$ 次）迭代的出发点；第一次迭代时，$\boldsymbol{X}^{(k+1)} = \boldsymbol{X}^{(1)}$；$\boldsymbol{X}^{(k)}$ 为第 k 次迭代的出发点，也是上一次（$k-1$ 次）迭代所得的终点；初始迭代（$k=0$）时，$\boldsymbol{X}^{(k)} = \boldsymbol{X}^{(0)}$；$\boldsymbol{S}^{(k)}$ 为第 k 次迭代的搜索方向（寻优方向）；α_k 为第 k 次迭代的搜索步长（或称步长因子、最优步长等）。

在一系列的迭代过程中，各迭代点的目标函数值应满足如下的递减关系

$$f(\boldsymbol{X}^{(0)}) > f(\boldsymbol{X}^{(1)}) > \cdots > f(\boldsymbol{X}^{(k)}) > f(\boldsymbol{X}^{(k+1)}) > \cdots$$

且 $\boldsymbol{X}^{(k)} \in D$。

从迭代格式式（5.3.1）中可以看出，迭代法的中心问题是求步长因子 α_k 及最优方向 $\boldsymbol{S}^{(k)}$。只要步长 α_k 和搜索方向 $\boldsymbol{S}^{(k)}$ 确定，迭代过程就可以一直延续下去。由此可知，实用的优化方法的主要研究内容包括三个方向：

（1）如何选取初始点 $\boldsymbol{X}^{(0)}$ 对迭代过程最为有利。

（2）如何选取寻优方向 $\boldsymbol{S}^{(k)}$ 使目标函数值下降最快。

（3）如何选取步长因子 α_k。

5.3.2.3 数值迭代法的终止准则

从理论上说，任何一种迭代方法都可以产生无穷的点序列 $\{\boldsymbol{X}^{(k)}\}$（$k=0,1,\cdots$）而且只要迭代是收敛的，当 $k \to \infty$ 时，有 $\boldsymbol{X}^{(k)} \to \boldsymbol{X}^*$，即 $\lim\limits_{k \to \infty} \boldsymbol{X}^{(k)} = \boldsymbol{X}^*$。而在实际优化过程中，不可能也不必要迭代无穷多次，只要迭代点在满足一定精度条件下接近最优点便可终止迭代。同时注意到，在迭代寻优过程中，极值点 $\boldsymbol{X}^*$ 也是未知的，因此只能借助于相邻两个迭代点的误差来代替迭代点与极值点的误差。

判断搜索过程中的迭代点与极值点近似程度的方法称为终止准则。终止准则通常有以下三种：

（1）迭代点的梯度的模充分小。

根据前述可知，无约束极值点的必要条件为 $\nabla f(\boldsymbol{X}^{(k)}) = \boldsymbol{0}$。当

$$\|\nabla f(\boldsymbol{X}^{(k)})\| = \sqrt{\sum_{i=1}^{n} \left(\frac{\partial f(\boldsymbol{X}^{(k)})}{\partial x_i}\right)^2} \leqslant \varepsilon_1$$

则认为 $\boldsymbol{X}^* = \boldsymbol{X}^{(k)}$。此准则适用于无约束优化问题。

（2）相邻迭代点之间的距离充分小。

相邻两个迭代点之间的距离小于给定精度，当

$$\|\boldsymbol{X}^{(k+1)} - \boldsymbol{X}^{(k)}\| = \sqrt{\sum_{i=1}^{n} (x_i^{(k+1)} - x_i^{(k)})^2} \leqslant \varepsilon_2$$

不存在可行下降方向，则认为 $\boldsymbol{X}^* = \boldsymbol{X}^{(k+1)}$。

（3）相邻两个迭代点的目标函数值的下降量或相对下降量充分小。

当

$$\left\| f(\boldsymbol{X}^{(k+1)}) - f(\boldsymbol{X}^{(k)}) \right\| \leqslant \varepsilon_3$$

或

$$\left\| \frac{f(\boldsymbol{X}^{(k+1)}) - f(\boldsymbol{X}^{(k)})}{f(\boldsymbol{X}^{(k)})} \right\| \leqslant \varepsilon_4$$

则认为 $\boldsymbol{X}^* = \boldsymbol{X}^{(k+1)}$。

以上各式中的 ε_1、ε_2、ε_3、ε_4 是具有不同物理意义的精度值，可根据工程实际问题对精度的要求及迭代方法而定。这三种准则都在一定程度上，从不同侧面反映了达到最优点的程度，在实际应用中，常将一个或多个终止准则同时使用，以确保所得的最优解的可靠性。

5.3.3　优化方法分类

优化方法，也可称为优化算法或寻优方法，是求解各类优化问题的数值迭代算法，种类繁多。考虑问题的侧重点不同，分类方法也不同。不同类型的优化设计问题可以有不同的优化方法，即使同一类型的优化问题，也可能有多种优化方法。相反地，某些优化方法可适用于不同类型优化问题的数学模型求解。

根据优化设计数学模型中目标函数与约束函数的性态，可将传统优化方法分为线性优化方法和非线性优化方法。当目标函数和约束函数均为线性函数时，则为线性优化；线性优化多用于生产组织和管理问题的优化求解，单纯形法是线性优化中应用最广的方法之一。如果目标函数和约束函数中至少有一个非线性函数，则为非线性优化。非线性优化方法是解决过程设计设计问题的最为常用的优化方法。

根据设计空间的维数或设计变量的数目，将优化方法分为一维优化和多维优化。一维优化方法是优化方法中最简单、最基本的方法，有黄金分割法（0.618 法）、二次插值法等，它们是多维优化的基础。另外，根据设计变量的性质不同，可分为离散变量优化和连续变量优化等。

根据数据模型中有无约束条件，将优化方法分为无约束优化方法和约束优化方法。无约束优化方法主要包括梯度法（最速下降法）、牛顿法、变尺度法、共轭梯度法、坐标轮换法、鲍威尔法等；约束优化方法主要包括复合形法、可行方向法、拉格朗日乘数法、惩罚函数法、序列线性规划法等。

根据优化方法的求解特点，还有直接法和间接法之分。直接法就是利用迭代过程已有的信息和再生信息进行寻优，不需要对函数进行求导等解析计算，像坐标轮换法、鲍威尔法、复合形法、可行方向法等都属于直接法；间接法就是在优化过程中利用函数的性态，通过微分法或变分法寻优，或者将原约束优化问题等效转化为线性规划类、无约束优化类或二次规划类等相对简单的优化问题进行求解，像梯度法、牛顿法、变尺度法、共轭梯度法、拉格朗日乘数法、惩罚函数法、序列线性规划法等都是间接优化方法。

对于线性约束优化问题和线性无约束优化问题的优化方法，在理论上和方法实现上已经非常成熟，它们也是求解非线性优化问题的基础。由于非线性约束优化设计问题的目标函数或约束条件中存在设计变量的非线性函数，尽管优化方法也有许多，但是仍需要在计算效率等多个方面继续完善。

从工程应用角度出发，人们陆续提出了与传统优化方法显著不同的现代优化方法（或称为智能优化方法），如神经网络优化方法、遗传算法、模拟退火算法、蚁群算法等。这些优化方法的出发点是尽可能找到复杂优化问题的全局最优解。特别是模拟退火算法和遗传算法，对模型的数学性态没有要求，具有广阔的应用领域，是目前智能优化方法的主要研究内容，并已成为寻找上述困难优化问题近似全局最优解的主要方法。

5.4　一维优化概述

根据 5.3.2 节的优化问题迭代算法可知，从点 $X^{(k)}$ 出发，在搜索方向 $S^{(k)}$ 上的一维搜索的，迭代格式为

$$X^{(k+1)} = X^{(k)} + \alpha_k S^{(k)} \quad (k = 0,1,\cdots)$$

根据迭代格式，易知优化方法的主要研究内容包括：确定搜索步长 α_k；确定搜索方向 $S^{(k)}$。

以二维优化问题为例来讨论一维优化的原理。二维函数在设计空间内的几何表示——等值线，如图 5-23 所示。

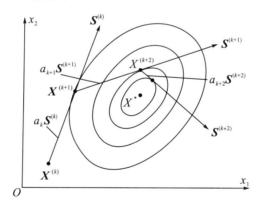

图 5-23　二维优化的降维处理

在优化过程中，假设第 k 步迭代搜索的出发点 $X^{(k)}$ 为已知，迭代方向 $S^{(k)}$ 已给定，则优化的任务就是从 $X^{(k)}$ 点出发，沿方向 $S^{(k)}$ 求函数的极小值点

$$\min f(X^{(k+1)}) = \min f(X^{(k)} + \alpha_k S^{(k)}) \tag{5.4.1}$$

显然，由于 $X^{(k)}$ 和 $S^{(k)}$ 已经确定，所以式 (5.4.1) 表示对包含唯一变量 α_k 的一元函数 $f(X^{(k)} + \alpha_k S^{(k)})$ 求极小值，得到最优步长 α_k，从而确定从 $X^{(k)}$ 出发沿 $S^{(k)}$ 方向上的一维极小值点 $X^{(k+1)}$ 由此可见，这里一维问题求解的实质就是确定最优步长 α_k。因此，式

（5.4.1）又可写为

$$\min f(\boldsymbol{X}^{(k+1)}) = \min f(\alpha_k) = \min f(\boldsymbol{X}^{(k)} + \alpha_k \boldsymbol{S}^{(k)}) \tag{5.4.2}$$

如图 5-21 所示，下一次寻优就是从 $\boldsymbol{X}^{(k+1)}$ 出发，再确定一个搜索方向 $\boldsymbol{S}^{(k+1)}$，然后沿 $\boldsymbol{S}^{(k+1)}$ 方向求最优步长 α_{k+1}，得到该方向上的极小点 $\boldsymbol{X}^{(k+2)}$。如此反复进行搜索和求解，直到满足迭代终止准则，得到极值点 $\boldsymbol{X}^*$。

由二维优化问题的搜索迭代过程可知，当搜索方向 $\boldsymbol{S}^{(k)}(k = 0, 1, \cdots)$ 确定之后，多维优化问题就转化为多个一维优化问题。所以一维搜索是多维优化的基础，即每种多维优化方法都包含有一维搜索的过程。

当然，当目标函数 $f(\boldsymbol{X})$ 可以进行解析运算时，可以采用解析法求得最优步长 α_k。在搜索迭代过程中所得到的各极小点 $(\boldsymbol{X}^{(1)}, \boldsymbol{X}^{(2)}, \cdots, \boldsymbol{X}^{(k)}, \boldsymbol{X}^{(k+1)}, \cdots)$ 用变量 $\boldsymbol{X}$ 表示，则

$$\boldsymbol{X} = \boldsymbol{X}^{(k)} + \alpha \boldsymbol{S}^{(k)}$$

每次迭代的目标函数值为

$$f(\boldsymbol{X}) = f(\boldsymbol{X}^{(k)} + \alpha \boldsymbol{S}^{(k)}) = f(\alpha)$$

把函数 $f(\boldsymbol{X}^{(k)} + \alpha \boldsymbol{S}^{(k)})$ 在 $\boldsymbol{X}^{(k)}$ 点附近小邻域内沿 $\boldsymbol{S}^{(k)}$ 方向做二阶泰勒级数展开，得到

$$f(\boldsymbol{X}) = f(\boldsymbol{X}^{(k)}) + \alpha \cdot [\nabla f(\boldsymbol{X}^{(k)})]^{\mathrm{T}} \cdot \boldsymbol{S}^{(k)} + \frac{1}{2}\alpha^2 \cdot [\boldsymbol{S}^{(k)}]^{\mathrm{T}} \cdot \nabla^2 f(\boldsymbol{X}^{(k)}) \cdot \boldsymbol{S}^{(k)}$$

$$\tag{5.4.3}$$

式中，唯一自变量为 α，对式（5.4.3）求导并令导函数等于 0，有

$$\frac{\partial f}{\partial \alpha} = [\nabla f(\boldsymbol{X}^{(k)})]^{\mathrm{T}} \cdot \boldsymbol{S}^{(k)} + \alpha \cdot [\boldsymbol{S}^{(k)}]^{\mathrm{T}} \cdot \nabla^2 f(\boldsymbol{X}^{(k)}) \cdot \boldsymbol{S}^{(k)} = 0$$

解方程即可得到最优步长 α_k 的解析表达式为

$$\alpha_k = -\frac{[\nabla f(\boldsymbol{X}^{(k)})]^{\mathrm{T}} \cdot \boldsymbol{S}^{(k)}}{[\boldsymbol{S}^{(k)}]^{\mathrm{T}} \cdot \nabla^2 f(\boldsymbol{X}^{(k)}) \cdot \boldsymbol{S}^{(k)}} \tag{5.4.4}$$

通过以上推导可知，用解析法确定最优步长 α_k，需要求解函数的一阶和二阶导数，而实际优化过程的求解是很困难的，因此这种解析的方法只是理论上有意义。在实际应用中，一般使用直接搜索的方法——一维优化方法。

一维优化的方法有很多，如等分法、Fibonacci 分数法（Fibonacci 法）、黄金分割法（0.618 法）、二次插值法及三次插值法等。一般来说，方法简单，收敛速度慢；方法复杂，收敛速度快，利弊共存。本章将重点介绍最常用的两种一维优化方法：黄金分割法与二次插值法，前者简单，后者稍复杂。

一维优化（搜索）分为两步进行：第一步需要确定极小值点所在的初始搜索区间，搜索区间为单峰区间并且在区间内目标函数应只有一个极小值点；第二步是在该搜索区间内确定函数的极小值点——最优步长 α_k。

5.5 外推法确定初始单谷区间

5.5.1 单谷（峰）区间

常用的一维优化方法都是通过逐步缩小极值点所在的搜索区间来求最优解的。一般情况下，我们并不知道一元函数 $f(x)$ 极值点所处的大概位置，所以也就不知道极值点所在的具体区域。由于搜索区间范围的确定及其大小直接影响着优化方法的收敛速度及计算精度。因此，一维优化的第一步应首先确定一个初始搜索区间（即仅有一个谷值或峰值），并且在该区间内函数有唯一的极小值存在。如图 5-24 所示，在 $S^{(k)}$ 方向上，区间 $[a_1, a_3]$ 为一维搜索前所确定的单谷区间，希望该区间越小越好，并且仅存在唯一极小点 a^*。

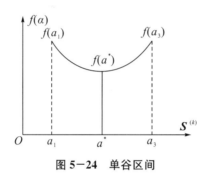

图 5-24 单谷区间

所确定的单谷区间应具有如下性质：如果在 $[a_1, a_3]$ 区间内任取一点 a_2，$a_1 < a_2 < a_3$ 或 $a_3 < a_2 < a_1$，则必有

$$f(a_1) > f(a_2) < f(a_3)$$

由此可知，单谷区间有一个共同特点：函数值的变化规律呈现"大→小→大"或"高→低→高"的趋势，在极小点的左侧，函数值呈严格下降趋势，在极小点的右侧，函数值呈严格上升趋势，这正是确定单谷区间的依据。

5.5.2 单谷区间的确定

外推法是确定单谷搜索区间的常用方法，是一种通过比较函数值大小来确定单峰区间的方法，程序框图如图 5-25 所示。已知一元函数 $f(a)$，假设在某搜索方向 S 上，以给定初始搜索步长 h，从 a_0 出发沿着目标函数值下降的方向，逐步前进（或后退），直到找到相继的 3 个计算点的函数值出现"大→小→大"的趋势为止。具体步骤如下：

（1）给定 a_0、h。

（2）令 $a_1 = a_0$，搜索一步得到 $a_2 = a_1 + h$。搜索区间的缩小是通过比较各点函数值的大小实现的，因此计算 a_1 和 a_2 的函数值 $f(a_1)$ 和 $f(a_2)$，记 $f_1 = f(a_1)$，$f_2 = f(a_2)$。

（3）比较 f_1 与 f_2。

若 $f_1 > f_2$，说明函数值呈下降趋势，则继续以 a_2 为出发点，h 为步长，计算 $a_3 = a_2 + h$，搜索一步得到点 a_3，记 $f_3 = f(a_3)$ [图 5—26(a)]；若 $f_1 < f_2$，说明函数值呈上升趋势，应改变搜索方向，令 $h = -h$，同时需将 a_1 和 a_2、f_1 和 f_2 的变量名互换以利于程序编制 [图 5—26(b)]；然后再以 a_2 为出发点，h 为步长，计算 $a_3 = a_2 + h$，搜索一步得到点 a_3，并记 $f_3 = f(a_3)$。

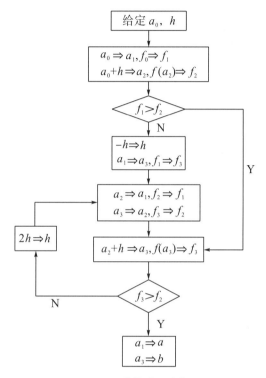

图 5—25 外推法程序框图

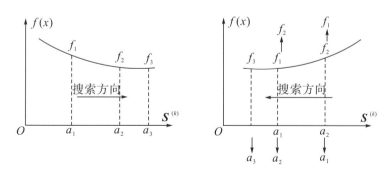

图 5—26 改变搜索方向

（4）比较 f_2 与 f_3。

若 $f_3 > f_2$，如图 5—27 所示，则区间 $[a_1, a_3]$ 具有单谷区间的"高→低→高"特征，输出单谷区间 $[a_1, a_3]$；若 $f_3 < f_2$，说明函数值仍是下降趋势，保持搜索方向不变；为了提高程序执行效率，将步长加倍 $h = 2h$，同时需将变量进行替换，$a_1 = a_2$，

$f_1 = f_0$，$a_0 = a_3$，$f_0 = f_3$，重新获取新点 a_0，并比较 f_3 与 f_2 的大小，如图 5-28 所示。变量替换是为了减少计算机程序的变量个数，便于编程，而且能够使最终得到的单谷区间用 $[a_1, a_3]$ 表示。

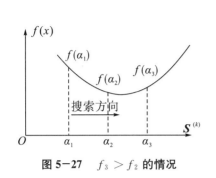

图 5-27 $f_3 > f_2$ 的情况

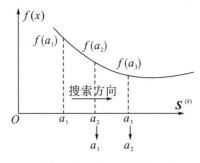

图 5-28 $f_3 < f_2$ 的情况

（5）上述搜索过程反复进行，直到出现函数值符合"高→低→高"的特征，即可确定所需的单谷区间 $[a_1, a_3]$。

例 5.5-1   用外推法确定一元函数 $f(x) = 3x^2 - 7x + 5$ 的单谷区间。给定 $x_0 = 0$，$h = 0.3$。

解   根据图 5-25 的程序框图，计算过程如下：

$$x_1 = x_0 = 0, f_1 = f(x_1) = 5$$
$$x_2 = x_1 + h = 0.3, f_2 = f(x_2) = 3.17$$

比较 f_2 与 f_1。由于 $f_1 > f_2$，函数值呈下降趋势，需继续向前搜索。

$$x_3 = x_2 + h = 0.6, f_3 = f(x_3) = 1.88$$

比较 f_3 与 f_2。由于 $f_2 > f_3$，需继续搜索，取步长 $h = 2h = 0.6$，并做变量替换：

$$x_1 = x_2 = 0.3, f_1 = f_2 = 3.17$$
$$x_2 = x_3 = 0.6, f_2 = f_3 = 1.88$$

搜索得到新点：

$$x_3 = x_2 + h = 1.2, f_3 = f(x_3) = 0.92$$

比较 f_3 与 f_2。由于 $f_2 > f_3$，需继续搜索，再次加大步长，$h = 2h = 1.2$，变量替换：

$$x_1 = x_2 = 0.6, f_1 = f_2 = 1.88$$
$$x_2 = x_3 = 1.2, f_2 = f_3 = 0.92$$

搜索得到新点：

$$x_3 = x_2 + h = 2.4, f_3 = f(x_3) = 5.48$$

比较 f_3 与 f_2。由于 $f_1 > f_2$，$f_2 < f_3$，呈现单谷区间的"高→低→高"特征，故所求函数的单谷区间为 $[a_1, a_3] = [0.6, 2.4]$。

由外推法得到的单谷区间可能是 $[a_1, a_3]$，也可能是 $[a_3, a_1]$，但它们都含有唯一的极小值点，不影响一维搜索的最终结果。

5.6　黄金分割法

黄金分割法是实际优化应用中应用最广泛的一维搜索方法，是一种等比例的直接搜索方法，通过不断缩小单谷区间，直至区间长度小于等于规定精度，从而得到最优解的数值近似解。因为每次缩小后的区间长度与原区长度之比为 0.618，故又称为 0.618 法。

黄金分割是公元前六世纪古希腊数学家毕达哥拉斯所发现，后来古希腊美学家柏拉图将此称为黄金分割。千百年来，它被广泛运用于几何学、建筑设计、绘画艺术、舞台艺术、音乐艺术、管理等方面，甚至也存在于自然界中。

5.6.1　区间消去法的基本原理

区间消去法的基本原理是逐步缩小搜索区间，直至搜索区间范围达到要求的精度范围为止。

假设目标函数为 $f(\boldsymbol{X}^{(k)} + \alpha_k \boldsymbol{S}^{(k)}) = f(\alpha)$，单谷区间 $[a_1, a_3]$ 为已知，区间长度为 $a_3 - a_1 = l$。现在的任务是求该区间内在给定搜索方向 $\boldsymbol{S}^{(k)}$ 上的极小值点 a^*。

首先，在 $[a_1, a_3]$ 内对称地选取两个点 a_2 和 a_4，且满足

$$a_2 = a_3 - \lambda(a_3 - a_1) \tag{5.6.1}$$

$$a_4 = a_1 + \lambda(a_3 - a_1) \tag{5.6.2}$$

式中，$0 < \lambda < 1$ 为单谷区间的缩小系数。

计算点 a_2 和 a_4 的函数值，记 $f_2 = f(a_2)$，$f_4 = f(a_4)$ 并比较 f_2 与 f_4 的大小，可能存在三种情况，如图 5-29 所示。

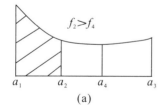
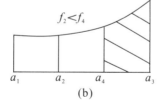
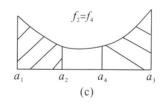

$$(a) \qquad\qquad (b) \qquad\qquad (c)$$

图 5-29　比较 f_2 和 f_4 大小

区间消去法是黄金分割法的基础，其基本原理是逐步缩小搜索区间，直至搜索区间范围达到要求的精度范围为止。假定区间缩小系数为 λ，当 $0 < \lambda < 1$，对于任意的 ε，总存在 N，当 $n > N$ 时，有 $\lambda^n l \leqslant \varepsilon$，即用此方法可将单谷区间缩小到任意小，单谷区间两端足够靠近，则可认为找到极小值点 α^*。

(1) $f_2 > f_4$：此时必有极小值点 $a^* \in [a_2, a_3]$，应舍去区间 $[a_1, a_2]$，保留的区间长度为 λl，缩小后的新区间为 $[a_2, a_3]$。

(2) $f_2 < f_4$：此时必有极小值点 $a^* \in [a_1, a_4]$，应舍去区间 $[a_4, a_3]$，保留的区间长度为 λl，缩小后的新区间为 $[a_1, a_4]$。

（3）$f_2 - f_4$. 此时必有极小值点 $a^* \in [a_2, a_4]$，可舍去区间 $[a_1, a_2]$ 或 $[a_4, a_3]$，为了规范优化程序，可将（3）与（1）或（2）合并。

经过 f_2 和 f_4 的比较和区间取舍后，缩小后所得的新区间长度均为 λl，将区间端点重新命名为 $[a_1, a_3]$，就可继续进行新一轮的区间缩小操作。在新区间内再按式（5.6.1）和式（5.6.2）取两个内点 a_2、a_4，并比较其函数值 f_2、f_4，就可将单谷区间再缩小一次，此时所得新区间长度应为 $\lambda^2 l$。如此循环，经 n 次缩小后，所得区间长度为 $\lambda^n l$。

上述过程中每计算两个内点 a_2 和 a_4 的函数值 f_2 和 f_4 后，才可将单谷区间缩小一次。这对于简单的工程优化问题是可以的，但对于复杂的工程设计问题，就显得计算工作量非常大。我们是否可以每次只计算一个内点的函数值，就可将单谷区间缩小一次？这个回答是肯定的，但是需要合理地选定缩小系数 λ 的大小。

5.6.2 区间缩小系数 λ 的确定

设原区间 $[a_1, a_3]$ 的长度为 1，在区间内取点 a_4，将区间分割成两部分，线段的长度记为 λ，如图 5-30(a) 所示，并满足

$$\frac{\lambda}{1} = \frac{1-\lambda}{\lambda} \quad 且 \lambda > 1-\lambda \tag{5.6.3}$$

由式（5.6.3）可知 $\lambda^2 + \lambda - 1 = 0$，解得

$$\lambda = \frac{-1 \pm \sqrt{5}}{2}$$

舍去负值，取正值，则 $\lambda = \frac{-1+\sqrt{5}}{2} \approx 0.618$。$\lambda$ 称为区间收缩率，它表示每次缩小所得的新区间长度与缩小前区间长度之比，这种分割称为黄金分割。将黄金分割法应用于一维搜索时，在区间内取对称点 a_2 和 a_4，并满足

$$\frac{\lambda}{1} = \frac{\lambda_1}{\lambda} = \frac{1-\lambda}{\lambda} \approx 0.618$$

显然，经过一次分割后，所保留的极值存在的区间要么是 $[a_1, a_4]$，要么是 $[a_2, a_3]$。如图 5-30(b) 所示。

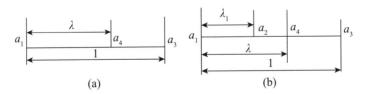

图 5-30 区间缩小与长度变化

因此，只要使搜索区间的缩小系数 $\lambda = 0.618$，就可使前一次的计算点及其函数值留作下一次使用，而每次只需计算一个新点及其函数值，就可将单谷区间缩小一次，大大减少了迭代过程的计算量。

5.6.3 计算程序框图

黄金分割法的程序框图如图 5-31 所示。

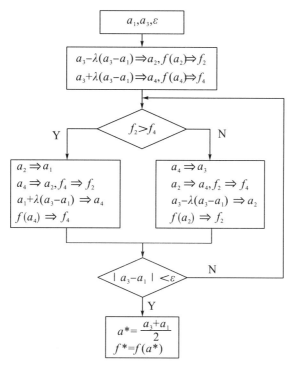

图 5-31　黄金分割法的程序框图

程序框图在使用过程中需要注意的以下四点：

(1) 程序入口的单谷区间 $[a_1, a_3]$ 由外推法来确定，即此框图的程序入口为外推法的出口。

(2) $\lambda = 0.618$。

(3) ε 为收敛精度，根据工程问题的设计要求和设计目标而定。

(4) 满足收敛精度的极小值点取单谷区间的中点，即 $a^* = \dfrac{a_3 + a_1}{2}$。

例 5.6-1　用黄金分割法求函数 $f(x) = 2x^2 - 5x + 9$ 的极小点。给定单谷区间 $[0.6, 2.4]$，收敛精度 $\varepsilon = 0.2$。

解　根据给定的单谷区间 $[0.6, 2.4]$，取 $x_1 = 0.6$，$x_3 = 2.4$。

(1) 第一次缩小区间。

计算两个内点 x_2、x_4 及其函数值 f_2、f_4。

$$x_2 = x_3 - 0.618(x_3 - x_1) = 2.4 - 0.618(2.4 - 0.6) = 1.2876, f_2 = f(x_2) = 5.8778$$
$$x_4 = x_1 + 0.618(x_3 - x_1) = 0.6 + 0.618(2.4 - 0.6) = 1.7124, f_4 = f(x_4) = 6.3026$$

由于 $f_2 < f_4$，故保留区间 $[x_1, x_4] = [0.6, 1.7124]$。做变量替换

$$x_3 = x_4 = 1.7124$$
$$x_4 = x_2 = 1.2876, f_4 = f_2 = 5.8778$$

第一次缩小区间为 $[x_1, x_3] = [0.6, 1.7124]$。因为 $|x_3 - x_1| = 1.1124 > \varepsilon$，所以应继续缩小区间。

（2）第二次缩小区间。

重新选取内点 x_2 并求其函数值 f_2。

$$x_2 = 1.7124 - 0.618(1.7124 - 0.6) = 1.0249, f_2 = f(x_2) = 5.97633$$

由于 $f_2 > f_4$，故保留区间 $[x_2, x_3] = [1.0249, 1.7124]$。做变量替换

$$x_1 = x_2 = 1.0249$$

$$x_2 = x_4 = 1.2876, f_2 = f_4 = 5.8778$$

第二次缩小区间为 $[x_1, x_3] = [1.0249, 1.7124]$。因为 $|x_3 - x_1| = 0.6875 > \varepsilon$，所以应继续缩小区间。

（3）第三次缩小区间。

重新选取内点 x_4 并求其函数值 f_4。

$$x_4 = 1.0249 + 0.618(1.7124 - 1.0249) = 1.4498, f_4 = f(x_4) = 5.9548$$

由于 $f_2 < f_4$，故保留区间 $[x_1, x_4] = [1.0249, 1.4498]$。做变量替换

$$x_3 = x_4 = 1.4498$$

$$x_4 = x_2 = 1.2876, f_4 = f_2 = 5.8778$$

第三次缩小区间为 $[x_1, x_3] = [1.0249, 1.4498]$。因为 $|x_3 - x_1| = 0.4249 > \varepsilon$，所以应继续缩小区间。

（4）第四次缩小区间。

重新选取内点 x_2 并求函数值 f_2。

$$x_2 = 1.4498 - 0.618(1.4498 - 1.0249) = 1.1872, f_2 = f(x_2) = 5.8829$$

由于 $f_2 > f_4$，故保留区间 $[x_2, x_3] = [1.1872, 1.4498]$。做变量替换

$$x_1 = x_2 = 1.1872$$

$$x_2 = x_4 = 1.2876, f_2 = f_4 = 5.8778$$

第四次缩小区间为 $[x_1, x_3] = [1.1872, 1.4498]$。因为 $|x_3 - x_1| = 0.2626 > \varepsilon$，所以应继续缩小区间。

（5）第五次缩小区间。

重新选取内点 x_4 并求其函数值 f_4。

$$x_4 = 1.1872 + 0.618(1.4498 - 1.1872) = 1.3495, f_4 = f(x_4) = 5.8948$$

由于 $f_2 < f_4$，故保留区间 $[x_1, x_4] = [1.2876, 1.4498]$。做变量替换

$$x_3 = x_4 = 1.3495$$

$$x_4 = x_2 = 1.2876, f_4 = f_2 = 5.8778$$

第五次缩小区间为 $[x_1, x_3] = [1.1872, 1.3495]$。因为 $|x_3 - x_1| = 0.16 < \varepsilon$，满足迭代终止准则，说明缩小五次后的区间端点已经比较接近。这时可计算内点 x_4 并求其函数值 f_4。

$$x_2 = 1.3495 - 0.618(1.3495 - 1.1872) = 1.2492, f_2 = f(x_2) = 5.8750$$

由此可以看到，内点 x_2 和 x_4 的函数值 f_2 和 f_4 也是非常接近。因此，得到极小点和极小值为

$$x^* = \frac{x_3 + x_1}{2} = \frac{1.1872 + 1.3495}{2} = 1.2684, f^* = f(x^*) = 5.8757$$

5.7 二次插值法

插值法是用插值多项式来逼近原函数的一种寻优方法。如果所构造的插值多项式为二次插值多项式，则称为二次插值法，也可称为抛物线法；如果所构造的插值多项式为三次多项式，则称为三次插值法。插值法也是一种直接搜索方法。

二次插值法是利用选取的三个插值节点和函数值，构造一个与目标函数相接近的二次插值多项式，求该多项式的最优解并将此解作为原目标函数的近似最优解，随着区间的逐次缩小，多项式最优解与原函数最优点之间的距离也逐渐缩小，直到满足一定的精度要求迭代终止。

5.7.1 插值函数的构造

如图 5-32 所示，假设已知搜索区间为 $[x_1, x_3]$，在该区间内任选一点 a_2，且 $a_1 < a_2 < a_3$，三点对应的函数值分别记为 f_1、f_2、f_3。这样可在设计空间内得到三个节点 $P_1(a_1, f_1)$、$P_2(a_2, f_2)$ 和 $P_3(a_3, f_3)$。

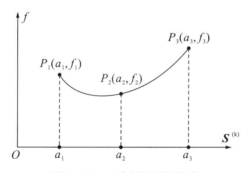

图 5-32 二次插值函数构造

根据插值原理可知，过三个插值节点 P_1、P_2、P_3 可构造一个二次插值多项式，表示为

$$p(\alpha) = a_0 + a_1 \cdot \alpha + a_2 \cdot \alpha^2 \tag{5.7.1}$$

式中，a_0、a_1、a_2 为待定系数，可由插值条件求得

$$\begin{cases} p(\alpha_1) = a_0 + a_1 \cdot \alpha_1 + a_2 \cdot \alpha_1^2 = f_1 \\ p(\alpha_2) = a_0 + a_1 \cdot \alpha_2 + a_2 \cdot \alpha_2^2 = f_2 \\ p(\alpha_3) = a_0 + a_1 \cdot \alpha_3 + a_2 \cdot \alpha_3^2 = f_3 \end{cases} \tag{5.7.2}$$

式（5.7.2）为三元一次方程组，有三个方程、三个未知数。其中 α_1、α_2、α_3 及 f_1、f_2、f_3 均已知，解此方程组可求得系数 a_1、a_2 和 a_3。三个系数的确定后，则二次插值多项式 [式（5.7.1）] 就可以确定。在后续的分析中，只用到系数 a_1 和 a_2，故只列出它们的解：

$$a_1 = \frac{(\alpha_1^2 - \alpha_2^2)f_3 + (\alpha_2^2 - \alpha_3^2)f_1 + (\alpha_3^2 - \alpha_1^2)f_2}{(\alpha_1 - \alpha_2)(\alpha_2 - \alpha_3)(\alpha_3 - \alpha_1)} \tag{5.7.3}$$

$$a_2 = \frac{(\alpha_1 - \alpha_2)f_3 + (\alpha_2 - \alpha_3)f_1 + (\alpha_3 - \alpha_1)f_2}{(\alpha_1 - \alpha_2)(\alpha_2 - \alpha_3)(\alpha_3 - \alpha_1)} \tag{5.7.4}$$

为了求 $p(\alpha)$，对其求导，并令一阶导数等于 0，可得

$$\frac{\mathrm{d}p}{\mathrm{d}\alpha} = a_1 + 2a_2 \cdot \alpha = 0$$

易求得二次插值函数的极值点为

$$\alpha_p^* = -\frac{a_1}{2a_2} \tag{5.7.5}$$

将式 (5.7.3) 和式 (5.7.4) 中的 a_1、a_2 代入 α_p^*，整理得

$$\alpha_p^* = \frac{1}{2} \frac{(\alpha_1^2 - \alpha_2^2)f_3 + (\alpha_2^2 - \alpha_3^2)f_1 + (\alpha_3^2 - \alpha_1^2)f_2}{(\alpha_1 - \alpha_2)f_3 + (\alpha_2 - \alpha_3)f_1 + (\alpha_3 - \alpha_1)f_2} \tag{5.7.6}$$

为了便于计算及表达，设定两个中间变量 c_1 和 c_2，令

$$c_1 = \frac{f_3 - f_1}{\alpha_3 - \alpha_1}$$

$$c_2 = \frac{\dfrac{f_2 - f_1}{\alpha_2 - \alpha_1} - c_1}{\alpha_2 - \alpha_3}$$

则 α_p^* 可简化表示为

$$\alpha_p^* = 0.5\left(\alpha_1 + \alpha_3 - \frac{c_1}{c_2}\right) \tag{5.7.7}$$

显然，α_p^* 是二次插值多项式 $p(\alpha)$ 的极小值点，而不是原函数 $f(\alpha)$ 的极小值点，但 $p(\alpha)$ 是 $f(\alpha)$ 的一个逼近函数，所以也可认为 α_p^* 是 $f(\alpha)$ 极小值点的一个逼近值或近似点。具体如图 5-33 所示，就是在搜索区间 $[a_1, a_3]$ 内，除 a_2 点外，又得到一个接近 $f(\alpha)$ 的极小值点的点 $a_4 = \alpha_p^*$。

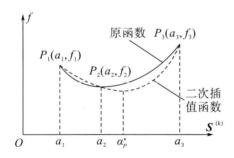

图 5-33 原函数与二次插值函数的逼近

根据区间消去法的原理，通过比较两个内点 a_2 和 α_p^* 的函数值，就可将搜索区间缩小一次，这样经过多次插值计算，可使 α_p^* 不断逼近原函数的极小点 x^*。

5.7.2 搜索区间的缩小

假设在搜索区间 $[a_1, a_3]$ 内，已知内点 a_2 及 $f_2 = f(a_2)$，取 $a_4 = \alpha_p^*$，并计算 $f_4 = f(a_4)$。通过比较 f_2 与 f_4，就可将搜索区间缩小一次，但缩小后的新的搜索区间 a_1、

a_2、a_3、a_4 这四个点的具体分布情况而定。具体情况主要应考虑三点：

（1）由外推法所确定的搜索区间可能是 $[a_1, a_3]$，也可能是 $[a_3, a_1]$，因此搜索区间的端点可能是 $a_1 > a_3$ 或 $a_3 > a_1$。

（2）插值函数的极小值点 a_4 可能大于 a_2，也可能小于 a_2，因此内点可能是 $a_2 > a_4$ 或 $a_4 > a_2$。

（3）两内点函数值可能是 $f_2 > f_4$ 或 $f_4 > f_2$。

综合考虑以上三点，可得到八种具体情况，如图 5-34 所示。

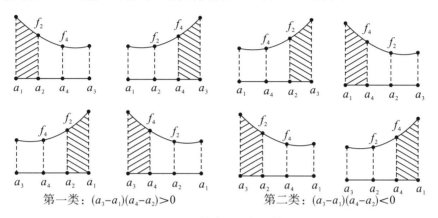

第一类：$(a_3 - a_1)(a_4 - a_2) > 0$　　　　第二类：$(a_3 - a_1)(a_4 - a_2) < 0$

图 5-34　搜索区间缩小情况

可以看到，以上情况分布比较复杂，我们可以将缩小区间的过程分两步进行：

（1）根据各点排序，将八种情况分为两大类。

第一类：$(a_3 - a_1)(a_4 - a_2) > 0$，图 5-34 左侧的四种情况；

第二类：$(a_3 - a_1)(a_4 - a_2) < 0$，图 5-34 右侧的四种情况。

（2）根据两内点函数值 f_2 与 f_4 的大小，每一类情况又可分为两种。

第一类：①若 $f_2 > f_4$，舍去 $[a_1, a_2]$ 或 $[a_2, a_1]$，保留区间 $[a_2, a_3]$ 或 $[a_3, a_2]$，在新区间内进行变量替换，有

$$a_1 = a_2, f_1 = f_2$$
$$a_2 = a_4, f_2 = f_4$$

②若 $f_4 > f_2$，舍去 $[a_4, a_3]$ 或 $[a_3, a_4]$，保留区间 $[a_1, a_2]$ 或 $[a_4, a_1]$，在新区间内进行变量替换，有

$$a_3 = a_4, f_3 = f_4$$

第二类：①若 $f_2 > f_4$，舍去 $[a_2, a_3]$ 或 $[a_3, a_2]$，保留区间 $[a_1, a_2]$ 或 $[a_2, a_1]$，在新区间内进行变量替换，有

$$a_3 = a_2, f_3 = f_2$$
$$a_2 = a_4, f_2 = f_4$$

②若 $f_2 < f_4$，舍去 $[a_1, a_4]$ 或 $[a_4, a_1]$，保留区间 $[a_4, a_3]$ 或 $[a_3, a_4]$，在新区间内进行变量替换，有

$$a_1 = a_4, f_1 = f_4$$

变量替换是为了便于迭代运算。经过替换，缩小后的新区间仍为$[a_1,a_0]$或$[a_3,a_1]$，内点仍为a_2，且它们的函数值均为已知。这样可以利用a_1、a_2和a_3这三个插值节点重新构造二次插值函数，再次将搜索区间缩小。反复这一过程，可将搜索区间缩小到任意小，直至满足精度要求为止。

5.7.3 计算程序框图

二次插值法的程序框图如图5－35所示。

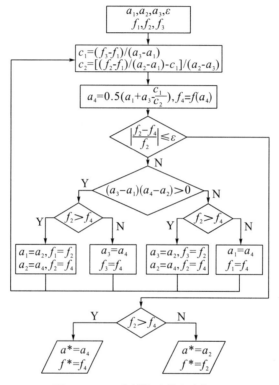

图5－35 二次插值法的程序框图

例5.7－1 用二次插值法求函数$f(x)=2x^2-5x+9$的极小点。给定单谷区间$[0.6,2.4]$，收敛精度$\varepsilon=0.02$。

解 （1）初始插值节点。

$$x_1=0.6,f_1=f(x_1)=6.72$$
$$x_3=2.4,f_3=f(x_3)=8.52$$

取区间内中间点作为内点x_2，则有

$$x_2=\frac{x_3+x_1}{2}=1.5,f_2=f(x_2)=6$$

（2）第一次插值计算（计算二次插值函数的极小点）。

$$c_1=\frac{f_3-f_1}{x_3-x_1}=-1$$

$$c_2 = \frac{\dfrac{f_2 - f_1}{x_2 - x_1} - c_1}{x_2 - x_3} = 2$$

$$x_4 = 0.5\left(x_1 + x_3 - \frac{c_1}{c_2}\right) = 1.25, f_4 = f(x_4) = 5.875$$

（3）第一次缩小区间。

由于 $\left|\dfrac{f_2 - f_4}{f_2}\right| = 0.0208 > \varepsilon$，不满足精度要求，需要继续进行插值搜索计算。首先判断所属类别，由于 $(x_3 - x_1)(x_4 - x_2) < 0$，属于第二大类；$f_2 > f_4$，故舍去区间 $[x_2, x_3]$，保留区间 $[x_1, x_2]$，在新区间内进行变量替换

$$x_3 = x_2 = 1.5, f_3 = f_2 = 6$$
$$x_2 = x_4 = 1.25, f_2 = f_4 = 5.875$$

故第一次缩小后的区间为 $[x_1, x_3] = [0.6, 1.5]$，继续缩小区间。

（4）第二次插值计算。

$$c_1 = \frac{f_3 - f_1}{x_3 - x_1} = -0.8$$

$$c_2 = \frac{\dfrac{f_2 - f_1}{x_2 - x_1} - c_1}{x_2 - x_3} = 2$$

$$x_4 = 0.5\left(x_1 + x_3 - \frac{c_1}{c_2}\right) = 1.25, f_4 = f(x_4) = 5.875$$

（5）第二次缩小区间。

由于 $\left|\dfrac{f_2 - f_4}{f_2}\right| = 0 < \varepsilon$，已满足精度要求，一维搜索结束。因为 $f_2 \geq f_4$，故极小值点和极小值分别为

$$x^* = x_4 = 1.25, f^* = f_4 = 5.875$$

由例 5.7-1 的搜索过程可知，对于二次函数用二次插值法进行一维搜索，在理论上只需进行一次搜索即可得到最优解，所以二次插值法的收敛速度比黄金分割法要快得多。对于非二次函数，随着区间的逐渐缩短，函数的二次性态逐步加强，收敛速度也是较快的。

例 5.7-2　用二次插值法求函数 $f(x) = x^4 - 4x^3 - 6x^2 - 16x + 4$ 的极小点。给定单谷区间 $[-1, 6]$，收敛精度 $\varepsilon = 0.05$。

解　（1）初始插值节点。

$$x_1 = -1, f_1 = f(x_1) = 19$$
$$x_3 = 6, f_3 = f(x_3) = 124$$

取区间内的中间点作为内点 x_2，则有

$$x_2 = \frac{x_3 + x_1}{2} = 2.5, f_2 = f(x_2) = -96.938$$

（2）第一次插值计算（计算二次插值函数的极小值点）。

$$c_1 = \frac{f_3 - f_1}{x_3 - x_1} = -4609.06$$

$$c_2 = \frac{\frac{f_2 - f_1}{x_2 \quad x_1} - c_1}{x_2 - x_3} = -1179.06$$

$$x_4 = 0.5\left(x_1 + x_3 - \frac{c_1}{c_2}\right) = 1.955, f_4 = f(x_4) = -65.467$$

（3）第一次缩小区间。

由于 $\left|\dfrac{f_2 - f_4}{f_2}\right| > \varepsilon$，不满足精度要求，需要继续进行插值搜索计算。首先判断 $(x_3 - x_1)(x_4 - x_2) < 0$，属于第二大类；由于 $f_2 < f_4$，舍去区间 $[x_1, x_4]$，保留区间 $[x_4, x_3]$，在新区间内进行变量替换

$$x_1 = x_4 = 1.955, f_1 = f_4 = -65.467$$

故第一次缩小后的区间为 $[x_1, x_3] = [1.955, 6]$，继续缩小区间。如此反复计算，迭代搜索过程见表 5-1。经过 6 次迭代搜索以后，$\left|\dfrac{f_2 - f_4}{f_2}\right| < \varepsilon$ 满足精度要求。所求的极小值点和极小值分别为

$$x^* = 3.950, f^* = -155.897$$

表 5-1　非二次函数的二次插值法区间缩小

	x_1	x_3	x_2	$f(x_2)$	x^*	$f(x^*)$
初始搜索	-1	6	2.500	-96.938	1.955	-65.467
第 1 次搜索	1.955	6	2.500	-96.938	3.193	-134.539
第 2 次搜索	2.500	6	3.193	-134.539	3.495	-146.776
第 3 次搜索	3.193	6	3.495	-146.776	3.727	-153.104
第 4 次搜索	3.495	6	3.727	-153.104	3.841	-154.977
第 5 次搜索	3.727	6	3.841	-154.977	3.912	-155.685
第 6 次搜索	3.841	6	3.912	-155.685	3.950	-155.897

如果采用黄金分割法进行一维优化，则需进行 11 次缩小区间，得到极小点和极小值

$$x^* = 3.997, f^* = -156.0$$

本章小结

机械优化设计是在进行某种机械产品设计时，在规定的各种设计限制条件下优选设计参数，使一项或几项设计指标获得最优值。工程设计上的"最优值"（Optimum）或"最佳值"是指在满足多种设计目标和约束条件下所获得的最令人满意和最适宜的值。

最优值的概念是相对的，随着科学技术的发展和设计条件的变动，最优化的标准也将发生变化。优化设计反映了人们对客观世界认识的变化，要求人们根据事物的客观规律，在一定的物质基础和技术条件下，得出最优的设计方法。

对机械工程问题进行优化设计，首先需将工程设计问题转化成数学模型，即用优化设计的数学表达式描述工程设计问题，因此，建立优化设计问题的数学模型是进行优化设计的前提条件。在确定设计参数的基础上，以多变量函数描述优化设计目标，以若干个等式或不等式描述约束条件，建立优化问题的数学模型。然后按照数学模型的特点选择合适的优化方法和计算程序，运用计算机求解，最终获得最优的设计方案。

一维优化是优化设计的基础，是优化设计中最简单、最基本的方法，它不仅可以用来解决一维目标函数的优化问题，更重要的是在多目标函数的优化过程中，常常将多维优化问题转化为一系列一维优化问题来求解。

习　题

1. 回顾数学、理论力学、材料力学、电工学等课程，根据所学的有关内容，建立优化模型。

2. 用图解法求优化问题
$$\begin{cases} \min f(\boldsymbol{X}) = x_1^2 + x_2^2 - 4x_2 + 4 \\ \text{s. t } g_1(\boldsymbol{X}) = x_1 - x_2^2 - 1 \geqslant 0 \\ \quad g_2(\boldsymbol{X}) = 3 - x_1 \geqslant 0 \\ \quad g_3(\boldsymbol{X}) = x_2 \geqslant 0 \end{cases}$$

3. 用黄金分割法求 $f(x) = x^2 + 2x$ 在区间 $-3 \leqslant x \leqslant 5$ 上的极小值点，收敛精度为 $\varepsilon = 0.01$。

4. 求函数 $f(x) = (x+1)(x-2)^2$ 的最优解，要求：

(1) 从 $x^{(0)} = 0$ 出发，初始步长 $a^{(0)} = 1$ 确定一个搜索区间；

(2) 用二次插值法求函数的最优解，取 $\varepsilon = 0.01$。

5. 试用二次插值法求函数 $f(x) = 8x^3 - 2x^2 - 7x + 3$ 的最优解，初始搜索区间为 $[0, 2]$，迭代精度 $\varepsilon = 0.01$。

6. 用二次插值法求非二次函数 $f(x) = e^{x+1} - 5(x+1)$ 的最优解，初始搜索区间为 $[-0.5, 2.5]$，迭代精度 $\varepsilon = 0.01$。

第6章　多维优化方法

6.1　概述

工程实际问题所建立的优化数学模型几乎都是多变量的约束优化问题,但无约束优化方法仍是优化方法中最基本的组成部分。一方面,很多约束优化数学模型除了非常接近最终极小点外,都可以按照无约束优化问题来处理;另一方面,解约束问题的一些有效方法就是将约束问题转化为一系列无约束问题求解。

多维无约束优化问题,从数学的角度上看是求目标函数 $f(X)$ 的无条件极值。求解的一类方法需要计算函数的一阶或二阶导数,要充分利用函数的解析式,故称为解析法,如梯度法、牛顿法。另一类方法在迭代过程中只需计算函数值,故称为直接法,如坐标轮换法、模式搜索法和鲍威尔法。相对直接法而言,解析法又称间接法。因为解析法充分利用了函数的解析性质,所以其收敛速度多数比直接法快,但可靠性一般较低。

多维约束优化问题是在可行域 D 内求目标函数的极值,等价于数学上的条件极值问题。约束优化的数学模型一般为

$$\min f(X), X \in D \subset \mathbf{R}^n$$
$$\text{s. t. } g_u(X) \leqslant 0, u = 1, 2, \cdots, m$$
$$h_v(X) = 0, v = 1, 2, \cdots, p \tag{6.1.1}$$

由式(6.1.1)可知,约束条件有等式约束和不等式约束。处理等式约束问题与不等式约束问题的方法不同,使约束优化问题大致分成以下两类。

(1)约束最优化问题的直接法。这种方法主要用于求解仅含不等式约束条件的优化问题,当有等式约束条件时,仅当等式约束函数是较简单的显式,易实现消元时才能使用。直接法的基本思想是在设计可行域内直接求出问题的最优解,也就是选择一个初始点 $X^{(0)}$,然后确定一个可行的搜索方向,以适当的步长进行搜索,得到一个新点,以新点重新作为起点,重复上述步骤,但每次选择的搜索方向和步长都要经过可行性和适用性条件检查。所谓可行性条件即新的迭代点 $X^{(k+1)}$ 必须在可行域内,即满足 $g(X^{(k)}) \leqslant 0$。所谓适应性条件指每次目标函数值有所改善,对极小问题来说就是每次迭代目标函数值要下降,即满足 $f(X^{(k+1)}) < f(X^{(k)})$。本章介绍的可行方向法是该类方法中最典型的一种方法。

(2)约束优化问题的间接法。这种方法对于不等式约束问题和等式约束问题均有

效，其基本思想是按照一定的原则构造一个包含原目标函数和约束条件的新目标函数，将新目标函数的解作为原目标函数的解，即将约束优化问题转换成无约束优化问题求解，这样就可采用研究较为成熟的各种无约束方法求解。本章介绍这类方法中的惩罚函数法。

6.2　梯度法

6.2.1　基本思想及迭代公式

梯度方向就是函数值变化率最大的方向，沿着梯度方向，函数值上升最快，而负梯度方向是函数值下降最快的方向。因此，在求极小值考虑搜索方向时，自然而然会想到用负梯度方向作为一维搜索的方向，即

$$\boldsymbol{S}^{(k)} = -\nabla f(\boldsymbol{X}^{(k)}) \tag{6.2.1}$$

或用单位负梯度矢量来表示

$$\boldsymbol{S}^{(k)} = -\frac{\nabla f(\boldsymbol{X}^{(k)})}{\|\nabla f(\boldsymbol{X}^{(k)})\|} \tag{6.2.2}$$

式中

$$\nabla f(\boldsymbol{X}^{(k)}) = \left[\frac{\partial f}{\partial x_1}, \frac{\partial f}{\partial x_2}, \cdots, \frac{\partial f}{\partial x_n}\right]^{\mathrm{T}}$$

$$\|\nabla f(\boldsymbol{X}^{(k)})\| = \sqrt{\sum_{i=1}^{n}\left(\frac{\partial f}{\partial x_i}\right)^2}$$

因为此法用函数变化率最大的方向作为搜索方向，故又称为最速下降法。梯度法的迭代公式是

$$\boldsymbol{X}^{(k+1)} = \boldsymbol{X}^{(k)} - \lambda_k \nabla f(\boldsymbol{X}^{(k)}) \tag{6.2.3}$$

或

$$\boldsymbol{X}^{(k+1)} = \boldsymbol{X}^{(k)} - \lambda_k \frac{\nabla f(\boldsymbol{X}^{(k)})}{\|\nabla f(\boldsymbol{X}^{(k)})\|} \tag{6.2.4}$$

式中，步长 λ_k 可以任选，只要保证 $f(\boldsymbol{X}^{(k+1)}) < f(\boldsymbol{X}^{(k)})$ 即可，较多的是沿负梯度方向进行一维搜索，找出其最优点作下一步迭代点，即

$$\min_{\lambda} f\left[\boldsymbol{X}^{(k)} - \lambda \nabla f(\boldsymbol{X}^{(k)})\right] = f\left[\boldsymbol{X}^{(k)} - \lambda_k \nabla f(\boldsymbol{X}^{(k)})\right] \tag{6.2.5}$$

6.2.2　迭代过程及算法框图

梯度法的迭代步骤如下：

（1）任取初始点 $\boldsymbol{X}^{(0)}$，选定迭代精度 ε。令 $k=0$。

（2）计算 $\nabla f(\boldsymbol{X}^{(k)})$。

（3）若 $\|\nabla f(\boldsymbol{X}^{(k)})\| \leqslant \varepsilon$，则迭代停止，$\boldsymbol{X}^{(k)}$ 即所求之最优点，否则进行步骤（4）。

（4）求单变量极值问题的最优解 λ_k。

$$f\left[\boldsymbol{X}^{(k)}-\lambda_h \nabla f(\boldsymbol{X}^{(k)})\right]=\min f\left[\boldsymbol{X}^{(k)}-\lambda \nabla f(\boldsymbol{X}^{(k)})\right], \lambda \geqslant 0$$

（5）令 $\boldsymbol{X}^{(k+1)}=\boldsymbol{X}^{(k)}-\lambda_k \nabla f(\boldsymbol{X}^{(k)})$，$k=k+1$ 转步骤（2）。

梯度法的算法框图如图 6-1 所示。

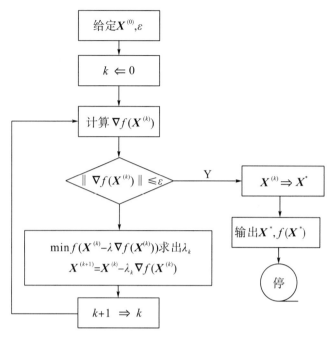

图 6-1　梯度法的计算法框图

例 6.2-1　用梯度法求二元二次目标函数 $f(\boldsymbol{X})=x_1^2+25x_2^2$ 的最优解，初始点取为 $\boldsymbol{X}^{(0)}=[2,2]^T$，迭代精度 $\varepsilon=0.005$。

解　函数的梯度为

$$\nabla f(\boldsymbol{X})=\begin{bmatrix}\dfrac{\partial f}{\partial x_1}\\[2mm]\dfrac{\partial f}{\partial x_2}\end{bmatrix}=\begin{bmatrix}2x_1\\50x_2\end{bmatrix}$$

$\boldsymbol{X}^{(0)}$ 点处的函数值及梯度值为

$$f(\boldsymbol{X}^{(0)})=104,\nabla f(\boldsymbol{X}^{(0)})=\begin{bmatrix}4\\100\end{bmatrix}$$

沿 $\boldsymbol{X}^{(0)}$ 点的负梯度方向 $-\nabla f(\boldsymbol{X}^{(0)})$ 做一维搜索，则有

$$\varphi(\lambda)=f(\boldsymbol{X}^{(0)}-\lambda \nabla f(\boldsymbol{X}^{(0)}))=(2-4\lambda)^2+25(2-100\lambda)^2$$

令 $\varphi'(\lambda)=2(2-4\lambda)(-4)+50(2-100\lambda)(-100)=0$，可解出 $\lambda_0=0.020031$。从而得

$$\boldsymbol{X}^{(1)}=\boldsymbol{X}^{(0)}-\lambda_0 \nabla f(\boldsymbol{X}^{(0)})=\begin{bmatrix}1.919877\\-0.003072\end{bmatrix}$$

$$f(\boldsymbol{X}^{(1)})=3.686164$$

$$\|\nabla f(\boldsymbol{X}^{(1)})\|=3.8428>\varepsilon$$

继续进行迭代，各次迭代计算结果见表 6-1。

表 6-1　梯度法计算示例

k	$\boldsymbol{X}^{(k)}$	$f(\boldsymbol{X}^{(k)})$	$\nabla f(\boldsymbol{X}^{(k)})$	$\|\nabla f(\boldsymbol{X}^{(k)})\|$	λ_k
0	$\begin{bmatrix} 2 \\ 2 \end{bmatrix}$	104	$\begin{bmatrix} 4 \\ 100 \end{bmatrix}$	100.0799	0.0200312
1	$\begin{bmatrix} 1.919877 \\ -0.003072 \end{bmatrix}$	3.686164	$\begin{bmatrix} 3.839754 \\ -0.153589 \end{bmatrix}$	3.8428	0.4815387
2	$\begin{bmatrix} 0.07088691 \\ 0.07088738 \end{bmatrix}$	0.130650	$\begin{bmatrix} 0.1417738 \\ 3.544369 \end{bmatrix}$	3.5500	0.0200307
3	$\begin{bmatrix} 0.06804708 \\ -0.0001088 \end{bmatrix}$	0.004630	$\begin{bmatrix} 0.1360942 \\ -0.005443 \end{bmatrix}$	0.1362	0.4815385
4	$\begin{bmatrix} 0.00251250 \\ 0.00251250 \end{bmatrix}$	0.000164	$\begin{bmatrix} 0.00502501 \\ 0.1256254 \end{bmatrix}$	0.1257	0.200307
5	$\begin{bmatrix} 0.00241185 \\ -0.00000386 \end{bmatrix}$	0.000006	$\begin{bmatrix} 0.0048237 \\ -0.0001929 \end{bmatrix}$	0.0049	—

经过 5 次迭代后，得

$$\|\nabla f(\boldsymbol{X}^{(5)})\| = 0.0049 < \varepsilon$$

可得最优解为

$$\boldsymbol{X}^* = \begin{bmatrix} 0.00241185 \\ -0.00000386 \end{bmatrix}$$

$$f(\boldsymbol{X}^*) = 0.000006$$

由例 6.2-1 可以看到，梯度法在迭代点离最优点较远的几步，目标函数值的下降是很快的，但当迭代点接近最优点邻域时，函数值下降变得缓慢起来。例 6.2-1 的搜索路径图形如图 6-2 所示。

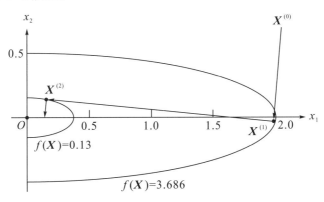

图 6-2　梯度法计算过程示例

6.2.3　梯度法讨论

梯度法的优点是程序简单，每次迭代所需的计算量小，储存量也少，对初始点 $\boldsymbol{X}^{(0)}$

要求不高，即使从一个不太好的初始点出发，往往也能收敛到局部极小点。

梯度法的缺点是收敛慢，是否与函数值最速下降有矛盾呢？最速下降是函数值在某一点的变化率而言，是一个局部的性质，从全局来看并不是最速下降方向。因为对一般的正定二次函数，其等值线是一簇同心椭圆，如图 $6-3$(a) 所示，若从迭代点 $\boldsymbol{X}^{(k)}$ 出发，沿 $\boldsymbol{S}^{(k)} = -\nabla f(\boldsymbol{X}^{(k)})$ 一维搜索得下一个迭代点 $\boldsymbol{X}^{(k+1)}$。因 $\boldsymbol{X}^{(k+1)}$ 是 $\boldsymbol{S}^{(k)}$ 方向的一维极小值点，所以 $\boldsymbol{S}^{(k)}$ 是等值线 c_{k+1} 的切线，而从 $\boldsymbol{X}^{(k+1)}$ 出发的一维搜索方向 $\boldsymbol{S}^{(k+1)} = -\nabla f(\boldsymbol{X}^{(k+1)})$ 确定等值线的法线，因此，矢量 $\boldsymbol{S}^{(k)}$ 和 $\boldsymbol{S}^{(k+1)}$ 正交。因此，梯度法的搜索路线呈直角锯齿形状，所得的搜索点列 $\{\boldsymbol{X}^{(k)}, k = 0, 1, \cdots\}$ 为绕道逼近最优点。除非目标函数是圆，具体例子如下。

例 6.2－2　$f(\boldsymbol{X}) = x_1^2 + x_2^2$，取 $\boldsymbol{X}^{(0)} = \begin{bmatrix} 2 \\ 2 \end{bmatrix}$。

解　$\nabla f(\boldsymbol{X}^{(0)}) = \begin{bmatrix} 2x_1 \\ 2x_2 \end{bmatrix}\bigg|_{\boldsymbol{X}^{(0)}} = \begin{bmatrix} 4 \\ 4 \end{bmatrix}$，$f(\boldsymbol{X}^{(0)}) = 8$

$$\varphi(\lambda) = (2 - 4\lambda)^2 + (2 - 4\lambda)^2$$

令 $\varphi'(\lambda) = 0$，得 $\lambda = 0.5$

得 $\boldsymbol{X}^{(1)} = \boldsymbol{X}^{(0)} - \lambda_0 \nabla f(\boldsymbol{X}^{(0)}) = \begin{bmatrix} 2 \\ 2 \end{bmatrix} - 0.5 \begin{bmatrix} 4 \\ 4 \end{bmatrix} = \begin{bmatrix} 0 \\ 0 \end{bmatrix}$

由此例可见，对于这样特殊的二元二次正定函数，沿负梯方向作一次一维搜索即可达到极小值点，如图 $6-3$(b) 所示。

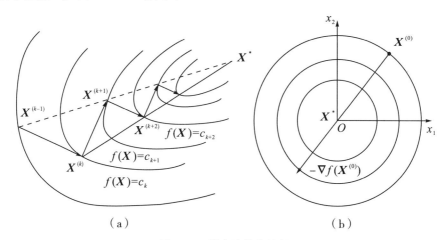

（a）　　　　　　　　　　（b）

图 6-3　梯度法搜索过程

对于一般正定二次函数，等值线椭圆愈扁，曲折迂回现象愈严重，所以梯度方向并不是理想的捷径。但梯度法仍不失为一种基本的寻优方法，尤其在开始时下降速度还是很快的，因此常在开始阶段使用梯度法，使迭代点较快地接近最优点，当迭代点已进入最优点邻域时，改用具有收敛快的算法，如牛顿法就能很快地达到极值点。

另外，从图 $6-3$(a) 可以看出，沿着连接 $\boldsymbol{X}^{(k)}$ 与 $\boldsymbol{X}^{(k+2)}$ 所得的方向搜索很快就可达到极小值点，这为新的方法提供了线索。

6.2.4 梯度法在机器学习中的应用

机器学习是一门多学科交叉专业，是人工智能的一个分支。使用计算机设计一个系统，使它能够根据提供的训练数据按照一定的方式来学习，随着训练次数的增加，该系统可以在性能上不断改进。通过参数优化的学习模型，能够用于预测相关问题的输出。图 6-4 显示了机器学习基本的学习与工作过程。那么，梯度法在学习得到模型的过程中是如何发挥作用的呢？

图 6-4 机器学习的基本概念

以线性回归问题为例来研究这一问题。假设有一组训练数据，输入为 $\boldsymbol{X}^{(1)}$，$\boldsymbol{X}^{(2)},\cdots,\boldsymbol{X}^{(i)},\cdots,\boldsymbol{X}^{(m)}$，其中 $\boldsymbol{X}^{(i)} = [x_1^{(i)},x_2^{(i)},\cdots,x_n^{(i)}]$。输入对应的输出为 $y^{(1)}$，$y^{(2)},\cdots,y^{(i)},\cdots,y^{(m)}$，$m$ 为样本的个数，n 为样本的维度。现在就是要通过学习得到如下线性回归模型

$$y = h_\theta(\boldsymbol{X}) = \theta_0 + \theta_1 x_1 + \theta_2 x_2 + \cdots + \theta_n x_n \tag{6.2.6}$$

式中，$\theta_0,\theta_1,\theta_2,\cdots,\theta_n$ 为待定参数，即需要通过学习得到。显然，模型计算的结果与实际输出之间的误差越小，模型越好。为此，定义如下评价函数（也称为损失函数）

$$J(\theta) = \frac{1}{2}\sum_{i=1}^{m}(h_\theta(X^{(i)}) - y^{(i)})^2 \tag{6.2.7}$$

该函数是一个 n 元二次函数。机器学习的过程就是得到一组参数 $\theta_0,\theta_1,\theta_2,\cdots,\theta_n$，使该函数的值最小。很明显，这是一个无约束优化问题，可以利用梯度法进行求解，迭代公式如下：

$$\begin{aligned}
\frac{\partial}{\partial\theta_j}J(\theta) &= \frac{\partial}{\partial\theta_j}\frac{1}{2}\sum_{i=1}^{m}(h_\theta(\boldsymbol{X}^{(i)}) - y^{(i)})^2 \\
&= 2\cdot\frac{1}{2}\sum_{i=1}^{m}\left[(h_\theta(\boldsymbol{X}^{(i)}) - y^{(i)})\cdot\frac{\partial}{\partial\theta_j}(h_\theta(\boldsymbol{X}^{(i)}) - y^{(i)})\right] \\
&= \sum_{i=1}^{m}\left[(h_\theta(\boldsymbol{X}^{(i)}) - y^{(i)})\cdot\frac{\partial}{\partial\theta_j}(\theta_0 + \theta_1 x_1^{(i)} + \cdots + \theta_j x_j^{(i)} + \cdots + \theta_n x_n^{(i)} - y^{(i)})\right] \\
&= \sum_{i=1}^{m}\left[(h_\theta(\boldsymbol{X}^{(i)}) - y^{(i)})x_j^{(i)}\right]
\end{aligned} \tag{6.2.8}$$

$$\theta_j^{(k+1)} = \theta_j^{(k)} - a_k\frac{\partial}{\partial\theta_j}J(\theta) \tag{6.2.9}$$

式中，a_k 是步长或学习率。

然而，当训练数据集样本个数 m 增大时，函数 $J(\theta)$ 的表现形式会变得非常庞大，梯度计算量倍增，导致搜索效率降低。因此，梯度法在机器学习应用时产生了变形的形式。

6.2.4.1 批量梯度下降（Batch Gradient Descent，BGD）

每次对于 θ_j 的更新所有样本都有贡献，即所有的样本都参与调整。其计算得到的

是一个标准梯度，对于凸函数的最优化问题，肯定可以达到一个全局最优。从理论上看，一次更新的幅度是比较大的。如果在样本不多的情况下，收敛的速度会很快。但样本很多时，更新一次很费时。其更新伪代码如下：

$$\text{循环直到收敛}\{\theta_j := \theta_j - \alpha \sum_{i=1}^{m}(h_\theta(X^{(i)}) - y^{(i)})x_j^{(i)} \quad (\text{对于每个 j})\}$$

6.2.4.2 随机梯度下降法（Stochastic Gradient Descent，SGD）

随机梯度下降法是每次随机选择一个样本，用此样本来近似所有的样本进行 θ_j 的计算调整。随机梯度下降会带来一定的问题，因为计算得到的并不是准确的一个梯度。对于凸函数的最优化问题，虽然不是每次迭代得到的损失函数都向着全局最优方向，但是大的整体的方向是向全局最优解的，最终的结果往往是在全局最优解附近。相对于批量梯度，这样的方法收敛更快，虽然不是全局最优，但很多时候是可以接受的。更新伪代码如下：

$$\begin{aligned}
&\text{循环} \\
&\quad \{\text{for } i := 1 \text{ to } m\{ \\
&\qquad\qquad \theta_j := \theta_j - \alpha(h_\theta(X^{(i)}) - y^{(i)})x_j^{(i)} \quad (\text{对于每个 j}) \\
&\qquad\quad \} \\
&\quad \}
\end{aligned}$$

6.2.4.3 Mini-batch 梯度下降法（MBGD）

Mini-batch 梯度下降法每次更新用 b 个样本，是批量梯度下降的一种折中方法。其本质就是用一个小样本集近似全部的样本。因为仅用一个样本可能不太准，那就用一个小样本集，而且批量还可以反映样本的一个分布情况的。由于每次训练不能保证使用的是同一份数据，所以每一个批量不能保证损失函数都下降，整体训练损失函数变化会有很多噪声，但是整体趋势是下降的，随后会在最优值附近波动。这个方法的收敛速度不会很慢，而且收敛的局部最优是可以接受的。更新伪代码如下：

$$\begin{aligned}
&\text{循环}\{ \\
&\quad \text{for } i = 1:m-b+1 \\
&\quad \{ \\
&\qquad \theta_j := \theta_j - \alpha \frac{1}{b}\sum_{k=i}^{i+b-1}(h_\theta(X^{(k)}) - y^{(i)})x_j^{(k)} \quad (\text{对于每个 j}) \\
&\qquad i += b \\
&\quad \} \\
&\}
\end{aligned}$$

6.4.2.4　实例分析

　　下面以 ex2 数据集为例，对比分析这三种梯度下降方法在线性回归中的应用。ex2 数据集描述 50 个 2~8 岁男孩年龄和身高的关系，其中 ex2x.data 是男孩的年龄数据，ex2y.data 是身高数据。现在通过机器学习确定下列一维线性回归模型

$$y = h_\theta(\boldsymbol{X}) = \theta_0 + \theta_1 x_1$$

式中，x 代表年龄，y 代表身高，θ_0 和 θ_1 为待确定参数。在 MATLAB 中编程实现这三种方法，训练后得到的线性回归模型参数见表 6-2。图 6-5(a) 显示了 ex2 数据集的分布情况和表示三个线性模型的直线，而图 6-5(b) 绘制了三种方法的收敛曲线。可以得到如下结论：

　　(1) 由于 ex2 数据集只有 50 条记录，MBGD 训练时 batch 取为 5。BGD 和 MBGD 获得的直线较为接近。

　　(2) SGD 的训练误差是振荡下行，而 BGD 和 MBGD 的误差是一条向下凸的曲线，为次线性收敛，并且 MBGD 收敛得更快。MBGD 在各种机器学习和深度学习算法中得到广泛应用。

表 6-2　三种梯度下降法线性回归模型参数

	θ_0	θ_1
BGD	0.718877	0.069573
SGD	0.713430	0.075992
MBGD	0.756014	0.061972

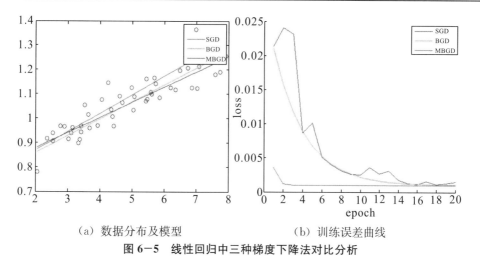

(a) 数据分布及模型　　　　　　(b) 训练误差曲线

图 6-5　线性回归中三种梯度下降法对比分析

6.3　牛顿法

　　梯度法收敛并不快，越接近极值点下降得越慢，因此自然想到收敛快的牛顿法。

6.3.1　牛顿法的迭代公式及迭代特点

若 $f(\boldsymbol{X})$ 为多维函数，并具有一阶、二阶的连续偏导数。在某迭代点 $\boldsymbol{X}^{(k)}$ 处泰勒（Taylor）展开，并略去次数高于二次的项，可得到

$$f(\boldsymbol{X}) \approx \varphi(\boldsymbol{X}) = f(\boldsymbol{X}^{(k)}) + \nabla f(\boldsymbol{X}^{(k)})(\boldsymbol{X} - \boldsymbol{X}^{(k)}) + \frac{1}{2}\nabla^2 f(\boldsymbol{X}^{(k)})(\boldsymbol{X} - \boldsymbol{X}^{(k)})^2$$

求该二次函数的极值

$$\nabla \varphi(\boldsymbol{X}) = \nabla f(\boldsymbol{X}^{(k)}) + \nabla^2 f(\boldsymbol{X}^{(k)})(\boldsymbol{X} - \boldsymbol{X}^{(k)}) = \boldsymbol{0} \tag{6.3.1}$$

$$\boldsymbol{X} = \boldsymbol{X}^{(k)} - \frac{\nabla f(\boldsymbol{X}^{(k)})}{\nabla^2 f(\boldsymbol{X}^{(k)})} \tag{6.3.2}$$

若将 $\boldsymbol{X}$ 作为一个逼近点 $\boldsymbol{X}^{(k+1)}$，这时可将式（6.3.2）改写成牛顿法的一般迭代公式

$$\boldsymbol{X}^{(k+1)} = \boldsymbol{X}^{(k)} - [\nabla^2 f(\boldsymbol{X}^{(k)})]^{-1} \nabla f(\boldsymbol{X}^{(k)}) \tag{6.3.3}$$

式中，$\nabla^2 f(\boldsymbol{X}^{(k)})$ 就是 Hessian 矩阵，可用 $\boldsymbol{H}(\boldsymbol{X}^{(k)})$ 表示，故式（6.3.3）可写成

$$\boldsymbol{X}^{(k+1)} = \boldsymbol{X}^{(k)} - [\boldsymbol{H}(\boldsymbol{X}^{(k)})]^{-1} \nabla f(\boldsymbol{X}^{(k)}) \tag{6.3.4}$$

如果目标函数 $f(\boldsymbol{X})$ 是正定二次函数，那么 $\boldsymbol{H}(\boldsymbol{X})$ 是个常矩阵，逼近式 $\boldsymbol{X}^{(k+1)} = \boldsymbol{X}^*$ 是准确的，由 $\boldsymbol{X}^{(k)}$ 点出发只要迭代一次即可求出 $f(\boldsymbol{X})$ 的极小值点。

例 6.3-1　用牛顿法求函数 $f(\boldsymbol{X}) = x_1^2 + x_2^2 - x_1 x_2 - 10 x_1 - 4 x_2 + 60$ 的极值，初始点取 $\boldsymbol{X}^{(0)} = \begin{bmatrix} 0 \\ 0 \end{bmatrix}$。

解　$\nabla f(\boldsymbol{X}^{(0)}) = \begin{bmatrix} -10 \\ -4 \end{bmatrix}$

$$\boldsymbol{H}(\boldsymbol{X}^{(0)}) = \begin{bmatrix} 2 & -1 \\ -1 & 2 \end{bmatrix}$$

$$[\boldsymbol{H}(\boldsymbol{X}^{(0)})]^{-1} = \frac{1}{\begin{vmatrix} 2 & -1 \\ -1 & 2 \end{vmatrix}} \begin{bmatrix} 2 & 1 \\ 1 & 2 \end{bmatrix} = \frac{1}{3}\begin{bmatrix} 2 & 1 \\ 1 & 2 \end{bmatrix}$$

代入式（6.3.4）得

$$\boldsymbol{X}^{(1)} = \boldsymbol{X}^{(0)} - [\boldsymbol{H}(\boldsymbol{X}^{(0)})]^{-1} \nabla f(\boldsymbol{X}^{(0)}) = \begin{bmatrix} 0 \\ 0 \end{bmatrix} - \frac{1}{3}\begin{bmatrix} 2 & 1 \\ 1 & 2 \end{bmatrix}\begin{bmatrix} -10 \\ -4 \end{bmatrix} = \begin{bmatrix} 8 \\ 6 \end{bmatrix}$$

由此可见，对于任何正定二次函数，只需迭代一次，即可求出极小点。当目标函数为非二次函数时，$\varphi(\boldsymbol{X})$ 仅是目标函数在 $\boldsymbol{X}^{(k)}$ 点附近的一种近似表达式，求得的极小值点，当然也是近似的，需要继续迭代。如一般二元函数：

$$f(\boldsymbol{X}) = x_1^4 - 2 x_1^2 x_2 + x_1^2 + 2 x_2^2 - 2 x_1 x_2 + \frac{9}{2} x_1 - 4 x_2 + 4$$

其等值线如图 6-6 所示，取 A 点为初始迭代点 $\boldsymbol{X}^{(A)} = \begin{bmatrix} 1 \\ 1 \end{bmatrix}$。

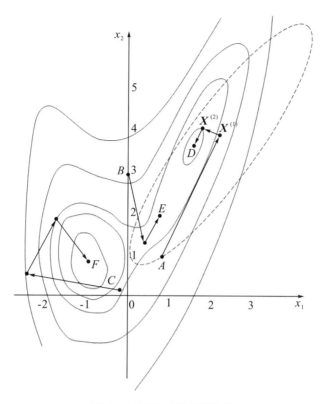

图 6—6 高次函数的等值线

由 $\nabla f(\boldsymbol{X}) = \begin{bmatrix} 4x_1^3 - 4x_1 x_2 + 2x_1 - 2x_1 + \dfrac{9}{2} \\ -2x_1^2 + 4x_2 - 2x_1 - 4 \end{bmatrix}$

$$\boldsymbol{H}(\boldsymbol{X}) = \nabla^2 f(\boldsymbol{X}) = \begin{bmatrix} 12x_1^2 - 4x_2 + 2 & -4x_1 - 2 \\ -4x_1 - 2 & 4 \end{bmatrix}$$

$\boldsymbol{H}(\boldsymbol{X}^{(A)}) = \begin{bmatrix} 10 & -6 \\ -6 & 4 \end{bmatrix}$ 为正定矩阵。

二次逼近函数 $\varphi(\boldsymbol{X})$ 过 $\boldsymbol{X}^{(A)}$ 点的等值线为一椭圆（如图 6—6 中虚线所示），按式 (6.3.4) 求得的下一个迭代点 $\boldsymbol{X}^{(1)}$ 是该椭圆的中心。在随后的迭代中，各迭代点的 Hessian 矩阵全为正定，产生的点列 $\{\boldsymbol{X}^{(k)}\}$，$k=1,2,\cdots$，收敛于 $f(\boldsymbol{X})$ 的局部极小值点 $\boldsymbol{X}^{(D)}$。

由例 6.3—1 可看出，将牛顿法用于非二次函数时，当迭代点进入最优点邻域时也将很快收敛于函数的最优点。这是它显著的优点，但牛顿法存在一个问题，由于它采用的是定步长迭代，因而就不能保证在每次迭代中目标函数是下降的，也就是说牛顿法中可将 $-\left[\boldsymbol{H}(\boldsymbol{X}^{(k)})\right]^{-1} \nabla f(\boldsymbol{X}^{(k)})$ 称为牛顿方向，$\lambda_k = 1$，有时会出现 $\lambda_k = 1$ 步长太长，可能使函数值反而增大，出现 $f(\boldsymbol{X}^{(k+1)}) > f(\boldsymbol{X}^{(k)})$ 的情况。如在图 6—6 中，当取 C 点为初始点 $\boldsymbol{X}^{(C)} = \begin{bmatrix} -0.2 \\ 0.2 \end{bmatrix}$ 时，第一次迭代的结果就使函数值加大。产生这一现象的原因很简单，因 $\varphi(\boldsymbol{X})$ 仅为目标函数 $f(\boldsymbol{X})$ 在 $\boldsymbol{X}^{(k)}$ 点附近的近似表达式，由式 (6.3.4)

得到的下一个迭代点 $\boldsymbol{X}^{(h+1)}$ 仅是 $\varphi(\boldsymbol{X})$ 在牛顿方向上的极小值点，并非原函数 $f(\boldsymbol{X})$ 在该方向上的极小值点。

这种情况出现，使牛顿法不能保证函数值稳定地下降，在严重的情况下还会造成点列的发散而导致迭代失败。为此提出了对原始牛顿法进行修正后的方法——阻尼牛顿法。

6.3.2 阻尼牛顿法

阻尼牛顿法是在牛顿法的基础上进行修正得到的，故也称修正牛顿法，也就是在牛顿方向 $-\left[\boldsymbol{H}(\boldsymbol{X}^{(k)})\right]^{-1}\nabla f(\boldsymbol{X}^{(k)})$ 上进行一维搜索，迭代公式为

$$\boldsymbol{X}^{(k+1)} = \boldsymbol{X}^{(k)} - \lambda_k \left[\boldsymbol{H}(\boldsymbol{X}^{(k)})\right]^{-1}\nabla f(\boldsymbol{X}^{(k)}) \tag{6.3.5}$$

式中，λ_k 使

$$f(\boldsymbol{X}^{(k)} + \lambda_k \boldsymbol{S}^{(k)}) = \min f(\boldsymbol{X}^{(k)} + \lambda \boldsymbol{S}^{(k)}) \tag{6.3.6}$$

当目标函数 $f(\boldsymbol{X})$ 的 Hessian 矩阵 $\boldsymbol{H}(\boldsymbol{X}^{(k)})$ 处处正定的情况下，阻尼牛顿法能保证每次迭代函数值都有所下降。它既保持了牛顿法收敛快的特性，又不要求初始点选得很好，因此在实际应用中是比较成功的。阻尼牛顿法又称为广义牛顿法，其迭代框图如图 6-7 所示。

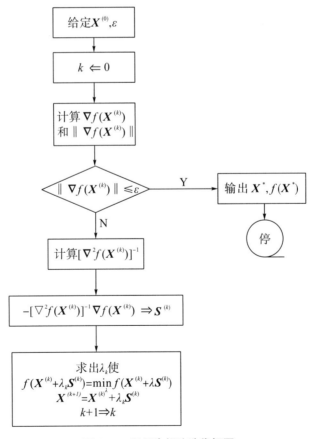

图 6-7 阻尼牛顿法迭代框图

由以上讨论可知，牛顿法（包括阻尼牛顿法）的最大优点是收敛快，但其缺点也较突出，主要有以下三点：

（1）不能保证每次迭代都使函数值下降。

举例说明如下。

例 6.3−2 用阻尼牛顿法求函数 $f(\boldsymbol{X}) = x_1^4 + x_1 x_2 + (1 + x_2)^2$ 的最优解，初始点 $\boldsymbol{X}^{(0)} = \begin{bmatrix} 0 \\ 0 \end{bmatrix}$。

解 函数的梯度为

$$\nabla f(\boldsymbol{X}) = \begin{bmatrix} 4x_1^3 + x_2 \\ x_1 + 2(1 + x_2) \end{bmatrix}$$

Hessian 矩阵为

$$\boldsymbol{H}(\boldsymbol{X}) = \begin{bmatrix} 12x_1^2 & 1 \\ 1 & 2 \end{bmatrix}$$

$$\nabla f(\boldsymbol{X}^{(0)}) = \begin{bmatrix} 0 \\ 2 \end{bmatrix}, \boldsymbol{H}(\boldsymbol{X}^{(0)}) = \begin{bmatrix} 0 & 1 \\ 1 & 2 \end{bmatrix}$$

$$[\boldsymbol{H}(\boldsymbol{X}^{(0)})]^{-1} = \begin{bmatrix} -2 & 1 \\ 1 & 0 \end{bmatrix} = \boldsymbol{H}_0$$

牛顿方向为

$$\boldsymbol{S}^{(0)} = -\boldsymbol{H}_0 \nabla f(\boldsymbol{X}^{(0)}) = -\begin{bmatrix} -2 & 1 \\ 1 & 0 \end{bmatrix}\begin{bmatrix} 0 \\ 2 \end{bmatrix} = \begin{bmatrix} -2 \\ 0 \end{bmatrix}$$

$$\boldsymbol{X}^{(1)} = \boldsymbol{X}^{(0)} + \lambda_0 \boldsymbol{S}^{(0)} = \begin{bmatrix} 0 \\ 0 \end{bmatrix} + \lambda_0 \begin{bmatrix} -2 \\ 0 \end{bmatrix}$$

$$f(\lambda_0) = 16\lambda_0^4 + 1$$

$$f'(\lambda_0) = 0$$

解得

$$\lambda_0 = 0$$

$$\boldsymbol{X}^{(1)} = \begin{bmatrix} 0 \\ 0 \end{bmatrix} = \boldsymbol{X}^{(0)}$$

结果说明，迭代后的新点仍为原来的起始点，没有取得任何进展，迭代无法继续进行，原因就是 Hessian 矩阵不定。

（2）若目标函数在 $\boldsymbol{X}^{(k)}$ 点处的 Hessian 矩阵 $\boldsymbol{H}(\boldsymbol{X}^{(k)})$ 奇异的，其逆矩阵 $[\boldsymbol{H}(\boldsymbol{X}^{(k)})]^{-1}$ 不存在，就不能构成牛顿方向，迭代无法进行。

（3）构造牛顿方向较困难。每次迭代不仅要求函数的梯度，还要求 Hessian 矩阵及其逆矩阵，这样计算和编制程序都很复杂，而且占用的计算机存贮量也较大。牛顿法的有效性与初始点 $\boldsymbol{X}^{(0)}$ 的选择密切相关，例如在图 6−6 中，当初始点在 $\boldsymbol{X}^{(A)}$ 点时，点列收敛于局部最优点 $\boldsymbol{X}^{(D)}$；取 $\boldsymbol{X}^{(B)}$ 点时收敛于驻点 $\boldsymbol{X}^{(E)}$；取 $\boldsymbol{X}^{(C)}$ 点时才收敛于全局最优点 $\boldsymbol{X}^{(F)}$。

6.4 共轭方向和鲍威尔法

鲍威尔法是鲍威尔（Powell）在 1964 年提出的，是一种有效的无约束优化方法。一方面，鲍威尔法本质上是共轭方向法，只不过不求导数，故又称为不求导数的共轭方向法。另一方面，鲍威尔法的搜索方向是在坐标轮换法和模式搜索法的基础之上发展形成的。因此，本节首先介绍坐标轮换法和模式搜索法，构建鲍威尔法的搜索方向，然后验证鲍威尔法的搜索方向具有共轭性。

6.4.1 坐标轮换法

6.4.1.1 基本思想

将一个 n 维问题转化为一系列的一维优化问题来求解是一个降维的思想，具体来说，就是沿着坐标方向轮流搜索，每次将 $n-1$ 个变量固定，只对一个变量作一维搜索，首先沿第一个坐标轴方向 $\boldsymbol{E}_1 = [1,0,\cdots,0]^{\mathrm{T}}$ 进行一维搜索。求出该方向上目标函数最小的点或函数值有所下降的点 $\boldsymbol{X}_1^{(1)}$，再以 $\boldsymbol{X}_1^{(1)}$ 为起点，沿第二坐标轴方向 $\boldsymbol{E}_2 = [0,1,0,\cdots,0]^{\mathrm{T}}$ 进行一维搜索，找到 $\boldsymbol{X}_2^{(1)}$ 点，依次进行直至 $\boldsymbol{E}_n = [0,0,\cdots,1]^{\mathrm{T}}$，得到迭代点 $\boldsymbol{X}_n^{(1)}$，到此完成一轮迭代，$\boldsymbol{X}$ 的上角标表示迭代的轮次，下角标表示坐标轴的序号，每次都是以前一次搜索的终点作本次一维搜索的起点，一轮迭代完后又从头开始直至收敛，故此法又称为变量轮换法（Alternating variable method）。图 6-8(a) 是二维问题中采用最优步长的坐标轮换法迭代图形。

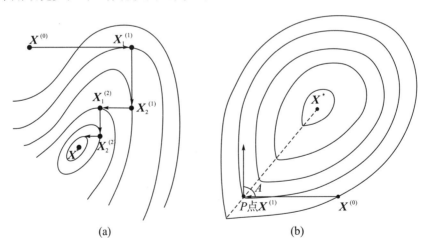

图 6-8 坐标轮换法

6.4.1.2 坐标轮换法讨论

坐标轮换法具有程序简单，易于掌握的优点，但它的计算效率较低，因为它虽然步步在登高，但相当于沿两个垂直方向在搜索，路途迂回曲折，收敛很慢，因此它适用于维数较低（一般 $n<10$）的目标函数求优。另外，对于如图 6-8(b) 所示的有"脊线"的目标函数等值线的情形，如果迭代点出现在脊线上 P 点时，沿两个坐标轴方向均不能使函数值下降，而只有在角 A 所示范围内的方向才能使函数值下降，这就出现了病态而导致迭代失败。人们就想到沿到"山脊"走是否较好。

此外，如果坐标轮换法第 i 轮迭代是有效的，即终点的函数值 $f(\boldsymbol{X}_n^{(i)})$ 小于起点的函数值 $f(\boldsymbol{X}_0^{(i)})$，那么从起点指向终点的方向 $\boldsymbol{X}_n^{(i)}-\boldsymbol{X}_0^{(i)}$，也称为模式方向，必然是使目标函数下降的方向，而且该方向可能比坐标轴方向更好。因此下一个轮次迭代为什么不用这个方向进行搜索呢？模式搜索法就是基于这种思想构建的。

6.4.2　模式搜索法

从前面可以看出，在沿着坐标轴进行一维搜索后，如果沿着从起点指向终点的方向进行一次寻优，将大大提高坐标轮换法寻优的速度，这种方法叫作模式搜索法，其寻优的基本原理如图 6-9 所示。按照这种寻优原理，模式搜索法的寻优步骤如下：

（1）选定初始点 $\boldsymbol{X}_0^{(1)}$，计算精度 ε 和迭代轮数 $k=1$。

（2）从 $\boldsymbol{X}_0^{(k)}$ 开始，进行坐标轮换搜索，求出终点 $\boldsymbol{X}_n^{(k)}$。

（3）判断 $\|\boldsymbol{X}_n^{(k)}-\boldsymbol{X}_0^{(k)}\|\leqslant\varepsilon$ 是否成立，如果成立则收敛，输出 $\boldsymbol{X}^*=\boldsymbol{X}_n^{(k)}$。否则，求出模式方向 $\boldsymbol{S}^{(k)}=\boldsymbol{X}_n^{(k)}-\boldsymbol{X}_0^{(k)}$，沿 $\boldsymbol{S}^{(k)}$ 方向进行一维寻优，得到新的起点 $X_0^{(k+1)}$，令 $k=k+1$，转入步骤（2）。

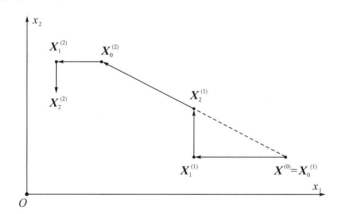

图 6-9　模式搜索法的基本原理

从上面的分析可以看出，模式搜索法是对坐标轮换法的一种改进，它改变了完全沿着坐标轴方向寻优的模式，通过利用已有的计算信息，大大提高了寻优的速度。模式搜索法是由 R. Hooke 和 T. Jeeves 于 1961 年提出的。这个方法的搜索过程可看成由两类移动组成：一类是探测性移动，即沿着坐标轴方向的寻优；另一类是模式移动，即沿着模式方向加大步长移动。

模式搜索法的探测性移动始终沿着坐标轴方向进行，如果用模式方向替代某个坐标轴的方向，必定会提升探测性移动的效率，从而加速寻优的过程，鲍威尔法就是基于这种思想形成的。

6.4.3 鲍威尔法

鲍威尔法的本质就是共轭方向法，因其不用求导数，又称为不求导数的共轭方向法，也称为方向加速法。

6.4.3.1 共轭方向的基本概念

如图 6-10 所示，从任一初始点 $\boldsymbol{X}^{(0)}$ 沿某一下降方向如 $\boldsymbol{S}^{(0)}$ 方向做一维搜索得 $\boldsymbol{X}^{(1)}$，就是 $\boldsymbol{S}^{(0)}$ 与等值线的切点，由梯度法知 $[\nabla f(\boldsymbol{X}^{(1)})]^{\mathrm{T}}\boldsymbol{S}^{(0)} = 0$。如果沿 $-\nabla f(\boldsymbol{X}^{(1)})$ 继续搜索就是梯度法，搜索方向出现锯齿形。如从 $\boldsymbol{X}^{(1)}$ 点出发直接沿 $\boldsymbol{S}^{(1)}$ 方向搜索，直指等值线簇的中心 $\boldsymbol{X}^*$。那么，$\boldsymbol{S}^{(1)}$ 应满足什么条件？

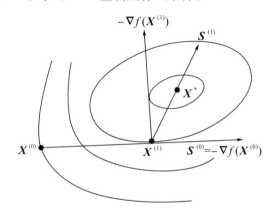

图 6-10 共轭方向的基本概念

根据迭代公式

$$\boldsymbol{X}^* = \boldsymbol{X}^{(1)} + \lambda_1 \boldsymbol{S}^{(1)} \tag{6.4.1}$$

对于二次函数

$$f(\boldsymbol{X}) = \frac{1}{2}\boldsymbol{X}^{\mathrm{T}}\boldsymbol{A}\boldsymbol{X} + \boldsymbol{B}^{\mathrm{T}}\boldsymbol{X} + \boldsymbol{C}, \nabla f(\boldsymbol{X}) = \boldsymbol{A}\boldsymbol{X} + \boldsymbol{B}$$

在 $\boldsymbol{X}^*$ 点有

$$\nabla f(\boldsymbol{X}^*) = \boldsymbol{A}\boldsymbol{X}^* + \boldsymbol{B} = 0 \tag{6.4.2}$$

将式（6.4.1）代入式（6.4.2），有

$$\boldsymbol{A}(\boldsymbol{X}^{(1)} + \lambda_1 \boldsymbol{S}^{(1)}) + \boldsymbol{B} = (\boldsymbol{A}\boldsymbol{X}^{(1)} + \boldsymbol{B}) + \lambda_1 \boldsymbol{A}\boldsymbol{S}^{(1)} = \nabla f(\boldsymbol{X}^{(1)}) + \lambda_1 \boldsymbol{A}\boldsymbol{S}^{(1)} = 0$$

$$\tag{6.4.3}$$

式（6.4.3）两端左乘 $[\boldsymbol{S}^{(0)}]^{\mathrm{T}}$，可得

$$[\boldsymbol{S}^{(0)}]^{\mathrm{T}}\nabla f(\boldsymbol{X}^{(1)}) + \lambda_1 [\boldsymbol{S}^{(0)}]^{\mathrm{T}}\boldsymbol{A}\boldsymbol{S}^{(1)} = 0$$

又因为 $[\boldsymbol{S}^{(0)}]^{\mathrm{T}}\nabla f(\boldsymbol{X}^{(1)}) = 0$，所以 $[\boldsymbol{S}^{(0)}]^{\mathrm{T}}\boldsymbol{A}\boldsymbol{S}^{(1)} = 0$

因此，构造的 $\boldsymbol{S}^{(1)}$ 方向只要满足这个条件就可直接指向极小值点，称 $\boldsymbol{S}^{(0)}$ 和 $\boldsymbol{S}^{(1)}$ 两矢量对矩阵 $\boldsymbol{A}$ 共轭。下面将给出共轭方向定义。

设 $\boldsymbol{A}$ 为 n 阶实对称正定矩阵，若有两个 n 维矢量 $\boldsymbol{S}_1$ 和 $\boldsymbol{S}_2$，满足 $\boldsymbol{S}_1^{\mathrm{T}}\boldsymbol{A}\boldsymbol{S}_2 = 0$，则称矢

量 S_1 和 S_2 对矩阵 A 共轭，共轭矢量的方向称为共轭方向。

如果 $A = I$（单位矩阵），则有 $S_1^T S_2 = 0$，S_1 和 S_2 方向正交，即与单位阵共轭的方向是正交方向，所以正交方向可以说是共轭方向的一个特例。但正交和共轭不能混为一谈，有的正交不共轭，有的共轭不正交。

对 $A = \begin{bmatrix} 2 & 1 \\ 1 & 2 \end{bmatrix}$ 来说，如 $S_1 = \begin{bmatrix} 1 \\ 1 \end{bmatrix}$，$S_2 \begin{bmatrix} 1 \\ -1 \end{bmatrix}$ 既共轭又正交；$S_1 = \begin{bmatrix} 1 \\ 0 \end{bmatrix}$，$S_2 = \begin{bmatrix} 1 \\ -2 \end{bmatrix}$ 共轭不正交；$S_1 = \begin{bmatrix} 1 \\ 0 \end{bmatrix}$ 和 $S_2 = \begin{bmatrix} 0 \\ 1 \\ 0 \end{bmatrix}$ 正交不共轭。

正定二次函数是较简单的函数形式，它对研究无约束最优化问题具有重要的意义。对于一般函数有效的算法，对正定二次函数也是有效的；而对正定二次函数有效的算法推广应用于一般函数往往也是有效的。

正定二次二元函数有两个重要特点：

（1）正定二次二元函数的等值线是椭圆线簇，椭圆线簇的中心即目标函数的极值点。

（2）过同心椭圆线簇中心作任意直线，此直线与诸椭圆交点处的切线相互平行，如图 6－11(a) 所示。

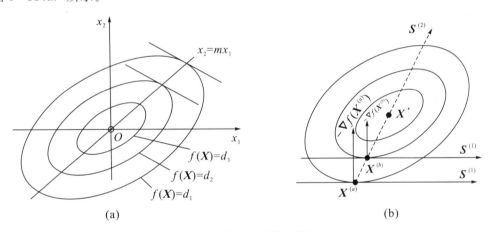

(a)　　　　　　　　　　　　　　(b)

图 6－11　二元二次函数的共轭方向

反之，过两平行线与椭圆切点 $X^{(a)}$ 和 $X^{(b)}$ 的连线必通过椭圆的中心。因此只要沿 $X^{(a)} - X^{(b)}$ 方向进行一维搜索，就能找出函数 $f(x)$ 的极小值点。

下面证明若平行线的方向为 $S^{(1)}$，切点连线方向为 $S^{(2)}$，即 $S^{(2)} = (X^{(a)} - X^{(b)})$，$S^{(1)}$ 和 $S^{(2)}$ 为共轭方向。

证明　$X^{(a)}$ 和 $X^{(b)}$ 为给定 $S^{(1)}$ 方向上函数 $f(X)$ 的极小值点，所以 $\nabla f(X^{(a)})$ 和 $\nabla f(X^{(b)})$ 都与 $S^{(1)}$ 正交，如图 6－11(b) 所示，即

$$[S^{(1)}]^T \nabla f(X^{(a)}) = 0, [S^{(1)}]^T \nabla f(X^{(b)}) = 0 \tag{6.4.4}$$

$\because \nabla f(X^{(a)}) = AX^{(a)} + B, \nabla f(X^{(b)}) = AX^{(b)} + B$

$\therefore \nabla f(X^{(a)}) - \nabla f(X^{(b)}) = A(X^{(a)} - X^{(b)})$

根据式（6.4.4）可推知

$$[\boldsymbol{S}^{(1)}]^{\mathrm{T}}[\nabla f(\boldsymbol{X}^{(a)}) - \nabla f(\boldsymbol{X}^{(b)})] = [\boldsymbol{S}^{(1)}]^{\mathrm{T}}\boldsymbol{A}(\boldsymbol{X}^{(a)} - \boldsymbol{X}^{(b)}) = [\boldsymbol{S}^{(1)}]\boldsymbol{A}\boldsymbol{S}^{(2)} = 0$$

由此表明，向量 $(\boldsymbol{X}^{(a)} - \boldsymbol{X}^{(b)})$ 与 向量 $\boldsymbol{S}^{(1)}$ 为 $\boldsymbol{A}$ 共轭，所以正定二次二元函数依次沿两个互相共轭的方向做一维搜索，就能得到极小点，这一概念推广到正定二次 n 元函数中去，可得出只要依次沿 n 个互相共轭的方向进行一维搜索就可得到极小点的结论。如果一个算法的搜索方向是互相共轭的，就称为共轭方向法。在优化方法中，共轭方向的概念起着重要的作用，一些比较有效的方法，都是以共轭方向为搜索方向形成的。

6.4.3.2　鲍威尔法的基本思想

鲍威尔法是以共轭方向为基础的收敛速度较快的直接搜索法。首先沿着 n 个坐标轴方向作一维搜索后，把初始点和终点连接起来产生一个新方向，把原来的第一个方向去掉，把新方向加在最后。也可以这样看与模式搜索的关系：假设沿 n 个方向进行一维搜索后，又在相应的模式方向进行了一维搜索，考虑模式方向可能比坐标方向好，所以下一次就去掉一个坐标方向而加进模式方向。在这个过程中，一组共轭方向依次形成了。

下面以二维问题为例，说明鲍威尔法的迭代步骤：

（1）选择初始点 $\boldsymbol{X}^{(0)}$，取初始方向 $\boldsymbol{S}^{(1)} = \boldsymbol{e}_1 = [1,0]^{\mathrm{T}}$，$\boldsymbol{S}^{(2)} = \boldsymbol{e}_2 = [0,1]^{\mathrm{T}}$。

（2）从点 $\boldsymbol{X}^{(0)}$ 出发，依次沿 $\boldsymbol{S}^{(1)}$ 和 $\boldsymbol{S}^{(2)}$ 方向进行一维搜索，求得对应的最优点，即

$$f(\boldsymbol{X}^{(0)} + \lambda_1 \boldsymbol{S}^{(1)}) = \min_{\lambda} f(\boldsymbol{X}^{(0)} + \lambda \boldsymbol{S}^{(1)})$$

$$\boldsymbol{X}^{(1)} = \boldsymbol{X}^{(0)} + \lambda_1 \boldsymbol{S}^{(1)}$$

$$f(\boldsymbol{X}^{(1)} + \lambda_2 \boldsymbol{S}^{(2)}) = \min_{\lambda} f(\boldsymbol{X}^{(1)} + \lambda \boldsymbol{S}^{(2)})$$

$$\boldsymbol{X}^{(2)} = \boldsymbol{X}^{(1)} + \lambda_2 \boldsymbol{S}^{(2)}$$

（3）沿模式方向 $\boldsymbol{S}^{(3)} = \boldsymbol{X}^{(2)} - \boldsymbol{X}^{(0)}$ 进行一维搜索，则有

$$f(\boldsymbol{X}^{(2)} + \lambda_3 \boldsymbol{S}^{(3)}) = \min_{\lambda} f(\boldsymbol{X}^{(2)} + \lambda \boldsymbol{S}^{(3)})$$

$$\boldsymbol{X}^{(3)} = \boldsymbol{X}^{(2)} + \lambda_3 \boldsymbol{S}^{(3)}$$

（4）以点 $\boldsymbol{X}^{(3)}$ 作为下一阶段迭代的初始点 $\boldsymbol{X}^{(0)}$，去掉原来的第一个方向，把新产生的方向 $\boldsymbol{S}^{(3)}$ 加在最后，即将 $\boldsymbol{X}^{(3)} = \hat{\boldsymbol{X}}^{(0)}$，$\hat{\boldsymbol{S}}^{(1)} = \hat{\boldsymbol{S}}^{(2)}$，$\hat{\boldsymbol{S}}^{(2)} = \boldsymbol{S}^{(3)}$，再沿新的两个方向搜索，得到 $\hat{\boldsymbol{X}}^{(1)}$ 和 $\hat{\boldsymbol{X}}^{(2)}$。为与第一轮搜索区分起见，我们在第二轮的参数上加"＾"。

（5）沿方向 $\hat{\boldsymbol{S}}^{(3)} = \hat{\boldsymbol{X}}^{(2)} - \hat{\boldsymbol{X}}^{(1)}$。进行一维搜索，得到的 $\hat{\boldsymbol{X}}^{(3)}$ 点对正定二次二元函数来说就是 $\boldsymbol{X}^*$。

鲍威尔法迭代过程如图 6-12 所示。

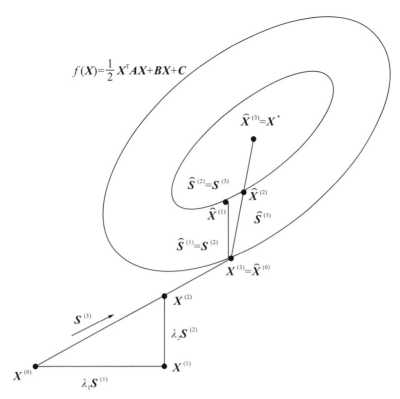

图 6-12　鲍威尔法迭代过程

由图 6-12 可看到，鲍威尔法所形成的搜索方向 $\boldsymbol{S}^{(3)}$ 和 $\hat{\boldsymbol{S}}^{(3)}$ 与 $\boldsymbol{H}$ 共轭。整个迭代过程相当于从 $\boldsymbol{X}^{(0)}$ 和 $\hat{\boldsymbol{X}}^{(1)}$ 两点沿着同一方向 $\boldsymbol{S}^{(3)}$ 分别求函数 $f(\boldsymbol{X})$ 的极小值点 $\boldsymbol{X}^{(3)}$ 和 $\hat{\boldsymbol{X}}^{(2)}$，这两点分别为椭圆与两平行线的切点，所以沿某共轭方向 $\hat{\boldsymbol{S}}^{(3)}$ 进行搜索必定达到极小点 $\boldsymbol{X}^*$，即

$$[\hat{\boldsymbol{S}}^{(3)}]^{\mathrm{T}}\boldsymbol{H}(\hat{\boldsymbol{X}}^{(2)}-\boldsymbol{X}^{(3)})=0$$

例 6.4-1　用鲍威尔法求 $f(\boldsymbol{X})=\dfrac{3}{2}x_1^2+\dfrac{1}{2}x_2^2-x_1x_2-2x_1$ 的解。$\boldsymbol{X}^{(0)}=[-2\ \ 4]^{\mathrm{T}},\boldsymbol{S}^{(1)}=\boldsymbol{e}_1=[1,\ \ 0]^{\mathrm{T}},\boldsymbol{S}^{(2)}=\boldsymbol{e}_2=[0,\ \ 1]^{\mathrm{T}}$。

解　（1）第一轮迭代。

$$\boldsymbol{X}^{(1)}=\boldsymbol{X}^{(0)}+\lambda_1\boldsymbol{e}_1=\begin{bmatrix}-2\\4\end{bmatrix}+\lambda_1\begin{bmatrix}1\\0\end{bmatrix}$$

可求出 $\lambda_1=4,\boldsymbol{X}^{(1)}=\begin{bmatrix}2\\4\end{bmatrix},\boldsymbol{X}^{(2)}=\boldsymbol{X}^{(1)}+\lambda\boldsymbol{S}^{(2)}=\begin{bmatrix}2\\4\end{bmatrix}+\lambda_2\begin{bmatrix}0\\1\end{bmatrix}$

解得 $\lambda_2=-2,\boldsymbol{X}^{(2)}=\begin{bmatrix}2\\2\end{bmatrix}$

$$\boldsymbol{S}^{(3)}=\boldsymbol{X}^{(2)}-\boldsymbol{X}^{(0)}=\begin{bmatrix}2\\2\end{bmatrix}-\begin{bmatrix}-2\\4\end{bmatrix}=\begin{bmatrix}4\\-2\end{bmatrix}$$

得 $\lambda = \lambda_3 = -\dfrac{2}{17}$，$\boldsymbol{X}^{(3)} = \begin{bmatrix} \dfrac{26}{17} \\ \dfrac{38}{17} \end{bmatrix}$

令 $\hat{\boldsymbol{X}}^{(0)} = \boldsymbol{X}^{(3)}$，$\hat{\boldsymbol{S}}^{(1)} = \boldsymbol{S}^{(2)}$

（2）第二轮迭代。

$$\hat{\boldsymbol{X}}^{(1)} = \hat{\boldsymbol{X}}^{(0)} + \lambda_1 \boldsymbol{S}^{(2)} = \begin{bmatrix} \dfrac{26}{17} \\ \dfrac{38}{17} \end{bmatrix} + \lambda_1 \begin{bmatrix} 0 \\ 1 \end{bmatrix}$$

得 $\lambda = \lambda_1 = -\dfrac{12}{17}$，$\boldsymbol{X}^{(1)} = \begin{bmatrix} \dfrac{26}{17} \\ \dfrac{26}{17} \end{bmatrix}$

令 $\hat{\boldsymbol{S}}^{(2)} = \boldsymbol{S}^{(3)}$，则有

$$\hat{\boldsymbol{X}}^{(2)} = \hat{\boldsymbol{X}}^{(1)} + \lambda_2 \hat{\boldsymbol{S}}^2 = \begin{bmatrix} \dfrac{26}{17} \\ \dfrac{26}{17} \end{bmatrix} + \lambda_2 \begin{bmatrix} 4 \\ -2 \end{bmatrix}$$

$$\lambda_2 = \lambda = -\dfrac{18}{289}, \quad \hat{\boldsymbol{X}}^{(2)} = \begin{bmatrix} \dfrac{370}{289} \\ \dfrac{478}{289} \end{bmatrix}$$

$$\hat{\boldsymbol{S}}^{(3)} = \hat{\boldsymbol{X}}^{(2)} - \hat{\boldsymbol{X}}^{(0)} = \begin{bmatrix} \dfrac{370}{289} \\ \dfrac{478}{289} \end{bmatrix} - \begin{bmatrix} \dfrac{26}{17} \\ \dfrac{38}{17} \end{bmatrix} = \begin{bmatrix} -\dfrac{72}{289} \\ -\dfrac{168}{289} \end{bmatrix}$$

$$\hat{\boldsymbol{X}}^{(3)} = \hat{\boldsymbol{X}}^{(2)} + \lambda_3 \hat{\boldsymbol{X}}^{(3)} = \begin{bmatrix} \dfrac{370}{289} \\ \dfrac{478}{289} \end{bmatrix} + \lambda_2 \begin{bmatrix} -\dfrac{72}{289} \\ -\dfrac{168}{289} \end{bmatrix}$$

$$\lambda_3 = \dfrac{9}{8}, \quad \hat{\boldsymbol{X}}^{(3)} = \begin{bmatrix} 1 \\ 1 \end{bmatrix} = \boldsymbol{X}^*$$

易知该例中 $\boldsymbol{S}^{(3)} = \begin{bmatrix} 4 \\ -2 \end{bmatrix}$，$\hat{\boldsymbol{S}}^{(3)} = (\hat{\boldsymbol{X}}^{(2)} - \boldsymbol{X}^{(3)}) = \begin{bmatrix} -\dfrac{72}{289} \\ -\dfrac{168}{289} \end{bmatrix}$ 与 $\boldsymbol{H} = \begin{bmatrix} 3 & -1 \\ -1 & 2 \end{bmatrix}$ 共

轭，即

$$\boldsymbol{S}^{(3)\mathrm{T}} \boldsymbol{H} \hat{\boldsymbol{S}}^{(3)} = \begin{bmatrix} 4 & -2 \end{bmatrix} \begin{bmatrix} 3 & -1 \\ -1 & 1 \end{bmatrix} \begin{bmatrix} -\dfrac{72}{289} \\ -\dfrac{168}{289} \end{bmatrix} = 0$$

6.4.3.3　鲍威尔法存在的问题

先举一例进行说明。

例 6.4－2　求 $f(\boldsymbol{X}) = (x_1 - x_2 + x_3)^3 + (-x_1 + x_2 + x_3)^2 + (x_1 + x_2 - x_3)^2$ 的极小值。

$$\boldsymbol{X}^{(0)} = \left[\frac{1}{2}, \quad 1, \quad \frac{1}{2}\right]^{\mathrm{T}}, \boldsymbol{S}^{(1)} = \begin{bmatrix} 1 \\ 0 \\ 0 \end{bmatrix}, \boldsymbol{S}^{(2)} = \begin{bmatrix} 0 \\ 1 \\ 0 \end{bmatrix}, \boldsymbol{S}^{(3)} = \begin{bmatrix} 0 \\ 0 \\ 1 \end{bmatrix}$$

解　第一轮迭代后得到

$$\boldsymbol{X}^{(1)} = \begin{bmatrix} \frac{1}{2} \\ 1 \\ \frac{1}{2} \end{bmatrix}, \boldsymbol{X}^{(2)} = \begin{bmatrix} \frac{1}{2} \\ \frac{1}{3} \\ \frac{1}{2} \end{bmatrix}, \boldsymbol{X}^{(3)} = \begin{bmatrix} \frac{1}{2} \\ \frac{1}{3} \\ \frac{5}{18} \end{bmatrix}$$

$$\boldsymbol{S}^{(4)} = \boldsymbol{X}^{(3)} - \boldsymbol{X}^{(0)} = \begin{bmatrix} \frac{1}{2} \\ \frac{1}{3} \\ \frac{5}{18} \end{bmatrix} - \begin{bmatrix} \frac{1}{2} \\ 1 \\ \frac{1}{2} \end{bmatrix} = \begin{bmatrix} 0 \\ -\frac{2}{3} \\ -\frac{2}{9} \end{bmatrix}$$

第二轮的搜索方向

$$\hat{\boldsymbol{S}}^{(1)} = \begin{bmatrix} 0 \\ 1 \\ 0 \end{bmatrix}, \hat{\boldsymbol{S}}^{(2)} = \begin{bmatrix} 0 \\ 0 \\ 1 \end{bmatrix}, \hat{\boldsymbol{S}}^{(3)} = \begin{bmatrix} 0 \\ -\frac{2}{3} \\ -\frac{2}{9} \end{bmatrix}$$

因三个搜索方向的第一个分量均为 0，故搜索结果即将到来点的第一个分量都保持为 $\frac{1}{2}$ 不变，永远到达不了最优点 $\boldsymbol{X}^* = [0, \quad 0, \quad 0]^{\mathrm{T}}$，所以搜索不到最优点，原因是搜索方向线性相关。

鲍威尔法存在以下两个问题：

(1) 对于非二次函数，用泰勒展开只有接近中心处是椭圆，故收敛就不是二次收敛，即 n 次不一定达到最优点。

(2) 共轭方向一定是线性无关的，但从例 6.4－2 看到，可能出现线性相关或近似线性相关，使一些方向漏掉、降维，称为退化，故对鲍威尔法进行修改，即不一定固定每次去掉的都是第一个方向，而是"哪个方向好就朝哪个方向走"，从而避免出现线性相关的退化现象。以后常将修正鲍威尔法称为鲍威尔法，而将未修正的称为原始鲍威尔法。

1. 鲍威尔法的迭代步骤

前两步与原始鲍威尔法是一样的。

（1）（2）见 6.4.3.2 节。

（3）判别是否满足 $k=n$。若 $k=n$，转步骤（4）；若 $k<n$，令 $k=k+1$，返回步骤（2）。

（4）检验是否满足收敛性判别准则

$$\|\boldsymbol{X}^{(n)}-\boldsymbol{X}^{(0)}\|\leqslant\varepsilon$$

若满足判别准则，迭代停止，得 $\boldsymbol{X}^{(n)}$ 为最优解；否则进行步骤（5）。

（5）比较各 f_k-f_{k+1} 的大小，用 Δ 表示其中最大者，即

$$\Delta=\max_{0\leqslant k\leqslant n-1}(f_k-f_{k+1})=f_n-f_{n+1} \tag{6.4.5}$$

（6）进行移动

$$\boldsymbol{X}^{(n+1)}=2\boldsymbol{X}^{(n)}-\boldsymbol{X}^{(0)} \tag{6.4.6}$$

（7）令 $f_0=f(\boldsymbol{X}^{(0)})$，$f_n=f(\boldsymbol{X}^{(n)})$，$f_{n+2}=f(\boldsymbol{X}^{(n+1)})$，判别是否要改变方向。

$$f_{n+1}<f_0 \text{ 和}(f_0-2f_n+f_{n+1})(f_0-f_n-\Delta)^2<0.5\Delta(f_0-f_{n+1})^2 \tag{6.4.7}$$

若不能同时满足式（6.4.7），则探测方向不变，仍以 $\boldsymbol{e}_1,\cdots,\boldsymbol{e}_n$ 为探测方向，如 $f(\boldsymbol{X}^{(n)})<f(\boldsymbol{X}^{(n+1)})$，令 $\boldsymbol{X}^{(0)}=\boldsymbol{X}^{(n)}$；否则令 $\boldsymbol{X}^{(0)}=\boldsymbol{X}^{(n+1)}$，返回步骤（2）。若满足，在方向 $\boldsymbol{X}^{(n)}-\boldsymbol{X}^{(0)}=\boldsymbol{S}^{(n+1)}$ 上做一维搜索，得到 $\boldsymbol{X}^{(n+2)}=\boldsymbol{X}^{(n)}+\lambda_n\boldsymbol{S}^{(n+1)}$，令 $\boldsymbol{X}^{(0)}=\boldsymbol{X}^{(n+2)}$。

（8）对二维情况，如果 $f(\boldsymbol{X}^{(0)})-f(\boldsymbol{X}^{(1)})>f(\boldsymbol{X}^{(1)})-f(\boldsymbol{X}^{(2)})$，舍去 $\boldsymbol{S}^{(1)}$ 方向，即 $\boldsymbol{S}^{(1)}=\boldsymbol{S}^{(2)}$；否则舍去 $\boldsymbol{S}^{(2)}$ 方向，令 $\boldsymbol{S}^{(2)}=\boldsymbol{S}^{(3)}$，如图 6-13(a)(b) 所示。

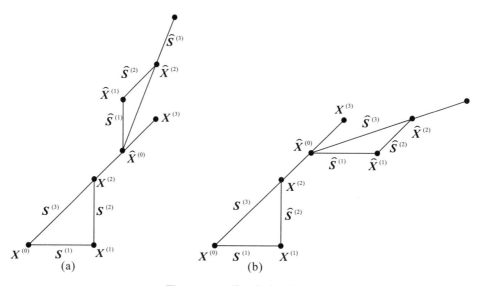

图 6-13　二维函数方向替换

若是 n 维情况，则有

$$\begin{aligned} \boldsymbol{S}^{(k)}&=\boldsymbol{S}^{(k)}, & k&=1,\cdots,m-1\\ \boldsymbol{S}^{(k)}&=\boldsymbol{S}^{(k+1)}, & k&=m,\cdots,n-1\\ \boldsymbol{S}^{(n)}&=\boldsymbol{X}^{(n)}-\boldsymbol{X}^{(0)}, & k&=n \end{aligned}$$

2. 鲍威尔法的迭代框图

鲍威尔法迭代框图如图 6-14 所示。

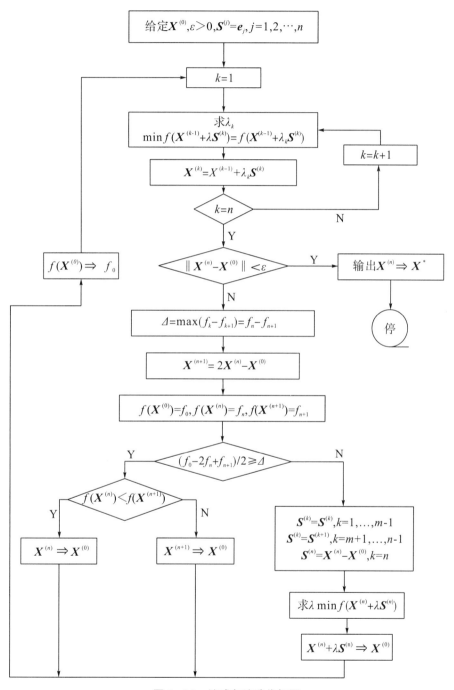

图 6-14　鲍威尔法迭代框图

例 6.4-3　用鲍威尔法求 $\min f(\boldsymbol{X}) = x_1^2 + 2x_2^2 - 4x_1 - 2x_1 x_2$ 的极小值。

解　(1) 第一轮迭代。

①取 $\boldsymbol{X}^{(0)} = \begin{bmatrix} 1 \\ 1 \end{bmatrix}$, $f(\boldsymbol{X}^{(0)}) = -3$。

② $\boldsymbol{X}^{(1)} = \boldsymbol{X}^{(0)} + \lambda_1 \boldsymbol{S}^{(1)} = \begin{bmatrix} 1 \\ 1 \end{bmatrix} + \lambda_1 \begin{bmatrix} 1 \\ 0 \end{bmatrix}$, $\lambda_1 = 2$, $\boldsymbol{X}^{(1)} = \begin{bmatrix} 3 \\ 1 \end{bmatrix}$ $f(\boldsymbol{X}^{(1)}) = -7$。

③ $\boldsymbol{X}^{(2)} = \boldsymbol{X}^{(1)} + \lambda_2 \boldsymbol{S}^{(2)} = \begin{bmatrix} 3 \\ 1 \end{bmatrix} + \lambda_2 \begin{bmatrix} 0 \\ 1 \end{bmatrix}$, $\lambda_2 = \dfrac{1}{2}$, $\boldsymbol{X}^{(2)} = \begin{bmatrix} 3 \\ \frac{3}{2} \end{bmatrix}$ $f(\boldsymbol{X}^{(2)}) = -7.5$。

④比较 $f(\boldsymbol{X}^{(0)}) - f(\boldsymbol{X}^{(1)}) = -3 - (-7) = 4$, $f(\boldsymbol{X}^{(1)}) - f(\boldsymbol{X}^{(2)}) = -7 - (-7.5) = 0.5$, 取大者得 $\Delta = 4$。

⑤ $\boldsymbol{X}^{(3)} = 2\boldsymbol{X}^{(2)} - \boldsymbol{X}^{(0)} = 2\begin{bmatrix} 3 \\ \frac{3}{2} \end{bmatrix} - \begin{bmatrix} 1 \\ 1 \end{bmatrix} = \begin{bmatrix} 5 \\ 2 \end{bmatrix}$, $f(\boldsymbol{X}^{(3)}) = -7$

判断是否需要更换搜索方向。

⑥令 $f_0 = -3$, $f_2 = -7.5$, $f_3 = -7$。

$(f_0 - 2f_2 + f_3)(f_0 - f_2 - \Delta)^2 = 1.25$, $0.5\Delta(f_0 - f_3)^2 = 32$

由 $f_3 < f_0$ 和 $(f_0 - 2f_2 + f_3)(f_0 - f_2 - \Delta)^2 < 0.5\Delta(f_0 - f_3)^2$, 故需更换方向。

⑦

$$\boldsymbol{S}^{(3)} = \boldsymbol{X}^{(2)} - \boldsymbol{X}^{(0)} = \begin{bmatrix} 3 \\ \frac{3}{2} \end{bmatrix} - \begin{bmatrix} 1 \\ 1 \end{bmatrix} = \begin{bmatrix} 2 \\ \frac{1}{2} \end{bmatrix}$$

$$\boldsymbol{X}^{(4)} = \boldsymbol{X}^{(2)} + \lambda_3 \boldsymbol{S}^{(3)} = \begin{bmatrix} 3 \\ \frac{3}{2} \end{bmatrix} + \lambda_3 \begin{bmatrix} 2 \\ \frac{1}{2} \end{bmatrix}$$

求出 $\lambda_3 = \dfrac{2}{5}$。用手计算时, 也可用 $\lambda_3 = \dfrac{[\nabla f(\boldsymbol{X}^{(2)})]^{\mathrm{T}} \boldsymbol{S}^{(3)}}{[\boldsymbol{S}^{(3)}]^{\mathrm{T}} \boldsymbol{H} \boldsymbol{S}^{(3)}}$。

$$\boldsymbol{X}^{(4)} = \begin{bmatrix} \frac{19}{5} \\ \frac{17}{10} \end{bmatrix} \quad f(\boldsymbol{X}^{(4)}) = -7.9$$

因 $\Delta = f(\boldsymbol{X}^{(0)}) - f(\boldsymbol{X}^{(1)})$, 故应舍弃 $\boldsymbol{S}^{(1)}$ 方向, 即令 $\boldsymbol{S}^{(1)} = \boldsymbol{S}^{(2)}$, $\boldsymbol{S}^{(2)} = \boldsymbol{S}^{(3)}$。

(2) 第二轮迭代。

①

$$\boldsymbol{X}^{(4)} = \hat{\boldsymbol{X}}^{(0)} = \begin{bmatrix} \frac{19}{5} \\ \frac{17}{10} \end{bmatrix}, \quad f(\hat{\boldsymbol{X}}^{(0)}) = -7.9。$$

②

$$\hat{\boldsymbol{X}}^{(1)} = \hat{\boldsymbol{X}}^{(0)} + \lambda_1 \hat{\boldsymbol{S}}^{(1)} = \begin{bmatrix} \frac{19}{5} \\ \frac{17}{10} \end{bmatrix} + \lambda_1 \begin{bmatrix} 0 \\ 1 \end{bmatrix}$$

得 $\lambda_1 = \dfrac{1}{5}$，$\hat{\boldsymbol{X}}^{(1)} = \begin{bmatrix} \dfrac{19}{5} \\[2mm] \dfrac{19}{10} \end{bmatrix}$，$f(\hat{\boldsymbol{X}}^{(1)}) = -7.98$。

③

$$\hat{\boldsymbol{X}}^{(2)} = \hat{\boldsymbol{X}}^{(1)} + \lambda_2 \hat{\boldsymbol{S}}^{(2)} = \begin{bmatrix} \dfrac{19}{5} \\[2mm] \dfrac{19}{10} \end{bmatrix} + \lambda_2 \begin{bmatrix} 2 \\[1mm] \dfrac{1}{2} \end{bmatrix}$$

得 $\lambda_2 = \dfrac{2}{25}$，$\hat{\boldsymbol{X}}^{(2)} = \begin{bmatrix} \dfrac{99}{25} \\[2mm] \dfrac{97}{50} \end{bmatrix}$，$f(\hat{\boldsymbol{X}}^{(2)}) = -7.996$。

④

$$f(\hat{\boldsymbol{X}}^{(0)}) - f(\hat{\boldsymbol{X}}^{(1)}) = -7.9 - (-7.98) = 0.08 = \Delta$$
$$f(\hat{\boldsymbol{X}}^{(1)}) - f(\hat{\boldsymbol{X}}^{(2)}) = -7.98 - (-7.996) = 0.016$$

⑤

$$\hat{\boldsymbol{X}}^{(3)} = 2\hat{\boldsymbol{X}}^{(2)} - \hat{\boldsymbol{X}}^{(0)} = 2\begin{bmatrix} \dfrac{99}{25} \\[2mm] \dfrac{97}{50} \end{bmatrix} - \begin{bmatrix} \dfrac{19}{5} \\[2mm] \dfrac{17}{5} \end{bmatrix} = \begin{bmatrix} \dfrac{103}{25} \\[2mm] \dfrac{109}{50} \end{bmatrix}$$

$$f(\hat{\boldsymbol{X}}^{(3)}) = -7.964$$

⑥

$$f_0 = -7.9, \quad f_2 = -7.996, \quad f_3 = -7.964$$

$(f_0 - 2f_2 + f_3)(f_0 - f_2 - \Delta)^2 = 3.28 \times 10^{-5}$，$0.5\Delta(f_0 - f_3)^2 = 1.64 \times 10^{-4}$

因 $f_3 < f_0$ 和 $(f_0 - 2f_2 + f_3)(f_0 - f_2 - \Delta)^2 < 0.5\Delta(f_0 - f_3)^2$，故需更换方向。

$$\hat{\boldsymbol{S}}^{(3)} = \hat{\boldsymbol{X}}^{(2)} - \hat{\boldsymbol{X}}^{(0)} = \begin{bmatrix} \dfrac{99}{25} \\[2mm] \dfrac{97}{50} \end{bmatrix} - \begin{bmatrix} \dfrac{19}{5} \\[2mm] \dfrac{17}{10} \end{bmatrix} = \begin{bmatrix} \dfrac{4}{25} \\[2mm] \dfrac{6}{25} \end{bmatrix}$$

$$\hat{\boldsymbol{X}}^{(4)} = \hat{\boldsymbol{X}}^{(2)} + \lambda_3 \hat{\boldsymbol{S}}^{(3)} = \begin{bmatrix} \dfrac{99}{25} \\[2mm] \dfrac{97}{50} \end{bmatrix} + \dfrac{1}{4}\begin{bmatrix} \dfrac{4}{25} \\[2mm] \dfrac{6}{25} \end{bmatrix} = \begin{bmatrix} 4 \\[1mm] 2 \end{bmatrix}$$

$$f(\hat{\boldsymbol{X}}^{(4)}) = -8$$

这已是最优点，继续迭代没有改进。

6.5　可行方向法

可行方向法是解决具有不等式约束优化问题的直接搜索法之一，对于大型约束优化问题，其收敛速度快、效果较好，但程序较复杂。

6.5.1 可行方向法求优过程的基本要求

1. 可行方向

搜索方向必须是可行的，即从一个初始可行点出发，沿着探索方向进行一维搜索后，得到的新点必须仍然是可行点。设 $X^{(k)}$ 为可行域 D 中的一个点，即 $X^{(k)} \in D$，对于某一方向 $S^{(k)}$ 来说，若存在数 $\lambda_0 > 0$，使对于任意的 $\lambda(0 \leqslant \lambda \leqslant \lambda_0)$ 均使

$$X^{(k)} + \lambda S^{(k)} \in D \tag{6.5.1}$$

成立，则称 $S^{(k)}$ 方向是 $X^{(k)}$ 点的一个可行方向。

若 $X^{(k)}$ 点在可行域内，即 $X^{(k)}$ 为内点，如图 6-15（a）所示，则任何方向都是可行方向。但当 $X^{(k)}$ 点在某一约束边界上，如图 6-15（b）（c）所示，该约束面就是起作用的约束，约束条件称为适时约束条件或紧约束条件。当 $X^{(k)}$ 点位于某一约束面上时，其可行方向 $S^{(k)}$ 可沿着 $X^{(k)}$ 点约束条件等值线的切线方向即与 $\nabla g(X^{(k)})$ 垂直方向或指向可行域内的方向就是与 $\nabla g(X^{(k)})$ 成钝角的方向，如图 6-15（b）所示。当 $X^{(k)}$ 点同时处于 J 个约束面上时，就要求 $S^{(k)}$ 与这 J 个约束面的梯度方向 $\nabla g_1(X^{(k)})$ 和 $\nabla g_2(X^{(k)})$ 交成直角或钝角，如图 6-15（c）所示。写成数学表达式为

$$[\nabla g_u(X^{(k)})]^{\mathrm{T}} S^{(k)} \leqslant 0, \quad u = 1, 2, \cdots, J \tag{6.5.2}$$

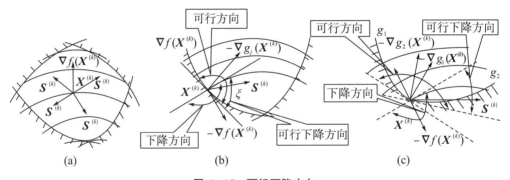

图 6-15 可行下降方向

2. 下降方向

沿着某一可行方向探索，必须使目标函数值下降，而且下降的愈快愈好。对某一点来说，负梯度方向为最速下降方向，那么为保证使目标函数值有所下降，就要使探索方向 $S^{(k)}$ 与目标函数的负梯度方向成锐角或与梯度方向成钝角，写成数学表达式为

$$[\nabla f(X^{(k)})]^{\mathrm{T}} S^{(k)} < 0 \tag{6.5.3}$$

满足式（6.5.2）的方向称可行方向，满足式（6.5.3）的方向称下降方向，只有同时满足这两式的方向称为可行下降方向或称为适用可行方向，这也是可行方向法所采用的探索方向。如图 6-15 所示，可行下降方向显然位于 $X^{(k)}$ 点约束面的切线与目标函数等值线的切线所围成的扇形区域内，推广到一般的情况就是可行下降方向是在目标函数

超等值面的超切面和 J 个起作用约束的超切面所围成的超锥体内。

6.5.2　可行方向法的探索路线

开始总是从可行域内某一初始点 $\boldsymbol{X}^{(0)}$ 出发，沿 $-\nabla f(\boldsymbol{X}^{(0)})$ 方向移至某一约束面或 J 个起作用约束面的交集 $\boldsymbol{X}^{(k)}$ 上，以后的探索路线和迭代计算有以下三种不同的常用方法。

（1）由 $\boldsymbol{X}^{(k)}$ 点出发，沿可行下降方向以最大步长从一个约束面到另一个约束面，进行反复搜索，直至满足给出的 K−T 条件，如图 6−16(a) 所示。

（2）由 $\boldsymbol{X}^{(k)}$ 点出发，沿可行下降方向作一维最优化探索，若所得新点 $\boldsymbol{X}^{(k+1)}$ 在可行域内，则再沿 $-\nabla f(\boldsymbol{X}^{(k+1)})$ 方向作一维最优化探索；若所得的新点不在可行域内，则将它移至约束面上再反复重复上述步骤，当 $\|\nabla f(\boldsymbol{X}^{(k+1)})\| \leqslant \varepsilon$ 时，则停止迭代，如图 6−16(b) 所示。

（3）沿着约束面进行搜索，如图 6−16(c) 所示。下面举例说明直接搜索法的思想。

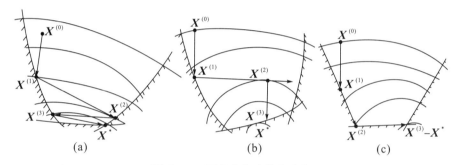

图 6−16　可行方向法搜索路线

例 6.5−1　用可行方向法求解下列约束极值问题

$$\min f(\boldsymbol{X}) = x_1^2 + x_2^2 - x_1 x_2 - 10x_1 - 4x_2 + 60$$
$$\text{s. t. } g_1(\boldsymbol{X}) = x_1 \geqslant 0$$
$$g_2(\boldsymbol{X}) = x_2 \geqslant 0$$
$$g_3(\boldsymbol{X}) = 6 - x_1 \geqslant 0$$
$$g_4(\boldsymbol{X}) = 8 - x_2 \geqslant 0$$
$$g_5(\boldsymbol{X}) = -x_1 - x_2 + 11 \geqslant 0$$

初始点取为 $\boldsymbol{X}^{(0)} = [2,2]^{\mathrm{T}}$。

解　首先沿 $-\nabla f(\boldsymbol{X}^{(0)})$ 进行搜索

$$\boldsymbol{S}^{(0)} = -\nabla f(\boldsymbol{X}^{(0)}) = -\begin{bmatrix} 2x_1 - x_2 - 10 \\ 2x_2 - x_1 - 4 \end{bmatrix}\Bigg|_{[2,2]^{\mathrm{T}}} = \begin{bmatrix} 8 \\ 2 \end{bmatrix}$$

直至到达 $g_3(\boldsymbol{X})$ 的约束面上的 $\boldsymbol{X}^{(1)}$ 点，即

$$\boldsymbol{X}^{(1)} = \boldsymbol{X}^{(0)} + \lambda \boldsymbol{S}^{(0)} = \begin{bmatrix} 2 \\ 2 \end{bmatrix} + 0.5 \begin{bmatrix} 8 \\ 2 \end{bmatrix} = \begin{bmatrix} 6 \\ 3 \end{bmatrix}$$

式中 λ 的值可按一定方法得到，从 $\boldsymbol{X}^{(1)}$ 出发找一个可以下降方向，这时只能沿

$g_3(\boldsymbol{X})$ 的约束界面，即 $\boldsymbol{S}^{(1)} = [0,\ 1]^{\mathrm{T}}$ 进行搜索，直至到达 $g_5(\boldsymbol{X})$ 的约束界面上，即

$$\boldsymbol{X}^{(2)} = \boldsymbol{X}^{(1)} + \lambda \boldsymbol{S}^{(1)} = \begin{bmatrix} 6 \\ 3 \end{bmatrix} + 2 \begin{bmatrix} 0 \\ 1 \end{bmatrix} = \begin{bmatrix} 6 \\ 5 \end{bmatrix}$$

再从 $\boldsymbol{X}^{(2)}$ 点寻找可行下降方向，若找不到，就将 $\boldsymbol{X}^{(2)}$ 点代入 K-T 条件

$$-\begin{bmatrix} 2x_1 - x_2 - 10 \\ 2x_2 - x_1 - 4 \end{bmatrix}\bigg|_{[6,5]^{\mathrm{T}}} = \lambda_1 \begin{bmatrix} 1 \\ 0 \end{bmatrix} + \lambda_2 \begin{bmatrix} 1 \\ 1 \end{bmatrix}$$

得 $\lambda_1 = 3, \lambda_2 = 0$ 均为非负乘子，因此 $\boldsymbol{X}^{(2)}$ 点满足 K-T 条件，约束最优解为 $\boldsymbol{X}^* = [6,5]^{\mathrm{T}}$，$f(\boldsymbol{X}^*) = 11$。又因 D 为凸集，故该解就是全域最优的。此例图形如图 6-17 所示。

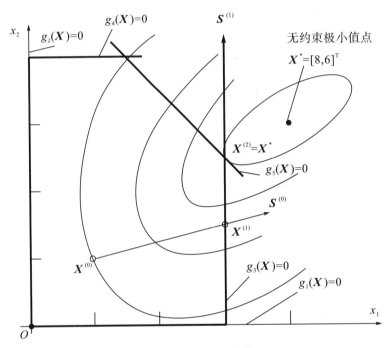

图 6-17　可行方向法计算图示

由此例可见第三种方法最适宜应用于线性约束的情况，对于非线性约束条件来讲，当沿光滑的约束面进行搜索时，其新点 $\boldsymbol{X}^{(k+1)}$ 可能进行非可行域，为区分起见，用 $\boldsymbol{X}'$ 代表，如图 6-18 所示，这时就要想法将 $\boldsymbol{X}'$ 点调整到约束界面上为 $\boldsymbol{X}^{(k+1)}$ 点。解决这个问题的一种办法是规定一个进入非可行域的"深度"，即建立约束面的容差带宽度为 δ，然后再沿 $\boldsymbol{X}'$ 点的负梯度方向返回到约束界面上，即

$$\boldsymbol{X}^{(k+1)} = \boldsymbol{X}' - \lambda' \nabla g(\boldsymbol{X}') \tag{6.5.4}$$

式中，λ' 为调整步长因子，可以采用试探法或插值法求出，也可用以下方法求出。

将约束函数 $g(\boldsymbol{X})$ 在 $\boldsymbol{X}'$ 点进行泰勒展开，取到线性项有

$$g(\boldsymbol{X}) \approx g(\boldsymbol{X}') + [\nabla g(\boldsymbol{X}')]^{\mathrm{T}}(\boldsymbol{X} - \boldsymbol{X}') \tag{6.5.5}$$

将 $\boldsymbol{X}^{(k+1)}$ 代入，因为 $\boldsymbol{X}^{(k+1)}$ 点在约束界面上，所以 $g(\boldsymbol{X}^{(k+1)}) = 0$，再将式（6.5.4）

代入式（6.5.5）就得到

$$g\left(\boldsymbol{X}'\right)+\left[\nabla g\left(\boldsymbol{X}'\right)\right]^{\mathrm{T}}\left[-\lambda'\nabla g\left(\boldsymbol{X}'\right)\right]=0 \tag{6.5.6}$$

$$\lambda'=\frac{g\left(\boldsymbol{X}'\right)}{\left[\nabla g\left(\boldsymbol{X}'\right)\right]^{\mathrm{T}}\nabla g\left(\boldsymbol{X}'\right)}$$

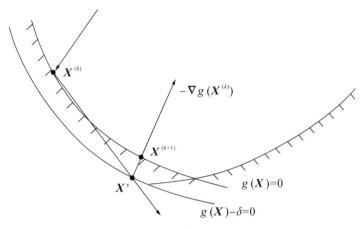

图 6-18　约束边界容差带

不管用哪种搜索方法，都是两条决策：产生一个适用的可行方向 $\boldsymbol{S}^{(k)}$；沿 $\boldsymbol{S}^{(k)}$ 方向确定一个不会越出可行域外的适当的步长因子 λ'。

6.5.3　可行下降方向的产生方法

当 $\boldsymbol{X}^{(k)}$ 点处于 J 个起作用的约束面上时，则可行下降方向的产生方法有随机法、线性规划法（Zoutendijk）、投影法。采用不同的可行下降方向会产生各种算法，本节重点介绍 Zoutendijk 方法。

Zoutendijk 可行方向法对线性药束和非线性药束都适用，但不包括等式约束条件。这个方法的要点是将具有一阶连续偏导数的目标函数和约束条件在 $\boldsymbol{X}^{(k)}$ 点用泰勒展开成线性近似函数（一次项），并用这些线性近似函数代替目标函数和它的约束条件，即使问题线性化。

$\min f(\boldsymbol{X})$ 近似成为 $\min\{f(\boldsymbol{X}^{(k)})+[\nabla f(\boldsymbol{X})]^{\mathrm{T}}(\boldsymbol{X}-\boldsymbol{X}^{(k)})\},\boldsymbol{X}\in\mathbf{R}^n$

s. t. $g_u(\boldsymbol{X})\leqslant 0$ 近似成为 $g_u(\boldsymbol{X}^{(k)})+[\nabla g_u(\boldsymbol{X}^{(k)})]^{\mathrm{T}}(\boldsymbol{X}-\boldsymbol{X}^{(k)})\leqslant 0,u=1,2,\cdots,m$

用 $\boldsymbol{X}^{(k+1)}$ 代替上式中的 $\boldsymbol{X}$，得到

$$\min\{f(\boldsymbol{X}^{(k)})+\lambda_k[\nabla f(\boldsymbol{X}^{(k)})]^{\mathrm{T}}\boldsymbol{S}^{(k)}\}$$

s. t. $g_u(\boldsymbol{X}^{(k)})+\lambda_k[\nabla g_u(\boldsymbol{X}^{(k)})^{\mathrm{T}}\boldsymbol{S}^{(k)}]\leqslant 0$

式中，$f(\boldsymbol{X}^{(k)})$、$g_u(\boldsymbol{X}^{(k)})$、$\lambda_k$ 为常数，故问题就变成求解线性规划问题

$$\min Z=[\nabla f(\boldsymbol{X}^{(k)})]^{\mathrm{T}}\boldsymbol{S}^{(k)}$$

s. t. $[\nabla g_u(\boldsymbol{X}^{(k)})]^{\mathrm{T}}\boldsymbol{S}^{(k)}\leqslant 0,u=1,2,\cdots,J$ \tag{6.5.7}

$\boldsymbol{S}^{(k)}$ 只起方向作用，为单位向量，故规定其各分量满足 $|s_j^{(k)}|\leqslant 1$，即

$$-1\leqslant s_j^{(k)}\leqslant 1 \tag{6.5.8}$$

理论上已证明，Zoutendijk 法产生的点列有时不一定收敛于 K—T 点，因此 Topkis 和 Veinott 对此法做了改进，其数学模型如下：

$$\min Z = \left[\nabla f(\boldsymbol{X}^{(k)})\right]^{\mathrm{T}} \boldsymbol{S}^{(k)}$$
$$\text{s. t. } \left[\nabla g_u(\boldsymbol{X}^{(k)})\right]^{\mathrm{T}} \boldsymbol{S}^{(k)} \leqslant 0, u = 1, 2, \cdots, J(<m) \tag{6.5.9}$$
$$-1 \leqslant s_i^{(k)} \leqslant 1, i = 1, 2, \cdots, n$$

求解这两种形式可得到目标函数最小值 Z_k 及迭代方向 $\boldsymbol{S}^{(k)}$，此时有两种情况：

(1) $Z_k = 0$，$\boldsymbol{X}^{(k)}$ 即为最优解。

(2) $Z_k \neq 0$，则必有 $Z_k < 0$，于是沿方向 $\boldsymbol{S}^{(k)}$ 还可以进行一维搜索，以求得更好的 $\boldsymbol{X}^{(k+1)}$。

这里的一维搜索求解为

$$\min f(\boldsymbol{X}^{(k)} + \lambda \boldsymbol{S}^{(k)})$$
$$\text{s. t. } 0 \leqslant \lambda \leqslant \lambda_{\max} \tag{6.5.10}$$

式中

$$\lambda_{\max} = \sup\{\lambda \mid g_u(\boldsymbol{X}^{(k)} + \lambda \boldsymbol{S}^{(k)}) \leqslant 0, u = 1, 2, \cdots, m\} \tag{6.5.11}$$

式中，sup 指上确界，实际求解时，先求 $g_u(\boldsymbol{X} + \lambda \boldsymbol{S}^{(k)}) \leqslant 0$ 的 λ 表达式，然后取出其中最小的 λ 上确界作为 $\lambda_{\max}$，图 6-19 给出了该法的计算框图。另外，可以发现 Z 的数学含义是 $\boldsymbol{X}^{(k)}$ 点的方向导数，式（6.5.9）代表的数学模型可理解为求一个方向 $\boldsymbol{S}^{(k)}$ 使 $\boldsymbol{X}^{(k)}$ 点的方向导数最小，即目标函数下降最快，该方向需满足可行性和下降性。

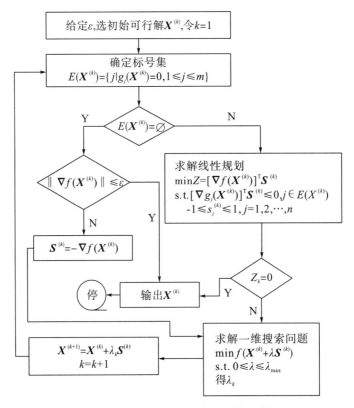

图 6-19 Zoutendijk 可行方向法的计算框图

例 6.5－2 用 Zoutendijk 可行方向法求解约束极值问题。

$$\min f(\boldsymbol{X}) = 2x_1^2 + 2x_2^2 - 2x_1x_2 - 4x_1 - 6x_2$$

$$\text{s. t. } g_1(\boldsymbol{X}) = x_1 + x_2 - 2 \leqslant 0$$

$$g_2(\boldsymbol{X}) = x_1 + 5x_2 - 5 \leqslant 0$$

$$g_3(\boldsymbol{X}) = -x_1 \leqslant 0$$

$$g_4(\boldsymbol{X}) = -x_2 \leqslant 0$$

解 （1）求可行方向 $\boldsymbol{S}^{(1)}$。

取初始可行点 $\boldsymbol{X}^{(1)} = [0,0]^{\mathrm{T}}$，则有 $f(\boldsymbol{X}^{(1)}) = 0$，$\nabla f(\boldsymbol{X}) = \begin{bmatrix} 4x_1 - 2x_2 - 4 \\ 4x_2 - 2x_1 - 6 \end{bmatrix}$，

$\nabla f(\boldsymbol{X}^{(1)}) = [-4, -6]^{\mathrm{T}}$；紧约束标号集 $E(\boldsymbol{X}^{(1)}) = \{3,4\}$；$\nabla g_3(\boldsymbol{X}) = [-1,0]^{\mathrm{T}}$，

$\nabla g_4(\boldsymbol{X}) = [0,-1]^{\mathrm{T}}$。

求解线性规划

$$\min Z = [\nabla f(\boldsymbol{X}^{(1)})]^{\mathrm{T}} \boldsymbol{S}^{(1)} = [-4, \quad -6] \begin{bmatrix} s_1^{(1)} \\ s_2^{(1)} \end{bmatrix} = -4s_1^{(1)} - 6s_2^{(1)}$$

$$\text{s. t. } -s_1^{(1)} \leqslant 0, -s_2^{(1)} \leqslant 0$$

$$-1 \leqslant s_j^{(1)} \leqslant 1, j = 1,2$$

用单纯形法求得 $\boldsymbol{S}^{(1)} = [1,1]^{\mathrm{T}}$，$Z = -10$。

（2）沿方向 $\boldsymbol{S}^{(1)}$ 进行一维搜索。

$$\boldsymbol{X}^{(2)} = \boldsymbol{X}^{(1)} + \lambda \boldsymbol{S}^{(1)} = \begin{bmatrix} 0 \\ 0 \end{bmatrix} + \lambda \begin{bmatrix} 1 \\ 1 \end{bmatrix} = \begin{bmatrix} \lambda \\ \lambda \end{bmatrix}$$

代入目标函数 $f(\boldsymbol{X}^{(1)} + \lambda \boldsymbol{S}^{(1)}) = 2\lambda^2 - 10\lambda$

$$\lambda_{\max} = \sup\{\lambda \mid 2\lambda - 2 \leqslant 0, 6\lambda - 5 \leqslant 0, -\lambda \leqslant 0\}$$

$$\lambda_{\max} = \min\{2/2, 5/6\} = 5/6$$

求解一维搜索问题

$$\min(2\lambda^2 - 10\lambda)$$

$$\text{s. t. } 0 \leqslant \lambda \leqslant 5/6$$

解得 $\lambda_1 = 5/6$，$\boldsymbol{X}^{(2)} = \boldsymbol{X}^{(1)} + \lambda_1 \boldsymbol{S}^{(1)} = [5/6, 5/6]^{\mathrm{T}}$，$f(\boldsymbol{X}^{(2)}) = -6.94$。

（3）求方向 $\boldsymbol{S}^{(2)}$。

$$\nabla f(\boldsymbol{X}^{(2)}) = [-7/3, -13/3]^{\mathrm{T}}, E(\boldsymbol{X}^{(2)}) = \{2\}, \nabla g_2(\boldsymbol{X}^{(2)}) = [1,5]^{\mathrm{T}}$$

求解线性规划

$$\min Z = -(7/3)s_1^{(2)} - (13/3)s_2^{(2)}$$

$$\text{s. t. } s_1^{(2)} + 5s_2^{(2)} \leqslant 0$$

$$-1 \leqslant s_j^{(2)} \leqslant 1, j = 1,2$$

解得 $\boldsymbol{S}^{(2)} = [1, -1/5]^{\mathrm{T}}$，$Z_2 = -22/15$。

（4）沿方向 $\boldsymbol{S}^{(2)}$ 进行一维搜索。

$$\boldsymbol{X}^{(3)} = \boldsymbol{X}^{(2)} + \lambda \boldsymbol{S}^{(2)} = [5/6 + \lambda, 5/6 - \lambda/5]^{\mathrm{T}}$$

$$f(\boldsymbol{X}^{(2)} + \lambda \boldsymbol{S}^{(2)}) = 62\lambda^2/25 - 22\lambda/15 - 125/8$$

$$\lambda_{max} = \sup\{\lambda \mid 4\lambda/5 - 1/3 \leqslant 0, -\lambda - 5/6 \leqslant 0, \lambda/5 - 5/6 \leqslant 0\}$$

$$\lambda_{max} = \min\{5/12, 25/6\} = 5/12$$

求解一维搜索问题

$$\min(62\lambda^2/25 - 22\lambda/25 - 125/8)$$

$$\text{s. t. } 0 \leqslant \lambda \leqslant 5/12$$

解得 $\lambda_2 = 55/186$，$\boldsymbol{X}^{(3)} = \boldsymbol{X}^{(2)} + \lambda_2 \boldsymbol{S}^{(2)} = [35/31, 24/31]^T$，$f(\boldsymbol{X}^{(3)}) = -7.16$。

（5）求方向 $\boldsymbol{S}^{(3)}$。

$$\nabla f(\boldsymbol{X}^{(3)}) = [-32/31, -160/31]^T, E(\boldsymbol{X}^3) = \{2\}$$

$$\nabla g_2(\boldsymbol{X}^{(3)}) = [1,5]^T$$

求解线性规划

$$\min Z = -(32/31)s_1^{(3)} - (160/31)s_2^{(3)}$$

$$\text{s. t. } s_1^{(3)} + 5s_2^{(3)} \leqslant 0$$

$$-1 \leqslant s_j^{(3)} \leqslant 1, j = 1,2$$

解得 $\boldsymbol{S}^{(3)} = [1, -1/5]^T$，$Z_3 = 0$。

于是最后得 $\boldsymbol{X}^* = \boldsymbol{X}^{(3)} = [35/31, 24/31]^T$，对应的 $f(\boldsymbol{X}^*) = -7.16$，全部计算结果列于表 6-3 中。

表 6-3 可行方向法计算示例

k	$[\boldsymbol{X}^{(k)}]^T$	$f(\boldsymbol{X}^{(k)})$	求方向			一维搜索			
			$[\nabla f(\boldsymbol{X}^{(k)})]^T$	$E(\boldsymbol{X}^{(k)})$	$[\boldsymbol{S}^{(1)}]^T$	Z_k	λ_{max}	λ_k	$[\boldsymbol{X}^{(k+1)}]^T$
1	$[0, 0]$	0	$[-4, -6]$	$\{3, 4\}$	$[1, 1]$	-10	$\frac{5}{6}$	$\frac{5}{6}$	$\left[\frac{5}{6}, \frac{5}{6}\right]$
2	$\left[\frac{5}{6}, \frac{5}{6}\right]$	-6.94	$\left[-\frac{7}{3}, -\frac{13}{3}\right]$	$\{2\}$	$\left[1, -\frac{1}{5}\right]$	$-\frac{22}{15}$	$\frac{5}{12}$	$\frac{55}{186}$	$\left[\frac{35}{31}, \frac{24}{31}\right]$
3	$\left[\frac{35}{31}, \frac{24}{31}\right]$	-7.16	$\left[-\frac{32}{31}, -\frac{160}{31}\right]$	$\{2\}$	$\left[1, -\frac{1}{5}\right]$	0	—	—	—

6.6 惩罚函数法

6.6.1 惩罚函数法简介

惩罚函数法的基本思想是用约束条件去构造一个制约函数，当约束条件不满足时，该函数就受到制约；反之，则不受到制约，把目标函数和约束条件函数放一起构造一个新函数，将约束问题化成一系列无约束问题求解，故称为序贯无约束极小化技术（Sequential Unconstrained Minimization Technique，SUMT）。

可以通俗地用经济问题来解释：把原目标函数 $f(\boldsymbol{X})$ 看成价格，把约束条件看成某些规定，如果违反规定，即 $X \notin D$，就要被罚款。如果不违反规定，即 $X \in D$，罚款为 0，付出的总金额是价格和罚款的总和。在购物时，以总价格最小为目标函数，当把罚款订得很苛刻时，迫使人们不去违反规定，逐渐向极小点靠近。

SUMT 法的目标函数一般可写成

$$\min\varphi(\boldsymbol{X},r^{(k)}) = F(\boldsymbol{X}) + r^{(k)}\sum_{u=1}^{m}G[g_u(\boldsymbol{X})] \tag{6.6.1}$$

新目标函数称为增广目标函数，或称为惩罚函数。式（6.6.1）的右端第二项就称为惩罚项，$r^{(k)}$ 为罚因子，是一个递增或递减的数列，在迭代过程中，使惩罚项起的作用越来越小，最后使

$$\lim_{k \to \infty} r^{(k)}\sum_{u=1}^{m}G[g_u(\boldsymbol{X})] = 0$$

即 $\varphi(\boldsymbol{X},r^{(k)})$ 和 $F(\boldsymbol{X})$ 收敛于同一最优解。

惩罚函数法分为内点法、外点法和混合法惩罚函数，下面分别予以叙述。

6.6.2 内点法

6.6.2.1 内点惩罚函数的构造

内点法是求解不等式约束优化问题的一种十分有效的方法，但不能处理等式约束。其特点是要求迭代过程均在可行域 D 内进行，所以在可行域 D 的边界上设置一道障碍，使迭代点靠近 D 的边界时函数值很大，甚至趋近于无穷大，离边界较远的可行域内，新旧函数值尽量接近，因此惩罚函数构造的形式为

$$\varphi(\boldsymbol{X},r^{(k)}) = f(\boldsymbol{X}) + r^{(k)}\sum_{u=1}^{m}\frac{1}{g_u(\boldsymbol{X})} \tag{6.6.2}$$

或

$$\varphi(\boldsymbol{X},r^{(k)}) = f(\boldsymbol{X}) - r^{(k)}\sum_{u=1}^{m}\ln[g_u(\boldsymbol{X})] \tag{6.6.3}$$

上述公式适合 $g_u(\boldsymbol{X}) \geqslant 0$ 的情况，如果是 $g_u(\boldsymbol{X}) \leqslant 0$，则在惩罚项约束函数前面加负号。

从式（6.6.2）看出，当迭代点接近边界时，$g_i(\boldsymbol{X}) \approx 0$，$\frac{1}{g_i(\boldsymbol{X})} \to \infty$，相当于在边界上设置了一道障碍，或者是筑起了陡峭的围墙，使迭代过程不得超越出去，所以内点法也称障碍函数法或围墙法。

$r^{(k)}$ 是惩罚因子，是递减的正数序列，即 $r^{(0)} > r^{(1)} > \cdots > r^{(k)} > r^{(k+1)} \cdots > 0$，$\lim\limits_{k \to \infty} r^{(k)} = 0$，通常取 $r^{(k)} = 1.0, 0.1, 0.01, 0.001, \cdots$。

由此可见，在迭代过程中 $r^{(k)}$ 逐渐减小，相当于目标函数中惩罚项的作用越来越小，函数 φ 中的最优点就必须从可行域内部越来越靠近可行域的边界，当 $r^{(k)} = 0$ 时就得到原问题的最优解。也就是说点列 $\{\boldsymbol{X}^*(r^{(k)})\}$ 就沿着这条轨迹趋于 $f(\boldsymbol{X})$ 的约束最优点，因此，惩罚因子 $r^{(k)}$ 又称为惩罚参数，随着 $r^{(k)}$ 的递减序列，使惩罚函数的无约

束极值点 $\boldsymbol{X}^*(r^{(k)})$ 从可行域内部向原目标函数的约束最优点逼近，直至达到最优点。

障碍函数 $\varphi(\boldsymbol{X}, r^{(k)})$ 的两种形式可任选其一，一般当选用的无约束优化方法是应用求导的解析法时，用式（6.6.3）求函数的梯度较简便；否则（即选用直接法或用差分法代替求导的解析法时）采用式（6.6.2）为宜。

下面用一个简单的例子来说明内点法的一些几何概念。

例 6.6－1 求 $\begin{cases} \min f(x) = x (x \in D) \\ \text{s. t. } g(x) = x - 1 \geqslant 0 \end{cases}$

解 构造惩罚函数 $\varphi(x, r^{(k)}) = x + r^{(k)} \dfrac{1}{x-1}$，对新目标函数求一阶导数，并令其为 0，可求得极值点的表达式为

$$\varphi'(x, r^{(k)}) = 1 - \frac{r^{(k)}}{(x-1)^2} = 0$$

$$(x-1)^2 - r^k = 0$$

$$x^* = \sqrt{r^{(k)}} + 1$$

惩罚函数值为 $\varphi(x(r^{(k)}), r^{(k)}) = 2\sqrt{r^{(k)}} + 1$。

由此可见，当 $r^{(k)} \to 0$ 时，$x = 1$，$f(x^*) = 1 = \varphi(x^*)$。

表 6－4 列出了当惩罚参数赋予不同值时的 $x^*(r^{(k)})$ 和 $\varphi(x, r^{(k)})$。

表 6－4 内点法计算示例

$r^{(k)}$	1	0.1	0.01	0.001	...	0
$x^*(r^{(k)})$	2	1.316	1.1	1.032	...	1
$\varphi(x, r^{(k)})$	3	1.632	1.2	1.063	...	1

由表 6－4 可知，当惩罚参数为一递减数列时，其极值点 $x^*(r^{(k)})$ 离约束最优点 x^* 越来越近。此例 6.6－1 的几何图形如图 6－20 所示。由图表明，极值点随着 $r^{(k)}$ 的减小而将沿一直线轨迹 $\varphi(x(r^{(k)}), r^{(k)}) = 2x^*(r^{(k)}) - 1$ 从约束区内向最优点 x^* 收敛，当 $r^{(k)} \to 0$ 时，$x^*(r^{(k)}) \to x = 1$，$\varphi(x^*(r^{(k)}), r^{(k)}) \to f(x^*) = 1$，即惩罚函数收敛于原目标函数 $f(x)$ 的最优解。

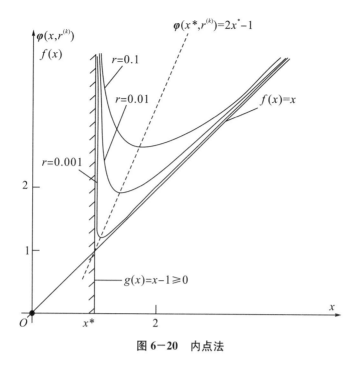

图 6-20　内点法

6.6.2.2　内点法的迭代步骤

内点法的迭代步骤如下：

（1）在可行域内选一个内点 $\boldsymbol{X}^{(0)}$，最好不要靠近任一约束边界。

（2）选取适当的惩罚因子初始值 $r^{(0)}$，降低系数 c（$0<c<1$），计算精度 ε。

（3）构造惩罚函数，调用无约束优化方法，求 $\varphi(\boldsymbol{X}, r^{(k)})$ 的极值点。

（4）检验迭代终止条件，若 $\|\boldsymbol{X}^* - \boldsymbol{X}^{(0)}\| \leqslant \varepsilon$，则迭代停止输出 $\boldsymbol{X}^*$；否则，令 $\boldsymbol{X}^{(0)} = \boldsymbol{X}^*, r = cr, k = k+1$ 转步骤（3）。

内点法的计算框图如图 6-21 所示。

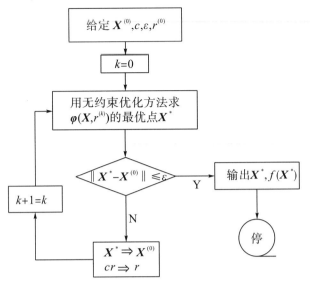

图6-21 内点法的计算框图

6.6.2.3 关于内点法中几个问题的讨论

（1）初始点 $\boldsymbol{X}^{(0)}$ 必须是一个严格的初始内点，即满足 $g_u(\boldsymbol{X}^{(0)}) \leqslant 0, u = 1, 2, \cdots,$ m，并且最好离边界远一点，对于简单问题（变量个数和约束个数不多），易于人工判断或作简单计算即可找到一个严格的初始内点，对老产品进行改进时，可以把原产品的有关参数作为初始内点，因它虽非最优，但一般总是可行的，但对复杂问题，则需用迭代方法寻找。

迭代步骤如下：

①任取一初始点 $\boldsymbol{X}^{(0)} \in \mathbf{R}^n$，惩罚因子初值 $r > 0$，惩罚因子的变化系数 c（$0 < c < 1$）。

②确定标号集为

$$T = \{i \mid g_i(\boldsymbol{X}^{(0)}) \leqslant 0, \quad 1 \leqslant i \leqslant m\} \text{ 满足约束条件}$$

$$S = \{i \mid \{g_i(\boldsymbol{X}^{(0)}) > 0, \quad 1 \leqslant i \leqslant m\} \text{ 不满足约束条件}$$

③检验 S 是否为空集，若 $S = \varnothing$，则输出 $\boldsymbol{X}^{(0)}$，停机；否则，求解无约束极值问题。

$$\min \varphi(\boldsymbol{X}, r^{(k)}) = -\sum_{i \in S} g_i(\boldsymbol{X}) + r \sum_{i \in T} \frac{1}{-g_i(\boldsymbol{X})} \text{ 的最优解。}$$

④令 $\boldsymbol{X}^{(0)} = \boldsymbol{X}^*$，$r = cr$，转步骤②。

求初始内点的计算框图如图6-22所示。

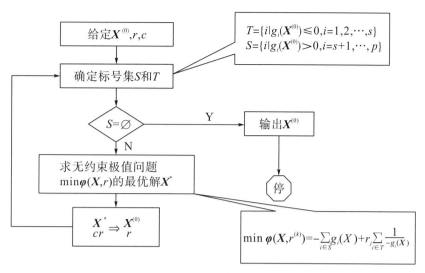

图 6-22　初始内点的计算框图

（2）初始惩罚因子 $r^{(0)}$ 的选择。$r^{(0)}$ 的选择对 SUMT 法的计算效率影响很大，在 SUMT 法中是个比较重要的环节，选择时需要有一定的技巧和经验。

若 $r^{(0)}$ 值取得太小，则在惩罚函数 $\varphi(\boldsymbol{X},r^{(k)})$ 中惩罚项的作用就会很小，这时 $\varphi(\boldsymbol{X},r^{(k)})$ 的性态不好，在约束面附近出现狭窄的谷地，使迭代发生困难，甚至得不到正确的最优解。

若 $r^{(0)}$ 取值过大，则函数 $\varphi(\boldsymbol{X},r^{(k)})$ 易极小化，但迭代步骤太多，降低计算效率，所以应使最小化不发生困难的情况下，尽可能地使 $r^{(0)}$ 小些。或者使罚函数中惩罚项 $r^{(0)}\sum\limits_{u=1}^{m}\dfrac{1}{g_u(\boldsymbol{X})}$ 起的作用与原目标函数 $f(\boldsymbol{X}^{(0)})$ 起的作用相当，即

$$r^{(0)} = \frac{f(\boldsymbol{X}^{(0)})}{\sum\limits_{u=1}^{m}\dfrac{1}{g_u(\boldsymbol{X}^{(0)})}} \tag{6.6.4}$$

一般经常取 $r^{(0)} = 1$。

总之，$r^{(0)}$ 的选取与 $f(\boldsymbol{X})$、$g(\boldsymbol{X})$ 和 $\boldsymbol{X}^{(0)}$ 的位置密切相关，所以在实际中不是一成不变的，需要通过多次试验才能取得较合适的值。

（3）递减系数 c 的选取。

c 取得较小，较少次的循环次数可以达到精度要求，典型值为 0.1～0.2。当 c 取得较小时，$r^{(k)}$ 到 $r^{(k+1)}$ 惩罚函数等值线变化较快，有时会造成无约束极小化困难，因此可以适当地把 c 放大，取 0.5～0.7。

6.6.3　外点法

内点法的初始点必须在可行域内，这对于多维约束条件有时会有一定困难，故用外点法。也就是说内点法将惩罚函数定义于可行域内且求解无约束问题的探索点总是保持在可行域内，而外点法是将惩罚函数定义于可行域外，求解无约束问题的探索点是从可

行域外部逼近原目标函数的最优解。

6.6.3.1 外点法惩罚函数的构造

对于 $g_u(\boldsymbol{X}) \leqslant 0, u = 1, 2, \cdots, m$ 的形式取为

$$\varphi(\boldsymbol{X}, M^{(k)}) = f(\boldsymbol{X}) + M^{(k)} \sum_{u \in I_1} \left[\max\{g_u(\boldsymbol{X}), 0\} \right]^2 \tag{6.6.5}$$

式中，I_1 为违反约束条件的集合，即

$$I_1 = \{u \mid g_u(\boldsymbol{X}) > 0, u = 1, 2, \cdots, m\} \tag{6.6.6}$$

$$\max\{g_u(\boldsymbol{X}), 0\} = \begin{cases} g_u(\boldsymbol{X}), & \text{在可行域外，即 } g_u(\boldsymbol{X}) > 0 \\ 0, & \text{在可行域内，即 } g_u(\boldsymbol{X}) \leqslant 0 \end{cases} \tag{6.6.7}$$

也就是说

$$\varphi(\boldsymbol{X}, M^{(k)}) = \begin{cases} f(\boldsymbol{X}) + M^{(k)} \sum_{u \in I_1} \left[g_u(\boldsymbol{X}) \right]^2, & \text{在可行域外} \\ f(\boldsymbol{X}), & \text{在可行域内} \end{cases} \tag{6.6.8}$$

如果 $g_u(\boldsymbol{X}) \geqslant 0, u = 1, 2, \cdots, m$，那么式（6.6.5）就写成

$$\varphi(\boldsymbol{X}, M^{(k)}) = f(\boldsymbol{X}) + M^{(k)} \sum_{u \in I_2} \left[\min\{0, g_u(\boldsymbol{X})\} \right]^2 \tag{6.6.9}$$

$$\min\{0, g_u(\boldsymbol{X})\} = \begin{cases} 0, & \text{在可行域内，} g_u(\boldsymbol{X}) \geqslant 0 \\ g_u(\boldsymbol{X}), & \text{在可行域外，} g_u(\boldsymbol{X}) < 0 \end{cases}$$

式（6.6.9）中的 $M^{(k)}$ 是递增的数列，即 $M^{(0)} < M^{(1)} < \cdots < M^{(k)}, \lim\limits_{k \to \infty} M^{(k)} \to \infty$，$M^{(k)} = C M^{(k-1)}, C > 1$。

下面用一个简单的几何例子说明外点法的几何解释。

例 6.6-2 求 $\begin{cases} \min f(x) = (x - 4)^2 \\ x \in D, D = \{x \mid x \geqslant 2\} \end{cases}$。

解 构造惩罚函数

$$\varphi(x, M^{(k)}) = f(x) + M^{(k)} \left[\min\{0, g_u(x)\} \right]^2$$

式中，$M^{(k)} \left[\min\{0, g_u(x)\} \right]^2 = \begin{cases} 0, & \text{当 } x \geqslant 2 \\ M^{(k)} (x - 2)^2, & \text{当 } x < 2 \end{cases}$。

从图 6-23(a) 可知，在 $x < 2$ 的区间上惩罚项不等于零，惩罚函数 $\varphi(x, M^{(k)})$ 的曲线为 AB 段，这较之原目标函数 $f(x)$ 的曲线 EB 段来说，是变得陡了；而在 $x \geqslant 2$ 的区间内，惩罚项等于零，因此，惩罚函数 $\varphi(x, M^{(k)})$ 的曲线即原目标函数 $f(x)$ 的曲线 BCD 段。

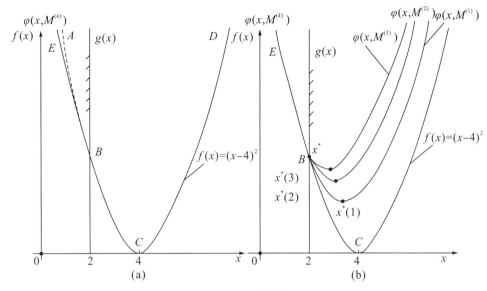

图 6-23　外点法

求解 $\min\varphi(x,M^{(k)})$ 的问题，从图像看是找曲线 $ABCD$ 的极小值点。用惩罚函数求解此问题时，任意给定一个固定的惩罚因子 $M^{(k)}$，就能求出 $\min\varphi(x,M^{(k)})$ 的极小值点 $x^* = 4 \in D$，此点就是 $\min f(x)$ 的极小值点，这是因为惩罚因子 $M^{(k)}$ 的不同取值只会影响惩罚函数曲线的陡度，而不会改变惩罚函数曲线在极小值点附近区段的函数性态。

对于 $\begin{cases} \min f(x) = (x-4)^2 \\ x \in D, D = \{x \mid x \leqslant 2\} \end{cases}$，情况就不同了，这时 x 的可行域改变了，构造的惩罚函数为

$$\min\varphi(x,M^{(k)}) = f(x) + M^{(k)}\left[\min\{0,g_u(x)\}\right]^2$$

式中，$M^{(k)}\left[\min\{0,g_u(x)\}\right]^2 = \begin{cases} 0, & \text{当 } x \leqslant 2 \\ M^{(k)}(x-2)^2, & \text{当 } x > 2 \end{cases}$

从图 6-23(b) 可看出，在 $x \leqslant 2$ 的可行域区间，惩罚项等于 0，惩罚函数的曲线与原目标函数曲线重合；而在 $x > 2$ 的区间，惩罚项不等于 0，当惩罚因子取不同数值时，可分别求出罚函数 $\varphi(x,M^{(k)})$ 的极小值点 $x^{(k)}$，见表 6-5。

表 6-5　外点法计算过程示例

$M^{(k)}$	x	$f(x)$	$S(x) = \sum\left[\min\{0,g_i(x)\}\right]^2$	$M^{(k)}S(x)$	$\varphi(x,M^{(k)})$
1	3	1	1	1	2
2	$2\frac{2}{3}$	$1\frac{7}{9}$	$\frac{4}{9}$	$\frac{8}{9}$	$2\frac{2}{3}$
5	$2\frac{1}{3}$	$2\frac{7}{9}$	$\frac{1}{9}$	$\frac{5}{9}$	$3\frac{1}{3}$
∞	2	4	0	0	4

由以上分析，可得出以下现象：

（1）可以把无约束极限问题 $\min\varphi(\boldsymbol{X},M^{(k)})$ 的极小点序列 $\{\boldsymbol{X}^{(k)}\}$ 看成以 $M^{(k)}$ 为参数的一条轨迹，当取 $M^{(1)}<M^{(2)}<\cdots<M^{(k)}<\cdots$ 时，如果此序列是收敛的，那么该序列 $\{\boldsymbol{X}^{(k)}\}$ 将沿着这条轨迹趋近于原来的约束极值问题 $\begin{cases}\min f(\boldsymbol{X})\\ \boldsymbol{X}\in D\end{cases}$。

（2）与极小点序列 $\{\boldsymbol{X}^{(k)}\}$ 相应的各类函数值的序列有如下特点：

①函数值序列 $\{f(\boldsymbol{X}^{(k)})\}$ 为单调非降数列，且 $\lim\limits_{k\to\infty}f(\boldsymbol{X}^{(k)})=\begin{cases}\min f(\boldsymbol{X})\\ \boldsymbol{X}\in D\end{cases}$。

②函数值序列 $\{S(\boldsymbol{X}^{(k)})\}$ 为单调非增数列，且 $\lim\limits_{k\to\infty}S(\boldsymbol{X}^{(k)})=0$。

③函数值序列 $\{\varphi(\boldsymbol{X},M^{(k)})\}$，且 $\lim\limits_{k\to\infty}\varphi(\boldsymbol{X},M^{(k)})=\begin{cases}\min f(\boldsymbol{X})\\ \boldsymbol{X}\in D\end{cases}$。

6.6.3.2 外点法的迭代步骤

外点法的迭代步骤如下：

（1）选择一个适当的 $M^{(0)}$ 和初始点 $\boldsymbol{X}^{(0)}$，规定收敛精度，令 $k=0$。

（2）求惩罚函数的无约束极值点 $\boldsymbol{X}^*(M^{(k)})$，即

$$\min\varphi(\boldsymbol{X},M^{(k)})=f(\boldsymbol{X})+M^{(k)}\left[\min\{0,g_u(x)\}\right]$$

（3）验证 $\boldsymbol{X}^*(M^{(k)})$ 是否满足约束条件。

若 $\|\boldsymbol{X}^*(M^{(k-1)})-\boldsymbol{X}^*(M^{(k)})\|\leqslant\varepsilon_1$ 和 $\left|\dfrac{\varphi[\boldsymbol{X}^*(M^{(k-1)})]-\varphi[\boldsymbol{X}^*(M^{(k)})]}{\varphi(\boldsymbol{X}^*(M^{(k-1)}))}\right|\leqslant\varepsilon_2$，则停止迭代；否则取 $M^{(k)}=CM^{(k-1)}$，$\boldsymbol{X}^{(0)}=\boldsymbol{X}^*$，$k=k+1$ 转入步骤（2）继续迭代。

外点法的计算框图如图 6-24 所示。

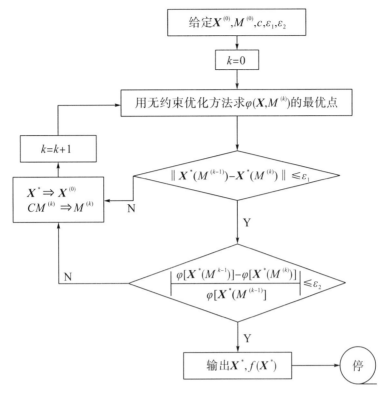

图 6-24　外点法的计算框图

6.6.3.3　关于外点法的几个问题讨论

（1）外点法可用于等式约束，有等式约束条件时只要加上 $M^{(k)} \sum\limits_{v=1}^{p} \left[h_v(\boldsymbol{X}) \right]^2$。所以惩罚函数通式写成

$$\varphi(\boldsymbol{X}, M^{(k)}) = f(\boldsymbol{X}) + M^{(k)} \sum \left[\min\{0, g_u(\boldsymbol{X})\}^2 + h_v^2(X) \right] \qquad (6.6.10)$$

（2）$M^{(k)}$ 和 C 选择是否恰当对该方法有效性和收敛速度有显著影响，若 $M^{(k)}$ 和 C 取值过大，惩罚函数性态变坏，使迭代发生困难，甚至得到伪最优解；反之，若 $M^{(k)}$ 和 C 取值过小，迭代次数增加，降低计算效率，究竟取多少合适，要根据函数性态和试算结果不断调整。一般取 $M^{(0)} = 1, C = 5 \sim 10$，可取 $C = 8$。

（3）外点法中如果初始点在可行域外，由于无约束最优点序列是从可行域外向约束最优点逼近，要使它达到真正的最优点，势必需将惩罚因子增加到无穷大，这显然是不可能的，所以通常所求的最优点只是接近边界的一个外点，不能严格满足约束条件的要求，因此常考虑一个设计裕量，对 $g_u(\boldsymbol{X}) \geqslant 0$ 来说

$$g_u(\boldsymbol{X}) - \sigma_u \geqslant 0 \qquad (6.6.11)$$

即将约束边界向可行域内移动一个微量，如 $g_u(\boldsymbol{X}) \leqslant 0$，则式（6.6.11）应为 $g_u(\boldsymbol{X}) + \sigma_u \leqslant 0$。$\sigma_u$ 不能选太大，否则会造成结果误差太大，一般可取 $\sigma_u = 10^{-4} \sim 10^{-3}$。

6.6.3.4　内点法和外点法的比较

（1）外点法既能处理不等式约束条件，又能处理等式约束条件；而内点法只能处理不等约束条件。

（2）使用内点法时，起始点 $\boldsymbol{X}^{(0)}$ 和整个迭代过程必须在可行域内进行；而外点法可以在可行域 D 内，也可在可行域外。实际迭代可能出现的四种情况见表6-6。

表6-6　内点法和外点法比较

情况	1	2	3	4
初始点 $\boldsymbol{X}^{(0)}$	$\notin D$	$\notin D$	$\in D$	$\in D$
惩罚函数第一次迭代得到的点 $\boldsymbol{X}'$	$\in D$	$\notin D$	$\in D$	$\notin D$

对于第1种或第3种情况，点 $\boldsymbol{X}'$ 即是 $\begin{cases} \min f(\boldsymbol{X}) \\ \boldsymbol{X} \in D \end{cases}$ 的极小值点 $\boldsymbol{X}^*$，此时只求一次无约束极值问题，点 $\boldsymbol{X}^*$ 是 D 的内点或边界点；对于第2种或第4种情况，$\begin{cases} \min f(\boldsymbol{X}) \\ \boldsymbol{X} \in D \end{cases}$ 的极小值点一定是边界点，这时需求一系列无约束极值问题，其极小点序列 $\{\boldsymbol{X}^{(k)}\}$（相应于惩罚因子的变化序列）的极限点才是 $\boldsymbol{X}^*$。

（3）外点法极小点序列在可行域外时，在迭代过程中所得的序列极小点均为非可行设计方案，仅一个最优解是可行设计方案，这使设计人员无挑选的余地。而且这个设计方案 $\boldsymbol{X}^*$ 还不能严格保证 $g_u(\boldsymbol{X}^*) \geqslant 0$ 的要求，从工程观点来看，相当于某些应力、位移值将超出许用值，因此不是一个好的设计方案。

但内点法在序列极小化中得到的每个点都在可行域内，因此均为一个设计可行方案。也就是说，有一系列逐渐改进并可以接受的设计可行方案供设计人员选择。

6.6.4　混合罚函数法

混合罚函数法在一定程度上综合了内点法和外点法的优点，克服了某些缺点，此法可处理等式和不等式约束的优化问题，初始点可任选；除最优解外，在某些情况下可以得到若干个可行解。

根据罚函数构造形式的不同，混合罚函数法一般可分为以下两种形式。

（1）内点形式的混合罚函数法。不等式约束部分按内点惩罚函数法形式处理，而等式约束按外点惩罚函数法形式处理，其惩罚函数的形式为

$$\varphi(\boldsymbol{X}, r^{(k)}) = f(\boldsymbol{X}) - r^{(k)} \sum_{u=1}^{m} \frac{1}{g_u(\boldsymbol{X})} + \frac{1}{\sqrt{r^{(k)}}} \sum_{v=1}^{q} \left[h_v(\boldsymbol{X}) \right]^2 \tag{6.6.12}$$

式中，$r^{(0)} > r^{(1)} > \cdots > r^{(k)}, \lim_{k \to \infty} r^{(k)} = 0; r^{(k+1)} = c r^{(k)}, 0 < c < 1; g_u(\boldsymbol{X}) \leqslant 0, u = 1, 2, \cdots, m; h_v(\boldsymbol{X}) = 0, v = 1, 2, \cdots, q;$ 初始点 $\boldsymbol{X}^{(0)}$ 应为内点。

（2）混合形式的混合罚函数法。对于不满足的不等式约束和等式约束用外点法，而对于满足的不等式约束用内点法，即

$$\varphi(\boldsymbol{X}, r^{(k)}) = f(\boldsymbol{X}) - r^{(k)} \sum_{u \in I_1} \frac{1}{g_u(\boldsymbol{X})} + \frac{1}{r^{(k)}} \sum_{u \in I_2} \left\{ [g_u(\boldsymbol{X})]^2 + \sum_{v=1}^{p} [h_v(\boldsymbol{X})]^2 \right\}$$

$$(6.6.13)$$

式中，$I_1 = \{u \mid g_u(\boldsymbol{X}) \leqslant 0, u = 1, 2, \cdots, k\}$；$I_2 = \{u \mid g_u(\boldsymbol{X}) > 0, u = k+1, k+2, \cdots, m\}$；$r^{(0)} < r^{(1)} < \cdots < r^{(k)}, \lim_{k \to \infty} r^{(k)} = 0$；初始点 $\boldsymbol{X}^{(0)}$ 可任意选择。

本章小结

运用数学原理与方法描述工程实际问题，建立问题的优化数学模型，选用合适的优化算法，并编制计算机程序求得最优解，是本章的核心内容。

最优化方法的目的在于针对所研究的系统，求得一个合理运用人力、物力和财力的最佳方案，发挥和提高系统的效能及效益，以达到系统的最优目标。在对工程问题进行最优化建模时，所建立的优化模型通常为多维约束优化问题，即在一定的约束条件下，求目标函数的最优值。本章首先介绍无约束优化问题的求解方法，然后讲解约束优化问题的求解方法，并阐明约束优化方法可以转换为无约束优化问题来求解。

习　题

1. 试用梯度法求解 $f(\boldsymbol{X}) = x_1^2 + 2x_2^2$ 的极小值点，设初始点 $\boldsymbol{X}^{(0)} = [4, 4]^{\mathrm{T}}$，迭代一次，并验证相邻两次迭代的搜索方向互相垂直。

2. 用梯度法求目标函数 $f(\boldsymbol{X}) = \frac{3}{2}x_1^2 + \frac{1}{2}x_2^2 - x_1 x_2 - 2x_1$ 的最优解。初始点 $\boldsymbol{X}^{(0)} = [2, 4]^{\mathrm{T}}$，终止精度 $\sigma = 0.02$。

3. 用梯度法求解无约束极值的问题。

$\min f(\boldsymbol{X}) = (x_1 - 1)^2 + (x_2 - 1)^2$，设允许误差 $\varepsilon = 0.1$，初始点 $\boldsymbol{X}^{(0)} = [0, 0]^{\mathrm{T}}$。

4. 用牛顿法求下列函数的极小值点：

(1) $f(\boldsymbol{X}) = x_1^2 + 4x_2^2 + 9x_3^2 - 2x_1 + 18x_3$；

(2) $f(\boldsymbol{X}) = x_1^2 - 2x_1 x_2 + \frac{3}{2}x_2^2 + x_1 - 2x_2$。

5. 用阻尼牛顿法求目标函数 $f(\boldsymbol{X}) = 10x_1^2 + x_2^2 - 20x_1 - 4x_2 + 24$ 的最优解。初始点 $\boldsymbol{X}^{(0)} = [2, -1]^{\mathrm{T}}$，终止精度 $\varepsilon = 0.01$。

6. 用鲍威尔法求解 $f(\boldsymbol{X}) = 2x_1^2 + x_2^2 - x_1 x_2$ 的极小值点，$\boldsymbol{X}^{(0)} = [2, 2]^{\mathrm{T}}$。

7. 用内点惩罚函数法求下面问题的最优解：

(1) $\min f(\boldsymbol{X}) = x_1^2 + x_2^2 - 2x_1 + 1$

　　　$g(\boldsymbol{X}) = 3 - x_2 \leqslant 0$；

(2) $\min f(\boldsymbol{X}) = x_1 + x_2$

　　　$g_1(\boldsymbol{X}) = -x_1^2 + x_2 \geqslant 0$

　　　$g_2(\boldsymbol{X}) = x_1 \geqslant 0$；

(3) $\min f(\boldsymbol{X}) = 5x_1 + 4x_2^3$

  s. t. $x_1 \geqslant 1$

    $x_2 \geqslant 0$。

8. 用对数内点惩罚函数求解问题：

(1) $\min f(\boldsymbol{X}) = x_1^2 + 6x_1 + x_2^2 + 4$

  s. t. $x_1 \geqslant 0, x_2 \geqslant 0$；

(2) $\min f(\boldsymbol{X}) = x_1^2 + x_2^2$

  s. t. $g(\boldsymbol{X}) = 1 - x_1 \leqslant 0$；

(3) $\min f(\boldsymbol{X}) = x_1 + 2x_2$

  s. t. $g_1(\boldsymbol{X}) = -x_1^2 + x_2^2 \geqslant 0$

  $g_2(\boldsymbol{X}) = x_1 \geqslant 0$。

9. 试用内点惩罚函数法求 $\min f(\boldsymbol{X}) = x_1^2 + 2x_2^2$，s. t. $g(\boldsymbol{X}) = x_1 + x_2 - 1 \geqslant 0$ 的约束极值点，并将不同的 $r^{(k)}$ 值的极值点的轨迹表示在设计空间内。

10. 用外点法求解约束极值问题：

(1) $\min f(\boldsymbol{X}) = x_1^2 + 2x_2^2$

  s. t. $g(\boldsymbol{X}) = x_1 + x_2 - 1 \geqslant 0$；

(2) $\min f(\boldsymbol{X}) = x_1^2 + x_2^2$

  s. t. $g(\boldsymbol{X}) = x_2^2 - (x_1 - 1)^3 = 0$；

(3) $\min f(\boldsymbol{X}) = (x_1 - 3)^2 + (x_2 - 2)^2$

  s. t. $g(\boldsymbol{X}) = 6 - x_1 - x_2 \leqslant 0$；

(4) $\min f(\boldsymbol{X}) = \dfrac{1}{3}(x_1 + 3)^3 + x_2$

  s. t. $x_1 \geqslant 1$

    $x_2 = 0$。

11. 用外点法求

$\min f(\boldsymbol{X}) = (x_1 - 1)^2 + (x_2 - 2)^2$

s. t. $x_2 - x_1 \geqslant 1$

  $x_1 + x_2 \leqslant 2$

  $x_1 \geqslant 0$

  $x_2 \geqslant 0$

作出图形，说明迭代步骤。

第7章 工程数学之美

7.1 工程机械创新方法

7.1.1 智能制造与人工设计

随着技术的高速发展，新产品的更新迭代速度越来越快。传统产品设计方法仅改进组织管理流程，已经不能满足现代高效设计和新产品推向市场的需求。因此，作为数据处理的高级形式，人工智能技术在产品设计领域备受关注。

如今，人工智能被投放到多行业产业链中已是不争事实。海底捞打造智能餐厅，从等位点餐，到厨房配菜、调制锅底和送菜，都使用了一系列"黑科技智能"，高度实现"无人化"。人工智能将人类从琐碎的劳动中解放出来，只专注于创造性的活动和思考。

那么，人工智能真的只是帮人类做重复性劳动，而不能进行创造性活动吗？

借助人工智能设计流程，Autodesk 和美国国家航空航天局（NASA）喷气推进实验室（JPL）的工程师们为探测遥远的卫星（如木卫二和土卫二），设计出一种新的着陆器原型。基于人工智能，这款着陆器的重量比大部分 NASA 已经发射的着陆器都要轻。

人工智能设计以其独特的优势崭露头角，与人工设计的竞赛已经开始。

7.1.2 智能设计知识驱动关键内容

基于多粒度属性的知识表达模型，通过知识的创新属性进行多粒度划分，可实现对设计知识的多粒度表达。每种知识创新属性的粒度表达分为概念、语义和关系三个层面，通过知识属性并建立知识本体关系，可实现对跨领域设计知识的迁移与重构，从而实现创新设计活动的知识支持。通过建立包括大数据分析的知识挖掘与分析技术，可实现对各类知识资源的有效利用，以及知识来源的多样性和全面性。

7.1.2.1 基于多粒度创新属性的知识检索方法

在产品创新问题解决的过程中需要不同层次和不同粒度的知识。为辅助设计者求解创新问题，可抽取设计知识的五种属性——TRIZ 解、功能、行为-流对、科学效应、领域属性来表达知识。知识的每一种属性被视为知识的一个描述和为检索提供支持，每一种属性又分别从概念、语义和事实/资源三个由抽象到具体的粒度层次予以描述，建立基于多粒度创新属性的知识检索方法，并形成基于多粒度创新属性的多个知识库。依据属性之间的关系，建立知识属性的语义本体，从专利数据库和网络资源中搜索和挖掘相关知识，通过语义相似度计算，分别为设计提供本领域、近领域、远领域知识。支持设计者从不同创新属性角度分析和利用知识，完成知识迁移，从而促进概念解向特定解的转换，如图7-1所示。

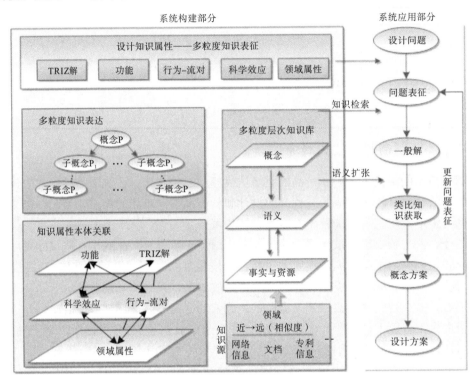

图7-1 基于多粒度创新属性的知识检索方法

7.1.2.2 基于多视角创新属性的知识检索方法

设计阶段要用到的设计知识具有多种属性或多个视角。基于多视角创新属性的知识检索方法如图7-2所示。利用知识本体中的概念来抽象和描述设计知识文本，即可基于知识属性概念之间的关联获得所需设计知识。该检索模型对标注过的知识文本进行聚类，得到每个聚类簇的组合关键词概念。在该检索模型中，聚类簇的组合关键词概念充当检索索引的角色。而在知识匹配过程中，首先对设计问题的关键词及其语义扩展进行抽取，然后通过计算设计问题和知识聚类簇的抽象描述之间的相似度来遍历得到最佳知识聚类簇。基于设计问题关键词概念的粒度层次，对最佳知识聚类簇中的知识文本进行抽象层次排序，以得到与设计问题保持最高相似度且具备最合适粒度层次的设计知识条目。

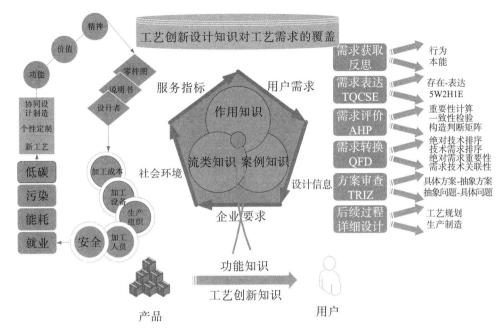

图 7-2　基于多视角创新属性的知识检索方法

7.1.2.3　基于情感语义的设计知识检索方法

情感设计已经成为一个重要的设计领域。一种基于情感语义的设计知识检索方法如图 7-3 所示。该方法的核心目的在于解决设计师联想不足与领域设计知识有限的问题，可有效弥补设计师利用感性词汇获取灵感来源时面临的"语义鸿沟"问题，即检索时感性词汇的语义丰富性与底层图像特征的有限描述之间的不一致性问题。该方法主要包括两个方面：一是针对感性词汇表现的语义丰富性对感性词汇进行概念解构，建立一元层次体系并计算相似度，构建感性词汇语义网络 KanseiNet，通过层次激活扩散过程完成感性词汇语义扩展；二是针对目前对底层图像特征的有限描述问题，提取设计案例图像表达的抽象情感概念，进一步建立基于语义的案例图像感性索引。开发面向情感设计的灵感来源检索系统 SIRSED，通过与现有的图片检索系统进行对比，SIRSED 能够更全面、准确地为设计师提供灵感来源推送，从而有助于促进设计师的发散思维，产生创造性想法。

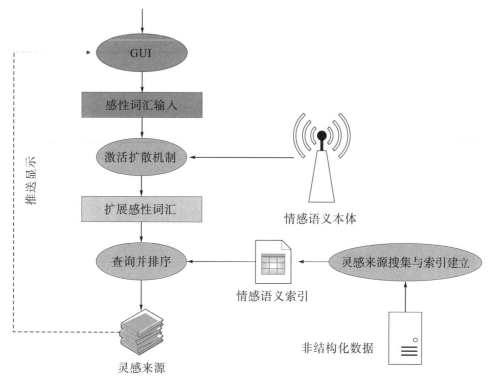

图 7-3 基于情感语义的设计知识检索方法

7.1.2.4 基于功能辅助的创新设计知识检索方法

基于功能辅助的创新设计知识检索方法如图 7-4 所示。该方法从专利网站爬取专利文本，爬取的内容包括标题、摘要、专利分类号、发明人、申请人以及原文链接。通过功能基检索可获取不同领域的跨领域专利知识，检索结果通过技术术语进行聚类，将采用相似技术的专利形成技术簇。再通过统计技术簇内专利数目和涉及的 IPC 领域数目，从三个指标（成熟度、特异性、可扩展性）对技术簇进行评价，最终将评价结果推送给设计者，辅助其进行产品创新设计。

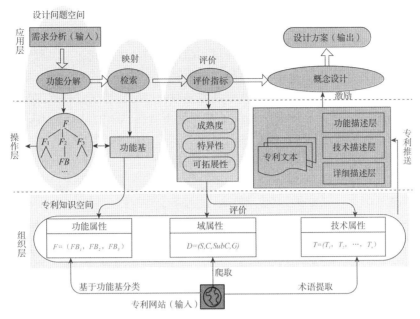

图 7-4 基于功能辅助的专利检索工具流程图

7.1.2.5 面向工艺创新设计的知识检索方法

针对工艺设计的模糊性、不确定性、经验性、跨领域等特点，提出面向工艺创新设计的知识检索方法，如图 7-5 所示。将工艺创新设计可分为原理构建与方案实施两个阶段，每个阶段的知识需求有所区别。原理构建阶段的关键是功能求解，功能知识可有效突破思维壁垒。方案实施阶段涉及的知识面广，需要以跨领域知识及工艺案例知识作为参考。该方法基于目标的工艺设计知识构成要素，基于本体的工艺知识管理逻辑架构，基于对功能和流相关本体词汇同位及上下位扩展的研究，利用扩展算法、知识语义检索、分词模型等方法提出可满足创新设计目标的工艺创新设计知识检索模型。

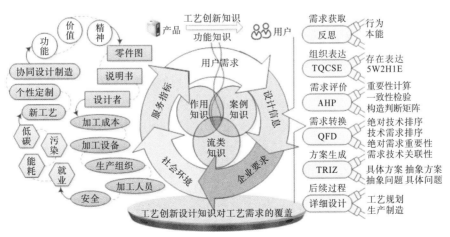

图 7-5 面向工艺创新设计的知识检索方法

7.1.2.6 基于专利挖掘与分类的知识检索方法

专利是目前包括创新性内容最多的知识文献，目前各国专利知识库和专利资源平台均以专业领域来组织和搜索各类专利，极大地限制了跨领域相关专利的查找，尤其不利于挖掘不同领域专利的隐性信息。为打破领域界限，可建立基于专利挖掘与分类的知识检索方法，如图7-6所示。该方法建立了基于创新属性本体的共指关系，通过对不同领域的专利知识进行快速抓取，根据创新属性的不同，高效、准确地将不同领域的专利知识分到不同的聚类，从而为设计者完成某个创新属性任务提供智力支持。通过构建跨领域的产品功能属性本体模型，将基于一定数量产品功能属性已构建的专利知识分为训练样本和测试样本集，以专利文本为对象，进行基于功能的专利信息自动挖掘和快速分类研究。从单类别、多类别两个分类角度出发，对专利网中大批量专利进行完全有监督和半监督实验的专利信息抽取和自动分类实验，并在此基础上改进现有分类器。

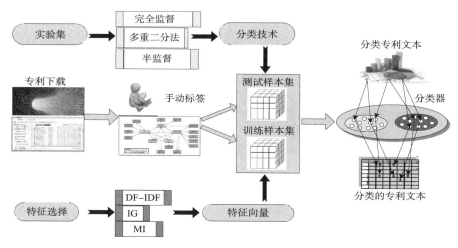

图7-6　基于专利知识挖掘与自动分类方法

7.1.2.7 基于国际专利分类表信息的科学效应知识检索方法

科学效应提供了重要的原理知识来激发工程人员的创造性思维，以促进工程人员在工程实践的技术开发或产品设计活动中实现原理层面的创新。专利是科学效应知识的重要来源，人类社会中80％的技术知识以专利作为载体来呈现和传播，国际专利分类表归纳了这些专利涉及的功能、原理和结构知识。图7-7是基于国际专利分类表信息的科学效应知识检索方法，其采用基于句法规则和分布式语义的方法从国际专利分类表文本中抽取科学效应知识；然后以"技术领域-功能-流"本体作为依据，采用集成WordNet和全局词向量对词汇化的科学效应实施自动分类，从而得到具有清晰明确"技术领域-功能-流"表征结构的科学效应知识。其中，"技术领域"分类继承自国际专利分类表中的"组-大类-小类"信息，"功能-流"分类术语借用功能基中的"功能-流"术语。

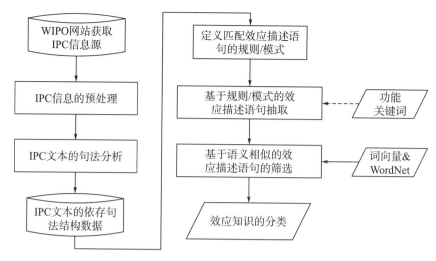

图 7-7　基于国际专利分类表信息的科学效应知识检索方法

7.1.2.8　启发设计师概念产生的数据驱动概念网络

启发设计师概念产生的数据驱动概念网络是一种新颖的数据驱动概念网络。设计师根据设计问题，输入与问题相关的一定数量的关键词，通过此概念网络，设计师能够获得与设计问题关键词相关的关联概念和有意义的概念组合。该方法基于设计问题的关键词检索 ScienceDirect 上的文献资源，并通过爬虫工具爬取文献的摘要文本用于训练词向量模型。将概念之间的关联距离自动划分为近距离、中等距离和远距离概念。基于此，可以自动提取从弱相关到强相关的关联概念作为设计构思的激励推送给设计师产生创新想法，扩展了设计师的知识空间，并通过概念的关联和组合刺激设计师产生创意。概念网络的构建是利用机器学习将大量本地和网络文本数据表达为词向量，通过概念词汇矢量表达构建概念之间的语义关联。可结合语言学词典 WordNet 和语义距离将关联距离划分为远距离、中距离和近距离，并将不同距离的概念进行组合，形成更加新颖的组合概念和多词术语。这些关联的概念、组合概念和多词术语作为激励推送给设计师。

7.1.2.9　基于大数据分析的设计知识处理方法

伴随云计算、大数据、人工智能等新一代信息的蓬勃发展，前沿方向的变革性突破和交叉融合给产品创新设计带来了新的机遇和挑战。图 7-8 是基于大数据分析的设计知识处理方法，它能够有效利用大数据尤其是非结构化数据（包括文本、图像、音/视频数据）来提高和改进设计者从这些多源异构大数据中抽取隐藏的模式和关联关系，获取适用的知识和挖掘价值的能力来指导、支持、辅助产品的创新设计；针对支持创新设计大数据中非结构化数据（图像）的计算机结构化描述和表示方法，探索如何构建区分性好和鲁棒性高的图像描述方法。图 7-8 是一种基于高阶环向和径向信息的局部二元径向和环向导数模式的图像表示方法，也是具有互补性的不同图像描述方法相融合的方法；通过大数据分析，自动从非结构化数据（图像）中发现和萃取知识，提供一种可对非结构化数据进行计算机处理的描述非结构化数据的方法，为完成知识进行计算机处理提供了一种技术手段。

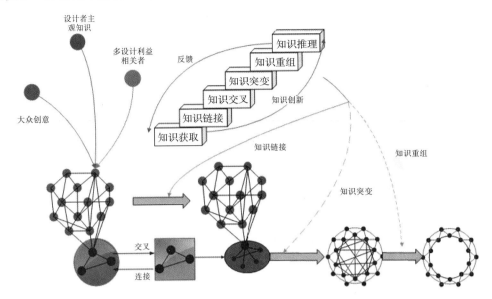

图 7-8　基于大数据分析的设计知识处理方法

7.2　复杂产品多目标优化分析

7.2.1　复杂产品设计的困惑

随着社会的进步和科学技术的发展，人们对机械优化设计水平的要求越来越高，许多传统有效的机械最优化设计算法得到了广泛应用，也发展了一些智能、高效的现代优化设计方法。但是，如何寻找有效的途径，将已被实践验证有效的最优化算法充分利用起来，更好地进行复杂产品设计，已成为人们十分关注的课题。

人类首次将信息科学、机械和数学进行完美的结合表现在差分机的设计上，这不得不归功于英国数学家查尔斯·巴贝奇，他是可编程计算机的发明者。在英国政府的支持下，巴贝奇在 1822 年开始了差分机的设计和制造，希望将从计算到印刷的过程全部自动化，从而避免人为误差。差分机使用有限差分方法来机器计算多项式函数的值。有限差分方法是一种简单但功能强大的技巧，它用重复加减的过程来避免需要的乘法和除法。第一代差分机局部模型如图 7-9 所示。

图 7-9　第一代差分机局部模型（现藏于帝国理工学院）

通过后期改进，巴贝奇又设计了可以计算对数和三角函数的分析机，也就是现今最早的计算机原始模型，具体的计算过程是用打孔卡片输入，完成类似汇编语言的程序指令。

第二代差分机涉及 30 种设计方案，共近 2000 张组装图和 50000 张零件图。1985 年，伦敦科学博物馆照着巴贝奇的图纸，打造了一台完整的差分机 2 号（图 7-10），这台巨大的手摇智能机械计算机长 3.35 m，高 2.13 m，有 4000 多个零件，重 2.5 t。

图 7-10　差分机 2 号局部模型（现藏于伦敦科学博物馆）

随着现代技术的发展，机械产品和信息、数学的高度融合形成了以下复杂产品。

1. 机械表

如图 7-11 所示的机械表的独特之处在于能够显示 1000 年内的时间信息。

图 7-11 机械表

2. 光刻机

作为集成电路产业的核心装备，光刻机被称为世界上最复杂的机器。荷兰 ASML 公司的光刻机如图 7-12 所示。

图 7-12 荷兰 ASML 公司的光刻机

3. 大型强子对撞机

大型强子对撞机（Large Hadron Collider，LHC）被认为是世界上规模最庞大的科学工程，也是迄今为止人类制造过的最精密复杂的机器，如图 7－13 所示。

图 7－13　大型强子对撞机

如今，数学和信息的融合是复杂机械的发展趋势。随着复杂度的增加，机构之间的约束也增加。如何解决复杂机械的多约束问题，是对现有机械发展的挑战。

内燃机配气凸轮的作用是控制进气和排气过程。要设计性能良好的凸轮机构，关键在于根据工作要求选择从动件的运动规律，并设计出能满足这一运动规律的凸轮轮廓曲线。对内燃机配气凸轮来说，其轮廓曲线设计的主要要求如下：

（1）气门升程曲线的丰满系数越大越好。丰满系数越大，气体流通性能越好，进气和排气效率越高，内燃机的经济性越好。

（2）气门开、关过程中的最大正、负加速度应低于许用值，不允许产生突变现象，以减轻配气机构的冲击、振动、噪声和磨损，从而保证内燃机有良好的动力性能。

（3）凸轮轮廓曲线的最小曲率半径不能太小，应大于许用值，以避免接触应力过高而造成的摩擦副早期损坏，保证内燃机工作过程的可靠性。

7.2.2　算法复杂度分析

7.2.2.1　复杂度概述

算法和数据结构是让程序能更快、更省空间地处理问题。可以通过执行时间和空间占用两个维度来评估算法和数据结构的性能，分别用时间复杂度和空间复杂度来描述性能问题，二者统称为复杂度。

复杂度描述的是时间、空间消耗与数据规模的增长关系，对这种关系的分析称为复杂度分析。

性能测试（或事后统计）受硬件环境影响大，需要准备测试数据，成本高，效率低，不具备指导性。掌握复杂度分析，可以编写出更优秀的代码，有利于降低程序的开发和维护成本。

7.2.2.2　复杂度分析的方法

虽然不同的代码对应的 CPU 指令个数和耗时都不一样，但复杂度分析只是粗略估计，所以可以假设每行代码的执行时间都一样，在这种假设情况下，算法的执行时间与每行代码的执行次数成正比，这一规律可以总结为以下公式：

$$T_{(n)} = O(f(n))$$

式中，n 表示数据规模，$T_{(n)}$ 表示代码执行时间，$f(n)$ 表示每行代码执行次数的总和，O 表示代码执行时间 $T_{(n)}$ 和执行次数 $f(n)$ 成正比。

时间复杂度并不具体表示代码真正的执行时间，而是表示代码执行时间随数据规模增长的变化趋势，所以也叫作渐进时间复杂度（Asymptotic time complexity），简称时间复杂度。

同样的，空间复杂度的全称是渐进空间复杂度（Asymptotic space complexity），表示算法占用的存储空间随数据规模增长的变化趋势。

7.2.2.3　复杂度分析法则

由于复杂度描述算法执行时间或占用空间随数据规模增长的变化趋势，而常量阶、低阶、系数并不会影响这种趋势，因此，在做复杂度分析时可以忽略这三项，只需关注最大量级的项。具体可以遵循以下四条法则：

（1）单段代码看高频。当分析一段代码的复杂度时，只需关注执行次数最多的那一部分代码即可，如循环。

（2）多段代码取最大。总复杂度等于量级最大的那一部分代码的复杂度，如代码中有单层循环和多重循环，则取多重循环的复杂度。

（3）嵌套代码求乘积。嵌套代码的复杂度等于嵌套内外代码复杂度的乘积，如递归、多重循环等。

（4）多个规模求加法。如果有两个参数 m 和 n 分别控制两个循环，无法事先评估 m 和 n 的量级，在表示复杂度时需要二者相加。

7.2.2.4　常见复杂度量级

进行算法复杂度分析时常见的量级，按数量级递增依次为：$O(1)$——常数阶，$O(\log n)$——对数阶，$O[(\log n)^c]$——多对数阶，$O(n)$——线性阶，$O(n\log n)$——线性对数阶，$O(n^2)$——平方阶，$O(n^3)$——立方阶，$O(n^c)$——c 次方阶，$O(c^n)$——指数阶，$O(n!)$——阶乘阶。其中，c 是一个任意常数，n 趋于无穷大。

复杂度量级可以粗略分为以下两类：

（1）多项式量级。随着数据规模的增长，执行时间和占用空间按照多项式的比例增长，常见的有常数阶、对数阶、线性阶、线性对数阶、平方阶、立方阶。

（2）非多项式量级。随着数据规模的增长，执行时间和占用空间会急剧增加，是非常低效的算法，包括指数阶和阶乘阶。时间复杂度为非多项式量级的算法问题叫作 NP（Non-deterministic Polynomial）问题，即非确定多项式问题。

几种复杂度的执行效率与数据规模之间的增长关系如图 7-14 所示。

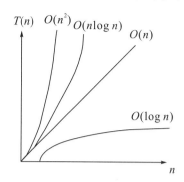

图 7-14　复杂度的执行效率和数据规模关系

在很多情况下，代码中由于存在一些判断条件及处理逻辑，并不会按照数据规模完全执行（如循环中根据条件跳出），因此，在进行复杂度分析时还会引入以下四个概念：

（1）最好情况复杂度，即在最理想的情况下代码执行的复杂度。例如，遍历一个长度为 n 的数组，从中查找指定元素并返回索引，如果该元素正好是数组的第一个元素，则不需要遍历剩下的 $n-1$ 个元素，这时就是最好情况复杂度。

（2）最坏情况复杂度，即在最糟糕的情况下代码执行的复杂度。例如，遍历数组，从中查找指定元素并返回索引，如果该元素是数组的最后一个元素或数组中不存在该元素，则需要遍历数组中的所有元素才能确定结果，这时就是最坏情况复杂度。

（3）平均复杂度。最好情况复杂度和最坏情况复杂度都是极端情况，实际发生的概率并不大，所以引入平均复杂度这个概念来更好地表示平均情况下的复杂度。仍然以遍历长度为 n 的数组查找指定元素并返回索引为例，使用简单的概率理论来分析，指定元素在数组中和不在数组中的概率各为 $1/2$，如果在数组中，出现在每个位置的概率为是 $1/n$，根据概率乘法法则，指定元素出现在数组中每个位置的概率就是 $1/2n$。即需要遍历的次数从 1 次到 n 次每种情况出现的概率都是 $1/2n$，其中遍历 n 次的情况会有两种：元素在数组最后一个位置和元素不在数组中。如前所述，前者概率为 $1/2n$，后者概率为 $1/2$。那么需要遍历次数的平均概率就是平均时间复杂度，这个值就是概率论中的加权平均值，也叫作期望值，所以平均复杂的度全称为加权平均复杂度或期望复杂度。

（4）均摊复杂度。均摊复杂度可以理解为一种特殊的平均复杂度，使用摊还分析法（也叫作平摊分析法）来分析，它的应用场景比较特殊，总结如下：在代码执行过程中，若多数情况是低级别复杂度，只有个别情况是高级别复杂度，且两者发生具有时序关系，那么可以看高级别复杂度的消耗能否平摊到低级别复杂度的操作上。通常，在能够平摊的场合，均摊复杂度就是最好情况复杂度。

实际在多数情况下，使用一个复杂度就可以满足需求，并不需要区分最好情况复杂度、最坏情况复杂度、平均复杂度、均摊复杂度。只有当同一块代码在不同情况下的复杂度有量级的差距，才会使用不同的复杂度进行区分。

7.2.3　多约束优化的拉格朗日求解

7.2.3.1　拉格朗日乘数法的基本思想

作为一种优化算法，拉格朗日乘数法主要用于解决约束优化问题，它的基本思想就是通过引入拉格朗日乘子将含有 n 个变量和 k 个约束条件的约束优化问题转化为含有 $(n+k)$ 个变量的无约束优化问题，拉格朗日乘子的数学意义是约束方程梯度线性组合中每个向量的系数。

拉格朗日乘数法从数学意义入手，通过引入拉格朗日乘子建立极值条件，对 n 个变量分别求偏导（对应 n 个方程），再加上 k 个约束条件（对应 k 个拉格朗日乘子），一起构成包含 $(n+k)$ 个变量的 $(n+k)$ 个方程的方程组问题，这样就能用求方程组的方法对其求解，解决的问题模型为约束优化问题：求在约束条件 $g(x,y,z)=0$ 下，函数 $f(x,y,z)$ 的最大值或最小值。

例 7.2-1　（麻省理工学院数学课程实例）求双曲线 $xy=3$ 上离原点最近的点。

解　根据问题描述提炼出问题对应的数学模型，即

$$\min f(x,y) = x^2 + y^2$$
$$\text{s. t. } xy = 3$$

根据上式可知，这是一个典型的约束优化问题，最简单的解法是通过约束条件将其中一个变量用另外一个变量替换，然后代入优化的函数，则可以求出极值。为了引出拉格朗日乘数法，这里采用拉格朗日乘数法的思想进行求解。

画出 $x^2+y^2=c$ 的曲线族，如图 7-15 所示。当曲线族中的圆与 $xy=3$ 曲线相切时，切点到原点的距离最短。也就是说，当 $f(x,y)=c$ 的等高线和双曲线 $g(x,y)$ 相切时，可以得到上述优化问题的一个极值（注意：如果不进一步计算，我们并不知道是极大值还是极小值）。

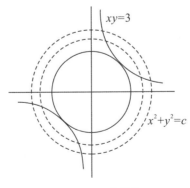

图 7-15　曲线族

现在，原问题可以转化为求当 $f(x,y)$ 和 $g(x,y)$ 相切时 x、y 的值是多少。如果两个曲线相切，那么它们的切线相同，即法向量是相互平行的，$\nabla f \parallel \nabla g$。由 $\nabla f \parallel \nabla g$ 可以得到 $\nabla f = \lambda \nabla g$。这时，将原有的约束优化问题转化为一种对偶的无约束优化

问题。

原问题：$$\min f(x,y) = x^2 + y^2$$

对偶问题：$$\nabla f = \lambda \nabla g$$

通过求解右边的方程组可以获取原问题的解，即

$$\begin{cases} 2x = \lambda y \\ 2y = \lambda x \\ xy = 3 \end{cases}$$

解得：$$\begin{cases} \lambda = 2 \\ x = \sqrt{3} \\ y = \sqrt{3} \end{cases} \text{或} \begin{cases} \lambda = 2 \\ x = -\sqrt{3} \\ y = -\sqrt{3} \end{cases}。$$

所以原问题的解为 $(\sqrt{3}, \sqrt{3})$ 和 $(-\sqrt{3}, -\sqrt{3})$。

通过例 7.2-1 体会拉格朗日乘数法的思想，即通过引入拉格朗日乘子（λ）将原来的约束优化问题转化为无约束的方程组问题。

7.2.3.2　拉格朗日乘数法的基本形态

求函数 $z = f(x,y)$ 在满足 $\varphi(x,y) = 0$ 下的条件极值，可以转化为函数 $F(x,y,\lambda) = f(x,y) + \lambda g(x,y)$ 的无条件极值问题，可以画图来辅助思考，如图 7-16 所示。

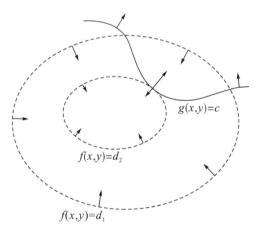

$g(x,y)=c$

$f(x,y)=d_2$

$f(x,y)=d_1$

图 7-16　函数辅助思考图

实线是约束 $g(x,y) = c$ 的点的轨迹，虚线是 $f(x,y)$ 的等高线。箭头表示斜率，和等高线的法线平行。从图中可以直观地看到，在最优解处，$f(x,y)$ 和 $g(x,y) = c$ 的斜率平行，即

$$\nabla\big[f(x,y) + \lambda(g(x,y) - 1)\big] = 0, \quad \lambda \neq 0 \tag{7.2.1}$$

故一旦求出 λ 的值，将其套入下式，易求在无约束极值和极值所对应的点。

$$F(x,y) = f(x,y) + \lambda(g(x,y) - c) \tag{7.2.2}$$

新方程 $F(x,y)$ 在达到极值时与 $f(x,y)$ 相等，因为 $F(x,y)$ 达到极值时，

$g(x,y)-c$ 总等于 0，上述式子取得极小值时，其导数为 0，即 $f(x)+\sum \lambda_i g_i(x)=0$，也就是说，$f(x)$ 和 $g(x)$ 的梯度共线。

例 7.2-2 给定椭球 $\dfrac{x^2}{a^2}+\dfrac{y^2}{b^2}+\dfrac{z^2}{c^2}=1$，求这个椭球的内接长方体的最大体积。

解 这个问题实际就是条件极值问题，即在条件 $\dfrac{x^2}{a^2}+\dfrac{y^2}{b^2}+\dfrac{z^2}{c^2}=1$ 下，求 $f(x,y,z)=8xyz$ 的最大值。这个问题可以先根据条件消去 z，然后带入转化为无条件极值问题来处理。但是有时候这样做很困难，甚至做不到，这时就需要用拉格朗日乘数法来求解。通过拉格朗日乘数法将问题转化为

$$F(x,y,z,\lambda)=f(x,y,z)+\lambda\varphi(x,y,z)=8xyz+\lambda\left(\dfrac{x^2}{a^2}+\dfrac{y^2}{b^2}+\dfrac{z^2}{c^2}-1\right)$$

$$(7.2.3)$$

对 F 求偏导得

$$\begin{cases} \dfrac{\partial F}{\partial x}=8yz+\dfrac{2\lambda x}{a^2}=0 \\[2mm] \dfrac{\partial F}{\partial y}=8xz+\dfrac{2\lambda y}{b^2}=0 \\[2mm] \dfrac{\partial F}{\partial z}=8yx+\dfrac{2\lambda z}{c^2}=0 \\[2mm] \dfrac{\partial F}{\partial \lambda}=\dfrac{x^2}{a^2}+\dfrac{y^2}{b^2}+\dfrac{z^2}{c^2}-1=0 \end{cases}$$

$$(7.2.4)$$

联立求解，得 $x=\dfrac{\sqrt{3}a}{3}, y=\dfrac{\sqrt{3}b}{3}, z=\dfrac{\sqrt{3}c}{3}$

带入解得到最大体积为

$$V_{\max}=f\left(\dfrac{\sqrt{3}a}{3},\dfrac{\sqrt{3}b}{3},\dfrac{\sqrt{3}c}{3}\right)=\dfrac{8\sqrt{3}}{9}abc$$

拉格朗日乘数法对一般多元函数在多个附加条件下的条件极值问题也适用。

例 7.2-3 求离散分布的最大熵。

解 离散分布的熵表示如下：

$$f(x_1,x_2,\cdots,x_n)=-\sum_{k=1}^{n}p_k\log_2 p_k \tag{7.2.5}$$

约束条件为

$$g(p_1,p_2,\cdots,p_n)=\sum_{k=1}^{n}p_k=1$$

要求函数的最大值，根据拉格朗日乘数法，设

$$F(p_1,p_2,\cdots,p_n)=f(p_1,p_2,\cdots,p_n)+\lambda\left[g(p_1,p_2,\cdots,p_n)-1\right] \tag{7.2.6}$$

对所有的 p_k 求偏导，得到

$$\dfrac{\partial}{\partial p_k}\left[-\sum_{k=1}^{n}p_k\log_2 p_k+\left(\lambda\sum_{k=1}^{n}p_k-1\right)\right]=0 \tag{7.2.7}$$

计算这 n 个等式的微分，得到

$$-\left(\frac{1}{\ln 2} + \log_2 p_k\right) + \lambda = 0 \qquad (7.2.8)$$

说明对所有的 p_k 都相等，最终解得

$$p_k = \frac{1}{n}$$

因此，使用均匀分布可得到最大熵的值。

7.2.3.4 拉格朗日乘数法与 KKT 条件

前述问题均为等式约束优化问题，但等式约束并不足以描述人们面临的问题，不等式约束比等式约束更常见，大部分实际问题的约束都是不超过多少时间、不超过多少人力、不超过多少成本等，所以科学家拓展了拉格朗日乘数法，增加了 KKT 条件，便可以用拉格朗日乘数法来求解不等式约束的优化问题了。KKT 条件是指在满足一些有规则的条件下，一个非线性规划问题能有最优化解法的一个必要和充分条件。这是一个广义的拉格朗日乘数的成果。所谓 KKT 最优化条件，就是指约束化问题的最优点 x^* 必须满足以下条件：

(1) 约束条件满足 $g_i(x^*) \leqslant 0, i = 1, 2, \cdots, p; h_j(x^*) = 0, j = 1, 2, \cdots, q$。

(2) $\nabla f(x^*) + \sum_{i=1}^{p} \mu_i \nabla g_i(x^*) + \sum_{j=1}^{q} \lambda_j \nabla h_j(x^*) = 0$，其中 ∇ 为梯度算子。

(3) $\lambda_j \neq 0$ 且不等式约束条件满足 $\mu_i \geqslant 0, \mu_i g_i(x^*) = 0, i = 1, 2, \cdots, p$。

KKT 条件第一项表示最优点 x^* 必须满足所有等式及不等式限制条件，即最优点必须是一个可行解，这一点是毋庸置疑的。第二项表明在最优点 x^*，∇f 必须是 ∇g_i 和 ∇h_j 的线性组合，μ_i 和 λ_j 都叫作拉格朗日乘子，不同的是不等式限制条件有方向性，所以每一个 μ_i 都必须大于或等于 0；而等式限制条件没有方向性，所以 λ_j 没有符号的限制，其符号要视等式限制条件的写法而定。

7.3 智能算法与典型案例

7.3.1 人工智能算法综述

智能计算也称为"软计算"，指人们受自然（生物界）规律的启迪，模仿求解问题。从自然界获得到启发，模仿其结构进行发明创造，这就是仿生学。这是我们向自然界学习的一个方面。另一个方面，我们还可以利用仿生原理进行设计（包括设计算法），这就是智能计算的思想，如人工神经网络技术、遗传算法、模拟退火技术和群集智能技术等。

7.3.1.1 人工神经网络算法

人工神经网络（Artificial Neural Network，ANN）是在对人脑组织结构和运行机

制认识理解的基础上模拟其结构和智能行为的一种工程系统。早在 20 世纪 40 年代初期，心理学家 McCulloch、数学家 Pitts 就提出了人工神经网络的第一个数学模型，从此开创了神经科学理论的研究时代。其后，F. Rosenblatt、Widrow 和 J. J. Hopfield 等学者先后提出了感知模型，使人工神经网络技术得以蓬勃发展。

神经系统的基本构造是神经元（神经细胞），它是处理人体内各部分之间相互信息传递的基本单元。神经生物学家研究的结果表明，人的大脑一般有 $10^{10} \sim 10^{11}$ 个神经元。每个神经元都由一个细胞体、一个连接其他神经元的轴突和一些向外伸出的其他较短分支树突组成。轴突的功能是将本神经元的输出信号（兴奋）传递给别的神经元，其末端的许多神经末梢使得兴奋可以同时传送给多个神经元。树突的功能是接受来自其他神经元的兴奋。神经元细胞体将接收到的所有信号进行简单处理（如加权求和，即对所有的输入信号都加以考虑，且对每个信号的重视程度体现在权值上）后由轴突输出。神经元的树突与另外神经元的神经末梢相连的部分称为突触。

7.3.1.2　BP 神经网络

1986 年，以 Rumelhart 和 McCelland 为首的科学家出版的 *Parallel Distributed Processing* 一书完整地提出了误差逆传播学习算法，即 BP 神经网络，并被广泛接受。多层感知网络是一种具有三层或三层以上的阶层型神经网络。典型的多层感知网络是三层的阶层网络，即输入层 I、隐含层（也称为中间层）J 和输出层 K。相邻层之间的各神经元实现全连接，即下一层的每个神经元与上一层的每个神经元都实现全连接，而且每层各神经元之间无连接。

但 BP 神经网络并不十分完善，它存在以下主要缺陷：学习收敛速度太慢，网络的学习记忆具有不稳定性，即当给一个训练好的网络提供新的学习记忆模式时，将使已有的连接权值被打乱，导致已记忆的学习模式的信息消失。

7.3.1.3　竞争型神经网络

竞争型神经网络是基于人的视网膜及大脑皮层对刺激的反应而引出的。神经生物学的研究结果表明：生物视网膜中，有许多特定的细胞，对特定的图形（输入模式）比较敏感，并使大脑皮层中的特定细胞产生大的兴奋，而其相邻的神经细胞的兴奋程度被抑制。对于某一个输入模式，通过竞争在输出层中只激活一个相应的输出神经元。许多输入模式在输出层中将激活许多个神经元，从而形成一个反映输入数据的"特征图形"。竞争型神经网络是一种以无监督方式进行网络训练的网络。它通过自身训练，自动对输入模式进行分类。竞争型神经网络及其学习规则与其他类型神经网络相比，有着鲜明的特点。在网络结构上，它既不像阶层型神经网络那样，各层神经元之间只有单向连接，也不像全连接型网络那样，在网络结构上没有明显的层次界限。它一般是由输入层（模拟视网膜神经元）和竞争层（模拟大脑皮层神经元，也叫输出层）构成的两层网络。两层之间的各神经元实现双向全连接，且网络中没有隐含层。有时竞争层各神经元之间还存在横向连接。竞争型神经网络的基本思想是网络竞争层各神经元竞争对输入模式的响应机会，最后仅有一个神经元成为竞争的胜者，并只将与获胜神经元有关的各连接权值进行修正，使之朝着更有利于竞争的方向调整。神经网络工作时，对于某一种输入模式，网络中与该模式最相近的学习输入模式相对应的竞争层神经元将有最大的输出值，即以竞争层获胜神经元来表示分类结果。这是通过竞争得以实现的，实际上也就是网络回忆联想的过程。除了竞争的方法，还有通过抑制手段获取胜利的方法，即网络竞争层各神经元抑制其他神经元对输入模式的响应机会，从而使自己"脱颖而出"，成为获胜神经元。除此之外，还有一种称为侧抑制的方法，即每个神经元只抑制与自己邻近的神经元，而不抑制远离自己的神经元。这种方法常用于图像边缘处理，解决图像边缘的缺陷问题。

竞争型神经网络的缺点为：因为它仅以输出层中的单个神经元代表某一类模式，所以一旦输出层中的某个输出神经元损坏，则导致该神经元所代表的该模式信息全部丢失。

7.3.1.4　Hopfield 神经网络

1986 年，美国物理学家 J. J. Hopfield 提出了 Hopfield 神经网络。他利用非线性动力学系统理论中的能量函数方法研究反馈人工神经网络的稳定性，并利用此方法建立求解优化计算问题的系统方程式。基本的 Hopfield 神经网络是一个由非线性元件构成的全连接型单层反馈系统。

网络中的每一个神经元都将自己的输出通过连接权传送给所有其他神经元，同时又都接收所有其他神经元传递来的信息，即网络中的神经元 t 时刻的输出状态实际上间接地与自己 $t-1$ 时刻的输出状态有关。所以 Hopfield 神经网络是一个反馈型的网络，其状态变化可以用差分方程来表征。反馈型网络的一个重要特点就是具有稳定状态。当网络达到稳定状态时，便是其能量函数最小的时候。这里的能量函数不是物理意义上的能量函数，而是在表达形式上与物理意义上的能量概念一致，表征网络状态的变化趋势，并可以依据 Hopfield 工作运行规则不断进行状态变化，最终能够达到的某个极小值的目标函数。网络收敛就是指能量函数达到极小值。如果把一个最优化问题的目标函数转换成网络的能量函数，将问题的变量对应为网络的状态，那么 Hopfield 神经网络就能够用于解决优化组合问题。

对于同样结构的网络，当网络参数（连接权值和阈值）变化时，网络能量函数极小点（称为网络的稳定平衡点）的个数和极小值的大小也将变化。因此，可以把所需记忆的模式设计成某个确定网络状态的一个稳定平衡点。若网络有 M 个平衡点，则可以记忆 M 个记忆模式。

当网络从与记忆模式较靠近的某个初始状态（相当于发生了某些变形或含有某些噪声的记忆模式，即只提供了某种模式的部分信息）出发后，网络按 Hopfield 工作运行规则进行状态更新，网络状态最后将稳定在能量函数的极小点。这样就完成了由部分信息的联想过程。

Hopfield 神经网络的能量函数是朝着梯度减小的方向变化，但它仍然存在一个问题，那就是一旦能量函数陷入局部极小值，它将不能自动跳出局部极小点到达全局最小点，因而无法求得网络最优解。

7.3.1.5 遗传算法

遗传算法（Genetic algorithms）是基于生物进化理论的原理发展起来的一种广为应用、高效的随机搜索与优化的方法，其主要特点是群体搜索策略和群体中个体之间的信息交换，搜索不依赖于梯度信息。它是在20世纪70年代初期由美国密歇根大学的霍兰（Holland）发展起来的。1975年，霍兰出版了第一本比较系统论述遗传算法的专著《自然系统与人工系统中的适应性》（*Adaptation in Natural and Artificial Systems*）。遗传算法最初被研究的出发点不是为专门解决最优化问题，它与进化策略、进化规划共同构成了进化算法的主要框架，都是为当时人工智能的发展服务的。迄今为止，遗传算法是进化算法中最广为人知的算法。

近几年来，遗传算法主要在复杂优化问题求解和工业工程领域应用方面取得了一些令人信服的结果，引起了很多人的关注。在发展过程中，进化策略、进化规划和遗传算法之间的差异越来越小。遗传算法的成功应用包括作业调度与排序、可靠性设计、车辆路径选择与调度、成组技术、设备布置与分配、交通问题等。

7.3.1.6 模拟退火算法

模拟退火算法来源于固体退火原理，将固体加热至温度充分高，再让其慢慢冷却。加热时，固体内部粒子随温度升高变为无序状，内能增大；而慢慢冷却时，粒子渐趋有序，在每个温度都达到平衡态，最后在常温时达到基态，内能减为最小。根据 Metropolis 准则，粒子在温度 T 时趋于平衡的概率为 $e^{-\Delta E/(kT)}$，其中，E 为温度 T 时的内能，ΔE 为其改变量，k 为 Boltzmann 常数。用固体退火模拟组合优化问题，将内能 E 模拟为目标函数值 f，温度 T 演化成控制参数 t，即得到解组合优化问题的模拟退火算法：由初始解 i 和控制参数的初值 t 开始，对当前解重复"产生新解→计算目标函数差→接受或舍弃"的迭代，并逐步衰减 t 值，算法终止时的当前解即为所得近似最优解，这是基于蒙特卡罗迭代求解法的一种启发式随机搜索过程。退火过程由冷却进度表（Cooling schedule）控制，包括控制参数的初值 t 及其衰减因子 Δt、每个 t 值时的迭代次数 L 和停止条件 S。

7.3.1.7 群集智能

受社会性昆虫行为的启发，计算机工作者通过对社会性昆虫进行模拟，产生了一系列针对传统问题的新的解决方法，这些研究就是群集智能的研究。群集智能（Swarm intelligence）中的群体（Swarm）指的是一组相互可以直接通信或间接通信（通过改变局部环境）的主体，这组主体能够合作进行分布问题求解；而群集智能指的是无智能的主体通过合作表现出智能行为的特性。群集智能在没有集中控制且不提供全局模型的前提下，为寻找复杂的分布式问题的解决方案提供了基础。

群集智能的特点和优点为：群体中相互合作的个体是分布式的，这样更能够适应当前网络环境下的工作状态；没有中心的控制与数据，这样的系统更具有鲁棒性，不会由于某一个或某几个个体的故障而影响整个问题的求解。可以不通过个体之间直接通信，而通过非直接通信进行合作，这样的系统具有更好的可扩充性。系统中每个个体的能力十分简单，这样每个个体的执行时间比较短，并且实现也比较简单，具有简单性。因为具有这些优点，群集智能的研究虽然还处于初级阶段，并且存在许多困难，但可以预测，群集智能的研究代表了以后计算机研究发展的一个重要方向。

在计算智能（Computational intelligence）领域有两种基于群集智能的算法：蚁群优化算法和粒子群优化算法。前者是对蚂蚁群落食物采集过程的模拟，已经成功运用在很多离散优化问题上。

7.3.1.8　粒子群优化算法

粒子群优化算法（Particle Swarm Optimization，PSO）是一种进化计算技术（Evolutionary computation），由 Eberhart 和 Kennedy 发明，源于对鸟群捕食的行为研究。

粒子群优化算法也起源于对简单社会系统的模拟，最初设想是模拟鸟群觅食的过程，但后来发现 PSO 是一种很好的优化工具。

PSO 与遗传算法类似，是一种基于迭代的优化工具。系统初始化为一组随机解，通过迭代搜寻最优值。但是并没有遗传算法用的交叉以及变异，而是粒子在解空间追随最优的粒子进行搜索。

与遗传算法比较，PSO 的优势在于简单、容易实现，没有许多参数需要调整。目前，PSO 已广泛应用于函数优化、神经网络训练、模糊系统控制以及其他遗传算法领域。

7.3.1.9　蚁群优化算法

受蚂蚁觅食时的通信机制的启发，20 世纪 90 年代，Dorigo 提出了蚁群优化算法（Ant Colony Optimization，ACO）来解决计算机算法学中经典的货郎担问题（即如果有 n 个城市，需要对 n 个城市进行访问且只访问一次的最短距离）。

在解决货郎担问题时，蚁群优化算法设计虚拟的"蚂蚁"将摸索不同路线，并留下会随时间逐渐消失的虚拟"信息素"。虚拟的"信息素"也会挥发，每只"蚂蚁"每次随机选择要走的路径，它们倾向于选择路径比较短、"信息素"比较浓的路径。根据"信息素较浓的路线更近"的原则，即可选择出最佳路线。这种算法利用了正反馈机制，使得较短的路径能够有较大的机会得到选择，并且由于采用了概率算法，所以它能够不局限于局部最优解。

蚁群优化算法对于解决货郎担问题并不是目前最好的方法，但它提出了一种新思路。蚁群优化算法因其特有的解决方法，已被成功用于解决其他组合优化问题，如图的着色以及最短超串等问题。

7.3.2　随机采样

作为一种随机采样方法，马尔可夫链蒙特卡罗（Markov Chain Monte Carlo，MCMC）在机器学习、深度学习以及自然语言处理等领域都有广泛应用，是很多复杂算法求解的基础。从名字可以看出，MCMC 由两个 MC 组成，即蒙特卡罗方法（Monte Carlo Simulation，MC）和马尔可夫链（Markov Chain，MC），所以要弄懂 MCMC 的原理，首先得了解蒙特卡罗方法和马尔可夫链的原理。

7.3.2.1 蒙特卡罗方法

蒙特卡罗原来是一个赌场的名称，以其命名可能是因为蒙特卡罗方法是一种随机模拟的方法，很像赌场中扔骰子的过程。蒙特卡罗方法的原理是通过大量随机样本去了解一个系统，进而得到所要计算的值。它非常强大和灵活，又相当简单易懂，很容易实现。对于许多问题，它往往是最简单的计算方法，有时甚至是唯一可行的方法。

给定统计样本集，如何估计产生这个样本集的随机变量概率密度函数是我们比较熟悉的概率密度估计问题。求解概率密度估计问题的常用方法是最大似然估计、最大后验估计等。但是，思考概率密度估计问题的逆问题：给定一个概率分布 $p(x)$，如何让计算机生成满足这个概率分布的样本？这个问题就是统计模拟中研究的重要问题——采样（Sampling）。

如果很难求解出 $f(x)$ 的原函数，现要求其在定义域 $[a,b]$ 上的积分，如果 $f(x)$ 是均匀分布，那么可以采样 $[a,b]$ 的 n 个值 $\{x_0,x_1,\cdots,x_{n-1}\}$，用它们的均值来代表 $[a,b]$ 上所有 $f(x)$ 的值。这样，上面的定积分的近似求解为

$$\frac{b-a}{n}\sum_{i=0}^{n-1}f(x_i) \tag{7.3.1}$$

如果不是均匀分布，并假设可以得到 $f(x)$ 在 $[a,b]$ 上的概率分布函数 $p(x)$，那么定积分求和可以这样进行：

$$\theta=\int_a^b f(x)\mathrm{d}x=\int_a^b \frac{f(x)}{p(x)}p(x)\mathrm{d}x\approx\frac{1}{n}\sum_{i=0}^{n-1}\frac{f(x_i)}{p(x_i)} \tag{7.3.2}$$

式中，最右边的形式就是蒙特卡罗方法的一般形式。当然，这里是连续函数形式的蒙特卡罗方法，但在离散时一样成立。

可以看出，当假设 x 在 $[a,b]$ 是均匀分布时，$p(x_i)=1/(b-a)$，代入有概率分布的蒙特卡罗积分的式（7.3.2），可以得到

$$\frac{1}{n}\sum_{i=0}^{n-1}\frac{f(x_i)}{\dfrac{1}{b-a}}=\frac{b-a}{n}\sum_{i=0}^{n-1}f(x_i) \tag{7.3.3}$$

也就是说，式（7.3.1）也可以作为一般概率分布函数 $p(x)$ 在均匀分布时的特例。那么，现在的问题转为如何在已知分布求出 x 的分布 $p(x)$ 对应的若干个样本。

7.3.2.2 采样方法

1. 概率分布采样

如果求出了 x 的概率分布，我们可以以概率分布为基础，采样基于这个概率分布的 n 个 x 的样本集，代入蒙特卡罗求和式即可求解。但还有一个关键的问题需要解决，

即如何基于概率分布去采样基于这个概率分布的 n 个 x 的样本集。

一般而言，均匀分布 Uniform（0,1）的样本是相对容易生成的，通过线性同余随机数生成器可以生成（0,1）之间的伪随机数样本。我们用确定性算法生成 $[0,1]$ 之间的伪随机数序列后，这些序列的各种统计指标和均匀分布 Uniform（0,1）的理论计算结果非常接近。这样的伪随机序列就有比较好的统计性质，可以当作真实的随机数使用。线性同余随机数生成器如下：

$$x_{n+1} = (a\,x_n + c)\,\mathrm{mod}\,m \tag{7.3.4}$$

式中，a、c、m 是数学推导出的合适的常数。这种算法产生的下一个随机数完全依赖当前的随机数，当随机数序列足够大时，随机数会出现重复子序列的情况。当然，也有很多更加先进的随机数产生算法出现，如 Numpy 用的是 Mersenne Twister 等。而其他常见的概率分布，无论是离散的分布还是连续的分布，它们的样本都可以通过 Uniform（0，1）的样本转换而得，但是如何产生满足其他分布下的随机数呢？

比如，二维正态分布的样本 (Z_1, Z_2) 可以通过独立采样得到的 Uniform（0,1）样本对 (X_1, X_2) 通过下式转换而得：

$$Z_1 = \sqrt{-2\ln X_1}\cos(2\pi X_2) \tag{7.3.5}$$

$$Z_2 = \sqrt{-2\ln X_2}\sin(2\pi X_2) \tag{7.3.6}$$

其他一些常见的连续分布，如 T 分布、F 分布、β 分布、γ 分布等，都可以通过类似方式从 Uniform（0,1）得到的采样样本转化得到。在 Python 的 Numpy、Scikit－learn 等类库中，都有生成这些常用分布样本的函数可以使用。

不过很多时候，x 的概率分布不是常见的分布，这意味着无法方便地得到这些非常见的概率分布的样本集。那这个问题怎么解决呢？

2. 接受－拒绝采样

对于概率分布不是常见的分布，一个可行的办法是采用接受－拒绝采样来得到该分布的样本。既然 $p(x)$ 太复杂，在程序中无法直接采样，那么设定一个程序可采样的分布 $q(x)$，如高斯分布，然后按照一定方法拒绝某些样本，以达到接近 $p(x)$ 分布的目的，其中，$q(x)$ 叫作 Proposal distribution。

具体采用过程如下：设定一个方便采样的常用概率分布函数 $q(x)$ 和一个常量 k，使 $p(x)$ 总在 $kq(x)$ 的下方。首先，采样得到 $q(x)$ 的一个样本 z_0，使用 Uniform（0，1）转换得到。其次，从均匀分布 $(0, kq(z_0))$ 中采样得到一个值 u，如果 u 落在图 7－17 中的阴影部分，则拒绝这次抽样；否则，接受这个样本 z_0。重复以上过程，得到 n 个接受的样本 $z_0, z_1, \cdots, z_{n-1}$，则最后的蒙特卡罗方法求解结果为

$$\frac{1}{n}\sum_{i=0}^{n-1}\frac{f(z_i)}{p(z_i)} \tag{7.3.7}$$

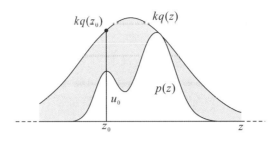

图 7-17 采样分布图

整个过程通过一系列的接受-拒绝决策来达到用 $q(x)$ 模拟 $p(x)$ 概率分布的目的。

使用接受-拒绝采样，可以解决一些概率分布不常见的问题，得到其采样集，并用蒙特卡罗方法求和。但是接受-拒绝采样也只能满足部分需求，很多时候还是很难得到概率分布的样本集。例如，对于一些二维分布 $p(x,y)$，有时只能得到条件分布 $p(x\mid y)$ 和 $p(y\mid x)$，很难得到二维分布 $p(x,y)$ 的一般形式，这时无法用接受-拒绝采样得到其样本集；对于一些高维的复杂非常见分布 $p(x_1,x_2,\cdots,x_n)$，要找到一个合适的 $q(x)$ 和 k 非常困难。

综上，要想将蒙特卡罗方法作为一个通用的采样模拟求和方法，必须解决如何方便得到各种复杂概率分布的对应采样样本集的问题，这就需要使用一些更加复杂的随机模拟方法来生成样本，如马尔可夫链蒙特卡罗方法。

3. 马尔可夫链

马尔可夫链的定义比较简单，假设某一时刻状态转移的概率只依赖于其前一个状态。例如，假设每天的天气是一个状态，那么今天是否为晴天只依赖于昨天的天气，而和前天的天气没有任何关系。当然这么说可能有些武断，但这样做可以大大简化模型的复杂度。因此，马尔可夫链在很多时间序列模型中得到了广泛应用。

如果用精确的数学定义来描述，假设序列状态是 $\cdots,X_{t-2},X_{t-1},X_t,X_{t+1},\cdots$，那么 X_{t+1} 时刻状态的条件概率仅依赖于 X_t 时刻，即

$$P(X_{t+1}\mid\cdots,X_{t-2},X_{t-1},X_t)=P(X_{t+1}\mid X_t) \tag{7.3.8}$$

既然某一时刻状态转移的概率只依赖于其前一个状态，那么只要能求出系统中任意两个状态之间的转换概率，就确定了马尔可夫链模型，根据模型就可以很容易地得到马尔可夫链模型的状态转换矩阵，从而得出平稳分布的样本集。

假设任意初始的概率分布是 $\pi_0(x)$，经过第 1 轮马尔可夫链状态转移后的概率分布是 $\pi_1(x)$，经过第 i 轮马尔可夫链状态转移后的概率分布是 $\pi_i(x)$。假设经过 n 轮后，马尔可夫链收敛到平稳分布 $\pi(x)$，即

$$\pi_n(x)=\pi_{n+1}(x)=\pi_{n+2}(x)=\cdots=\pi(x) \tag{7.3.9}$$

对于每个分布 $\pi_i(x)$ 有

$$\pi_i(x)=\pi_{i-1}(x)P=\pi_{i-2}(x)P^2=\pi_0(x)P^i \tag{7.3.10}$$

现在可以开始采样，首先，基于初始任意简单概率分布如高斯分布 $\pi_0(x)$ 采样得到状态值 x_0，基于条件概率分布 $P(x\mid x_0)$ 采样状态值 x_1，一直进行下去，当状态转移

进行到一定次数时，如到 n 次时，则认为此时的采样集 $(x_n, x_{n+1}, x_{n+2}, \cdots)$ 是符合平稳分布的对应样本集，可以用来进行蒙特卡罗模拟求和。基于马尔可夫链的采样过程如下：

（1）输入马尔可夫链状态转移矩阵 $\boldsymbol{P}$，设定状态转移次数阈值 n_1、需要的样本个数 n_2。

（2）从任意简单概率分布采样得到初始状态值 x_0。

（3）for $t = 0$ to $n_1 + n_2 - 1$：从条件概率分布 $P(x \mid x_t)$ 中采样得到样本 x_{t+1}。

样本集 $(x_{n_1}, x_{n_1+1}, \cdots, x_{n_1+n_2-1})$ 即为需要的平稳分布对应的样本集。

7.3.3 机器学习的引入案例

7.3.3.1 决策树

根据一些特征进行分类，每个节点提一个问题，通过判断将数据分为两类，再继续提问。这些问题是根据已有数据学习出来的，再投入新数据时，就可以根据这棵树上的问题将数据划分到合适的叶子上。决策树如图 7-18 所示。

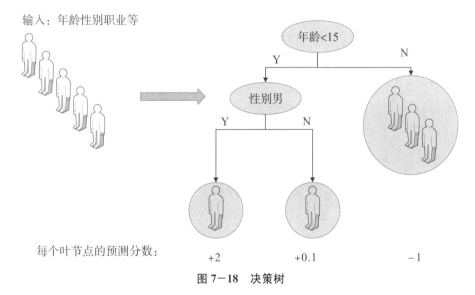

图 7-18 决策树

7.3.3.2 随机森林

在源数据中随机选取数据，组成几个子集，如图 7-19 所示。

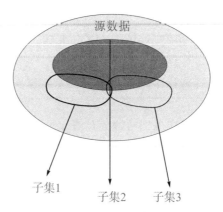

图 7-19　随机森林

$$\boldsymbol{S} = \begin{bmatrix} f_{A1} & f_{B1} & f_{C1} & C_1 \\ \vdots & \vdots & \vdots & \vdots \\ f_{AN} & f_{BN} & f_{CN} & C_N \end{bmatrix}$$

第一个样本的特征A

式中，$\boldsymbol{S}$ 矩阵是源数据，有 $1-N$ 条数据，A、B、C 是特征，最后一列 C 是类别。

由 $\boldsymbol{S}$ 随机生成 M 个子矩阵：

生成随机子集

$$\boldsymbol{S}_1 = \begin{bmatrix} f_{A12} & f_{B12} & f_{C12} & C_{12} \\ f_{A15} & f_{B15} & f_{C15} & C_{15} \\ \vdots & \vdots & \vdots & \vdots \\ f_{A35} & f_{B35} & f_{C35} & C_{35} \end{bmatrix} \quad \boldsymbol{S}_2 = \begin{bmatrix} f_{A2} & f_{B2} & f_{C2} & C_2 \\ f_{A6} & f_{B6} & f_{C6} & C_6 \\ \vdots & \vdots & \vdots & \vdots \\ f_{A20} & f_{B20} & f_{C20} & C_{20} \end{bmatrix}$$

决策树1

$$\boldsymbol{S}_M = \begin{bmatrix} f_{A4} & f_{B4} & f_{C4} & C_4 \\ f_{A9} & f_{B9} & f_{C9} & C_9 \\ \vdots & \vdots & \vdots & \vdots \\ f_{A12} & f_{B12} & f_{C12} & C_{12} \end{bmatrix}$$

决策树2

决策树3

这 M 个子集得到 M 个决策树，将新数据投入 M 个决策树中，得到 M 个分类结果，计数看预测成哪一类的数量最多，就将此类别作为最后的预测结果。

7.3.3.3　逻辑回归

当预测目标的值域需要满足大于或等于 0、小于或等于 1 时，单纯的线性模型（图 7-20）是做不到的，因为当定义域不在某个范围之内时，值域也超出了规定区间，此时需要如图 7-21 所示的模型会比较好。

线性模拟图

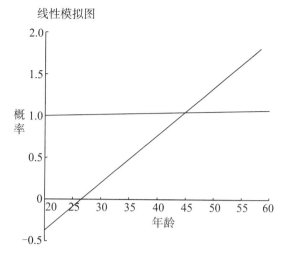

图 7-20　单纯的线性模型

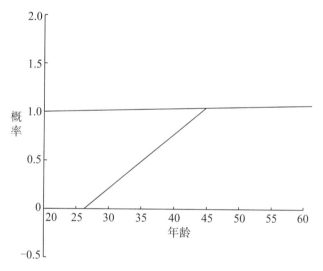

图 7-21　线性模拟图

如何得到这样的模型呢？需要满足两个条件：大于或等于 0、小于或等于 1。大于或等于 0 的模型可以选择绝对值、平方值，这里用指数函数，一定大于 0；小于或等于 1 用除法，分子是自己，分母是自身加上 1，一定小于 1。具体分为以下两步：

（1）满足大于或等于 0，则 $p = \mathrm{e}^{\beta_0 + \beta_1 \mathrm{age}}$。

（2）满足小于或等于 1，则 $p = \dfrac{\mathrm{e}^{\beta_0 + \beta_1 \mathrm{age}}}{v^{\beta_0 + \beta_1 \mathrm{age}} + 1}$

经过数学变换可得

$$\ln\left(\frac{p}{1-p}\right) = \beta_0 + \beta_1 \mathrm{age} \tag{7.3.11}$$

再代入源数据，得到相应的系数，得

$$\ln\left(\frac{p}{1-p}\right) = -26.52 + 0.78\mathrm{age} \tag{7.3.12}$$

即

$$p = \frac{e^{-26.52+0.78\text{age}}}{e^{-26.52+0.78\text{age}} + 1}$$

最后得到回归模型如图 7—22 所示。

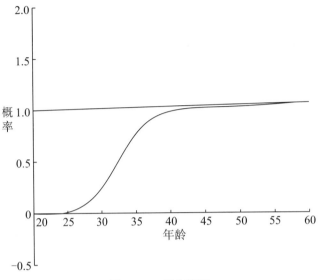

图 7—22　回归模型

7.3.3.4　SVM

要将两类分开，想得到一个超平面，最优的超平面是到两类的边缘达到最大，边缘就是超平面与离其最近一点的距离，如图 7—23 所示，$Z_2 > Z_1$，所以 Z_2 超平面比较好。

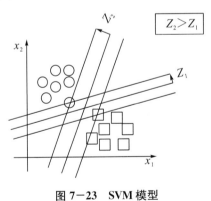

图 7—23　SVM 模型

将这个超平面表示成一个线性方程，在线上方的一类都大于或等于 1，另一类都小于或等于 -1，如图 7—24 所示。

$$g(\vec{x}) \geqslant 1, \quad A\vec{x} \in \text{class 1}$$
$$g(\vec{x}) \leqslant -1, \quad A\vec{x} \in \text{class 2}$$

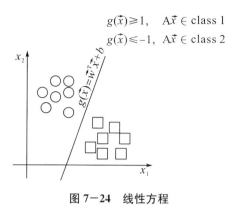

图 7-24　线性方程

点到面的距离根据图中的公式计算，如图 7-25 所示。

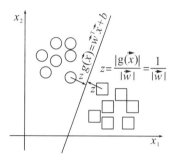

图 7-25　点到面的距离计算

所以得到全部边缘的表达式：

$$\frac{1}{\|\vec{\omega}\|} + \frac{1}{\|\vec{\omega}\|} = \frac{2}{\|\vec{\omega}\|} \tag{7.3.13}$$

目标是最大化这个边缘，就需要最小化分母，于是变成了一个优化问题。

7.3.3.5　朴素贝叶斯

有以下一段文字，返回情感分类，这段文字的态度是积极还是消极的？

I love this movie! It's sweet, but with satirical humor. The dialogue is great and the adventure scenes are fun... It manages to be whimsical and romantic while laughing at the conventions of the fairy tale genre. I would recommend it to just about anyone. I've seen it several times, and I'm always happy to see it again whenever I have a friend who hasn't seen it yet.

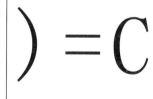

为了解决这个问题，可以只看其中的一些单词：

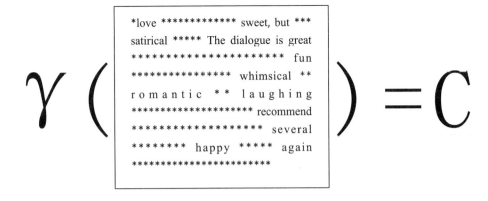

所以，这段文字将仅由一些单词和它们的计数代表：

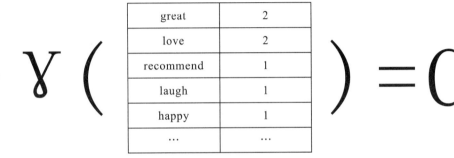

原始问题是：给定一句话，判断它属于哪一类？是积极的还是消极的？通过贝叶斯定律就可以将其变成一个比较容易求解的问题，如判断"I love this fun film"。具体步骤如下：

第一步：设定每个单词在具体类（积极类、消极类）中的概率 P（单词 | 类）。

积极类		消极类	
0.1	I	0.2	I
0.1	Love	0.001	Love
0.01	this	0.01	this
0.05	fun	0.005	fun
0.1	film	0.1	film

第二步：计算每句话的概率 P（句子 | 类）$= \prod P$（单词 | 类）。

I	love	this	fun	film	
0.1	0.1	0.01	0.05	0.1	积极类
0.2	0.001	0.01	0.005	0.1	消极类

P(句子|积极类)=0. 0000005 $>$ P(句子|消极类)=0. 000000001

故这句话是积极的。

7.3.3.6　K 最近邻算法

K 最近邻算法是指在特征空间中，如果一个样本附近的 K 个最近（即特征空间中最邻近）样本的大多数属于某一个类别，则该样本也属于这个类别。例如，图 7－26 中，要区分猫和狗，通过爪形和叫声两个特征来判断，圆形和三角形是已知分类，那么图中的五角星代表哪一类呢？

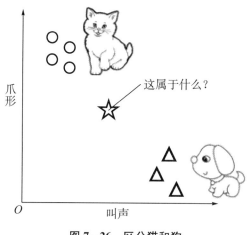

图 7－26　区分猫和狗

当 K＝3 时，图 7－27 中的三条线连接的点就是最近的三个点，圆形多一些，所以五角星属于猫。

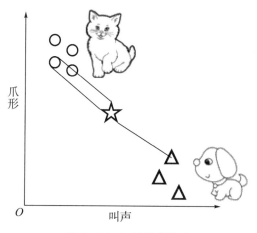

图 7－27　K 最近邻算法

7.3.3.7　K 均值算法

先将一组数据分为三类，粉色数值大，黄色数值小。先初始化，选择最简单的 3、2、1 作为各类初始值，剩下的数值中，每个都与三个初始值计算距离，然后归类到离它最近初始值所在类别。例如，扑克牌随机散落在一张方桌上，上方有梅花 3、梅花 2、梅花A；中间是方块J、梅花8、方块A；下方是方块8、黑桃6、黑桃7。找到最近中心点为8，距离顶部三个数字距离分别是8-2=6、8-1=7、8-3=5。当台面的牌数不断增加，根据不同牌色掉落的区域，不断计算不同牌色的中心点，以此中心位置进行分类。分类之后，计算每一类的平均值，作为新一轮的中心点。几轮之后，分组不再变化，即可以停止。如果为三种颜色，可表达如图7-28所示。

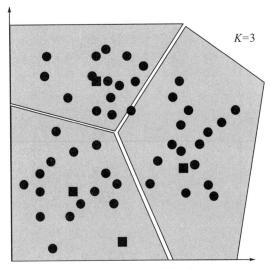

图7-28 K 均值算法

7.3.3.8 Adaboost

Adaboost 是 Bosting 的方法之一。Bosting 就是把若干个分类效果不好的分类器综合起来考虑，得到一个效果较好的分类器。

单看图7-29中的两个决策树效果不太好，但把同样的数据投入进去，将两个结果加起来考虑，就会增加可信度。

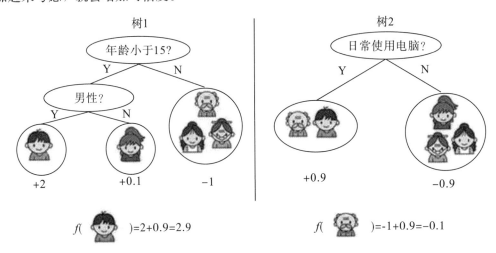

图7-29 决策树

手写识别中，在画板上可以抓取到很多特征，如始点的方向、始点和终点的距离等。

Training 时，会得到每个特征的权重，如图 7－30 所示，2 和 3 的开头部分很像，这个特征对分类起到的作用很小，它的权重也就会较小。

Training（学习）

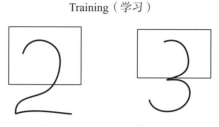

图 7－30　Training 学习过程

如图 7－31 所示，α 具有很强的识别性，这个特征的权重就会较大，最后的预测结果是综合考虑这些特征的结果。

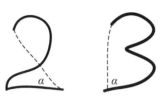

图 7－31　Training 学习特征

7.3.3.9　神经网络

神经网络（Neural networks）适合一个输入（input）可能落入至少两个类别中：神经网络有若干层神经元，和它们之间的联系组成第一层是输入层，最后一层是输出（output）层。在隐含（hidden）层和输出层都有自己的分类器（classifier）。如图 7－32 所示。

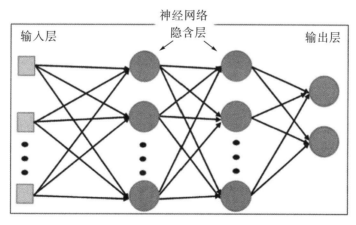

图 7－32　神经网络

输入层输入网络中被激活，计算的分数被传递到下一层，激活后面的神经层，最后输出层节点上的分数代表属于各类的分数，赋予不同权值和阈值，形成不同分类，得到分类结果为分类 1；同样的，输入层被传输到不同节点上，之所以会得到不同的结果，是因为各自节点有不同的权重和偏差，这也就是正向传播（Forward propagation）。

7.3.3.10　马尔可夫

马尔可夫链由 state 和 transitions 组成。

例如，根据"the quick brown fox jumps over the lazy dog"这句话，得到马尔可夫链。

先将每一个单词设定成一个状态，然后计算状态间转换的概率，如图 7-33 所示。

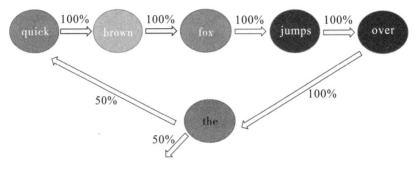

图 7-33　马尔可夫链

这是一句话计算出来的概率，当用大量文本去做统计时，会得到更大的状态转移矩阵，如"the"后可以连接的单词及相应的概率，如图 7-34 所示。

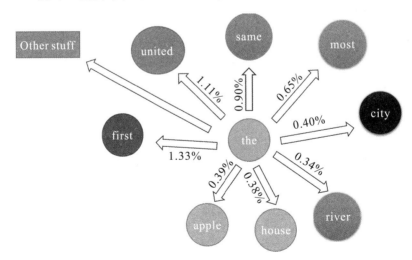

图 7-34　马尔可夫链（"the"后可以连接的单词及相应的概率）

生活中，键盘输入法的备选结果也是一样的原理，模型会更高级，如图 7-35 所示。

图 7-35　键盘输入法的备选

7.3.4　可持续切削技术的工艺优化

遗传算法是从代表问题可能潜在的解集的一个种群开始的，一个种群由经过基因编码的一定数量的个体组成，每个个体都是染色体带有特征的实体。

染色体是遗传物质的载体，是多个基因的集合，决定了个体形状的外部表现。进行遗传算法计算之前，必须对基因进行编码，编码时采用计算机能够计算的二进制进行。

初代种群随机生成之后，依照适者生存和优胜劣汰的原理，逐代演化产生出越来越优的近似解。在每一代中，根据问题域中个体的适应度选择个体，运用自然遗传学的遗传算子进行组合交叉和变异，产生代表新解集的种群。

这个过程使得种群像自然进化一样，其后代种群比前代种群更加适应环境。末代种群中的最优个体经过解码，就作为问题近似的最优解。

例如，将很多兔子随机散放在一座山上，兔子并不知道自己的目标是找到山顶。每过几年，位于较低海拔的所有兔子被天敌捕杀。于是，位于越高海拔的兔子存活时间越长，越有机会繁衍后代。很多年后，只剩山顶的兔子存活下来。这些山顶的兔子就是最接近最优解的近似解。

图 7-36 是遗传算法的一般步骤。

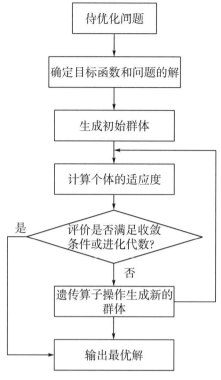

图 7-36 遗传算法的一般步骤

（1）参数编码。

采用计算机能够计算的二进制对参数进行编码。设待求量的区间为 $[a,b]$，要求精确到小数点后 n 位，编码公式如下：

$$2^{m-1} < (b-a) \times 10^n \leqslant 2^m - 1 \tag{7.3.14}$$

（2）群体初始化。

建立种群数和种群规模，每隔一定代在子种群中交换一定比例的适应度最高的个体。

（3）适应度函数。

根据需求建立对应的适应度函数，即建立目标函数。

（4）选择算子。

以选择轮盘赌算子为例。轮盘赌算子的内涵是个体的选择概率与自身适应度成正比，表达式如下：

$$p_i = \frac{f_i}{\sum\limits_{i=1}^{n} f_i} \tag{7.3.15}$$

式中，p_i 表示个体的选择概率，n 表示种群的大小，f_i 表示个体 i 的适应度。

（5）自适应交叉算子与变异算子。

自适应交叉算子与变异算子为

$$P_c = \begin{cases} \dfrac{F_{\max} - F_c}{F_{\max} - F_{\text{avg}}} \times c_1 + k_1, F_c \geqslant F_{\text{avg}} \\[2mm] c_2, F_c < F_{\text{avg}} \end{cases}$$

$$P_m = \begin{cases} \dfrac{F_{\max} - F_m}{F_{\max} - F_{\text{avg}}} \times m_1, F_m \geqslant F_{\text{avg}} \\[2mm] m_2, F_m < F_{\text{avg}} \end{cases} \tag{7.3.16}$$

式中，P_c 表示个体的选择概率，P_m 表示变异概率，$F_{\max}$ 为本代中的适应度最大值，F_{avg} 为本代中的适应度平均值，F_c 为本代中执行交叉操作的两个个体中适应度较大的一个，F_m 为该个体的适应度，c_1、c_2、m_1、m_2、k_1 为参数值。

（6）终止规则。

设置终止规则的遗传代数。

遗传算法可以用于很多求最优解的实际工程问题中。机械行业中，当选择合适的刀具时，需要综合考虑多个优化目标，从而选取综合最优的一把刀具。对一把刀求达到综合最优情况下各参数最优近似解时，遗传算法往往能够起到很好的效果。

已知有一工件材料为高温合金 GH 4169 的轴类零件，可以查询到能够加工该零件的一把刀具的信息。刀具类型：外圆车刀；刀具材料：PCBN；刀片形状：圆刀片；刀尖圆弧半径：0.4；刀具后角：7；推荐切削用量范围：80~100 mm/min，0.1~0.2 mm/r，0.2 ~0.4 mm。

对这把刀具求达到综合最优情况下的各参数最优近似解的步骤如下：

（1）参数编码。

根据研究，仅有切削三要素对刀具是否达到综合最优有影响。因此，需要对切削三要素进行编码。切削速度精确到个位，进给量和切削深度精确到小数点后两位，根据式（7.3.14），可以得到切削速度、进给量和切削深度的编码位数 m_v、m_f、m_{a_p}，分别为

$$\begin{cases} m_v = 5 \\ m_f = 4 \\ m_{a_p} = 5 \end{cases} \tag{7.3.17}$$

（2）群体初始化设置。

种群数为 5，种群总规模为 200，每隔 50 代在子种群中交换适应度最高的 20% 的个体。

（3）适应度函数。

根据研究，切削三要素对刀具是否达到综合最优有影响，以目标函数最小作为适应度函数。具体表达式如下：

$$\begin{aligned} \min = {}& 0.5\omega\left(\frac{75.4}{vfa_p} + 0.0341v^{1.2698}f^{-0.2456}a_p^{-1.1385}\right) + \\ & 0.1931\omega_2 v^{1.2698}f^{-0.2456}a_p^{-1.1385} + \\ & 0.5\omega_3(0.00114v^{1.2698}f^{-0.2456}a_p^{-1.1385} + 288250.05v^{0.0073}f^{-0.345}a_p^{0.01526}) + \\ & 0.5\omega_4(3823.035v^{0.0073}f^{0.655}a_p^{0.8474} + 80.729v^{0.4554}f^{0.1082}a_p^{0.2944}) + \\ & 0.5\omega_5(191311.56v^{0.0073}f^{-0.345}a_p^{-0.1526} + 0.000319v^{1.2698}f^{-0.2456}a_p^{-1.1385}) \end{aligned}$$

$$\tag{7.3.18}$$

（4）选择算子。

选择轮盘赌算子，如式（7.3.15）。

（5）自适应交叉算子与变异算子。

自适应交叉算子与变异算子同式（7.3.16）。

（6）终止规则。

设置终止规则为遗传代数达到 2000 代。

经过计算机计算，能够得到目标函数的最小值以及切削三要素的最优近似解，见表 7-1。

表 7-1　切削三要素最优近似解

刀具	目标函数值	切削速度	切削深度	进给量
PCBN	0.5920	93	0.15	0.27

7.4　工程机械人工智能技术

7.4.1　复杂产品设计的知识驱动关键技术

现代产品设计往往涉及大量知识的整合，数字化驱动设计的综合理论和方法离不开对知识的整合与算法的应用。例如，在平面复杂运动链拓扑构型的数字化综合方面，首先综合相关领域知识，形成设计案例集合，并根据运动链机构图的可平面性，分别建立自然语义解析和推荐策略集合；其次设计图谱库；最后基于螺旋设计理论，得到机构设计参数并形成数字化表达。从产品设计到回收的全生命周期，产品面临大量数据的产生和应用，其中采用算法实现知识在产品全生命周期中的智能应用。因此，实现算法智能的核心在于对非数据信息的自然语义识别。

7.4.1.1　自然语言处理发展历程

人类对机器理解自然语言的认识走了一条弯路，早期的研究集中采用基于规则的方法，虽然解决了一些简单问题，但无法从根本上将自然语言理解实用化。直到 20 多年后，人们开始尝试用基于统计的方法进行自然语言处理，这才有了突破性进展和实用的产品。

最早提出机器智能设想的是阿兰·图灵（Alan Turing），1950 年他在《思想》（Mind）杂志上发表了一篇题为"计算的机器和智能"的文章。文中，图灵并没有提出研究的方法，而是提出了一种验证机器是否有智能的方法：让人和机器进行交流，如果人无法判断自己交流的对象是人还是机器，就说明这台机器有智能了。这种方法被后人称为图灵测试（Turing test）。图灵其实是留下了一个问题而非答案，但一般认为自然语言的机器处理（现在称为自然语言处理）的历史可以追溯到那个时候，至今已经 70

多年。

自然语言处理发展过程可以分成两个阶段。第一个阶段，20 世纪 50—70 年代，是科学家们走弯路的阶段。全世界的科学家对计算机处理自然语言的认识都局限在人类学习语言的方式上，也就是说，这一阶段用电脑模拟人脑的成果几乎为零。直到 20 世纪 70 年代，一些科学家开始重新认识这个问题，找到了基于数学模型和统计的方法，自然语言处理进入第二个阶段。50 多年来，这一领域取得了实质性突破，自然语言处理也在很多产品中得到广泛应用。虽然早期自然语言处理工作现在没有指导意义，但是回顾科学家人们的认识过程，对了解自然语言处理的方法十分有益。

1956 年的夏天，28 岁的约翰·麦卡锡（John McCarthy）和马文·明斯基（Marvin Minsky）、37 岁的罗切斯特（Nathaniel Rochester）、40 岁的香农提议在麦卡锡工作的达特茅斯学院开研讨会，他们称之为"达特茅斯夏季人工智能研究会议"。参加会议的还有 6 位年轻的科学家，包括 40 岁的赫伯特·西蒙（Herbert Simon）和 28 岁的艾伦·纽维尔（Allen Newell）。在这次研讨会上，大家讨论了当时计算机科学领域尚未解决的问题，包括人工智能、自然语言处理和神经网络等。人工智能的提法是在这次会议上提出的。

当时，学术界对人工智能和自然语言理解的普遍为：要让机器完成翻译或语音识别等，就必须先让计算机理解自然语言，而要做到这一点，就必须让计算机拥有类似人类的智能。为什么会有这样的认识？因为人类就是这么做的。一个人若能把英语翻译成汉语，必定能很好地理解这两种语言，这就是直觉的作用。在人工智能领域，包括自然语言处理领域，后来把这样的方法论称为"鸟飞派"，也就是看看鸟是怎样飞的，就能模仿鸟造出飞机，而不需要了解空气动力学。事实上，怀特兄弟发明飞机靠的是空气动力学而不是仿生学。如今，机器翻译和语音识别已经比较成熟，但是仍有一部分人错误地以为这两种应用是靠计算机理解自然语言而实现的。事实上，这两种应用都靠数学，更准确地说是靠统计。

20 世纪 60 年代，摆在科学家面前的问题是怎样才能理解自然语言。当时的普遍认识是首先要做好两件事，即分析语句和获取语义。实际上，这受到了传统语言学研究的影响。十八九世纪，西方语言学家已经对各种自然语言进行了形式化的总结，形成了十分完备的体系。学习西方语言，都要学习语法规则（Grammar rules）、词性（Part of speech）和构词法（Morphologic）等。这些规则是人类学习语言（尤其是外语）的好工具。而这些语法规则又很容易用计算机的算法描述，这就更加坚定了大家对基于规则的自然语言处理的信心。

对于语义的研究和分析，相比较而言就要系统得多。语义比语法更难在计算机中表达出来，所以直到 20 世纪 70 年代，这方面的工作仍然乏善可陈。值得一提的是，中国古代语言学的研究主要集中在语义而非语法上。很多文献如《说文解字》等，都是语义学研究的成果。由于语义对于人类理解自然语言是不可或缺的，因此，各国政府在把很大比例的研究经费提供给"句法分析"相关研究的同时，也把一部分经费给了语义分析和知识表示等课题。

20 世纪 80 年代以前，自然语言处理工作中的文法规则都是人工写的，这和后来采用机器总结的做法大不相同。直到 2000 年，很多公司，如著名的机器翻译公司 SysTran，还是靠人工来总结文法规则。

高级程序语言的规则和自然语言的规则从形式上看很相似。因此，很容易想到用类似方法分析自然语言。当时的科学家们设计了一些非常简单的自然语句的文法分析器 (Parser)，可以分析词汇量有一百多个、长度为个数的简单语句（不能有太复杂的从句）。

科学家们原本以为对自然语言语法概括得越全面，计算机的计算能力逐渐提高，这种方法可以逐步解决自然语言理解的问题。但实际上，句子的文法分析是一件很琐碎的事：一个短短的句子要分析出非常复杂的二维树结构，还需要多条文法规则。当然，让计算机处理多条文法分析并不难，但要处理摘自《华尔街日报》的以下句子就不太容易：

美联储主席本·伯南克昨天告诉媒体 7000 亿美元的救助资金将借给上百家银行、保险公司和汽车公司。

这个句子依然符合"句子→主语谓语句号"的文法规则：

主语【美联储主席本·伯南克】｜｜动词短语【昨天告诉媒体 7000 亿美元的救助资金将借给上百家银行、保险公司和汽车公司】｜｜句号【。】

接着进行进一步划分，如把主语"美联储主席本·伯南克"分解成两个名词短语"美联储主席"和"本·伯南克"，前者修饰后者。对于动词短语也可以做同样的分析。如此，任何一个线性语句都可以被分析成这样一棵二维的文法分析树（Parse tree）。单纯基于文法规则的分析器是处理不了以上这么复杂的语句的。

首先，要想通过文法规则覆盖 20% 的真实语句，文法规则的数量（不包括词性标注的规则）至少是几万条。语言学家来不及写，这些文法规则写到后来还可能会出现矛盾，为了解决这些矛盾，还要说明各个规则特定的使用环境。如果想覆盖 50% 以上的语句，文法规则的数量则会多到每增加一个新句子，就要加入一些新的文法。这种现象不仅出现在计算机处理语言上，而且出现在人类学习和母语不同语系的外语时。

其次，即使能够写出涵盖所有自然语言现象的语法规则集合，也很难用计算机来解析。描述自然语言的文法和计算机高级程序语言的文法不同。自然语言在演变过程中，产生了词义和上下文相关的特性。因此，它的文法是比较复杂的上下文有关文法（Context dependent grammar），而程序语言是我们人为设计、便于计算机解码的上下文无关文法（Context independent grammar），相比自然语言简单得多。理解两者的计算量不可同日而语。

在计算机科学中，图灵奖得主高德纳（donald Knuth）提出用计算复杂度（Computational complexity）来衡量算法的耗时。对于上下文无关文法，算法的复杂度基本是语句长度的二次方；对于上下文有关文法，计算复杂度基本是语句长度的六次方。也就是说，长度同为 10 的程序语言的语句和自然语言的语句，计算机对它们进行句法分析（Syntactic parsing）的计算量，后者是前者的一万倍。随着句子长度的增长，二者计算时间的差异会以非常快的速度扩大。即使如今有了很快的计算机，分析二三十个词汇的句子也需要一两分钟。因此，在 20 世纪 70 年代，即使是制造大型计算机的

IBM 公司，也不可能采用规则的方法分析一些真实的语句。

将自然语言处理从基于规则的研究方法转到基于统计的研究方法上，贡献最大的是开创性人物贾里尼克和将研究方法进一步发扬光大的米奇·马库斯（Mitch Marcus）。

作为现代自然语言处理的奠基者，贾里尼克成功地将数学原理应用于自然语言处理领域。

贾里尼克在康奈尔潜心研究信息论，最终悟出了自然语言处理的真谛。1972 年，贾里尼克到 IBM 华生实验室进行学术休假，领导了语音识别实验室，两年后他选择留在 IBM。贾里尼克组建的研究队伍阵容十分强大，包括他的搭档波尔（L. Bahl）、语音识别公司 Dragon 的创始人贝克夫妇（Jim Baker & Janet Baker）、解决最大熵迭代算法的达拉·皮垂兄弟（S. Della Pietra & V. Della Pietra）、BCHJR 算法的另两个共同提出者库克（J. Cocke）和拉维夫（J. Raviv），以及第一个提出机器翻译统计模型的布朗（Peter Brown）。当年队伍中资历最浅的拉法特（John Laffety）如今已成为了不起的学者。

20 世纪 70 年代的 IBM 就像 20 世纪 90 年代的 Microsoft 和施密特时代的 Google，任由科学家做自己感兴趣的研究。在这样的环境里，贾里尼克等提出了统计语音识别的框架结构。在贾里尼克之前，科学家们把语音识别问题当作人工智能和模式匹配问题。而贾里尼克把它当作通信问题，并用两个隐马尔可夫模型（声学模型和语言模型）清楚地对语音识别进行概括。这个框架结构至今仍对语音和语言处理影响深远，它不仅从根本上使语音识别有实用的可能，而且奠定了如今自然语言处理的基础。后来，贾里尼克也因此当选美国工程院院士，并被 *Technology* 评为 "20 世纪 100 位发明家之一"。

贾里尼克的前辈香农等在将统计方法应用于自然语言处理时，遇到了两个不可逾越的障碍：缺乏计算能力强大的计算机和大量可用于统计的机读文本语料。前辈最终不得不选择放弃。贾里尼克和同事需要解决的问题就是如何找到大量机读文本语料。这在当时有些麻烦，因为没有网页，大多数出版物没有电子版，有电子版的出版物属于不同的出版商，这些信息很难收集完整。好在当时的电传业务通过全球电信网连接，科学家最初就通过电传业务的文本开始进行自然语言处理研究。

基于统计的自然语言处理方法由 20 世纪 70 年代的 IBM 奠定，有历史的必然性。首先，IBM 有足够强大的计算功能和数据；其次，工作于 IBM 的贾里尼克等已经在这一领域做了十多年的理论研究；最后，IBM 对基础研究的投入力度非常大。

贾里尼克、波尔、库克和拉维夫的另一大贡献是 BCJR 算法，这是现如今数字通信中应用最广的两个算法之一（另一个是维特比算法）。有趣的是，这个算法在发明了 20 年后才得以广泛应用。IBM 把它列为 IBM 有史以来对人类最大贡献之一，并贴在阿莫顿实验室（Amaden Research Labs）的墙上。

1999 年在美国菲尼克斯召开的 ICASSP 年会上，贾里尼克以 "从水门事件到莫妮卡·莱温斯基" 为题做了大会报告，总结了语音识别领域 30 年的成就，重点回顾了当年在 IBM 和后来在约翰·霍普金斯大学的工作。

和贾里尼克不同，马库斯对这一领域的贡献不是直接的发明，而是宾夕法尼亚大学 LDC 语料库和众多优秀学生，包括一大批年轻有为的科学家，如迈克尔·柯林斯

（Michael Collins）、艾里克·布莱尔（Eric Brill）、大卫·雅让斯基（David Yarowsky）、拉纳帕提（Adwait Ratnaparkhi）等。

马库斯毕业于麻省理工学院，经历了从工业界（AT&T 贝尔实验室）到学术界（宾夕法尼亚大学）的转行。刚到宾夕法尼亚大学时，马库斯在利用统计方法进行句子分析上做出了不少成绩。在马库斯以前，基于统计的自然语言处理被语言学术界诟病的一个原因是采用统计方法很难进行深入的分析，马库斯的工作证明了统计的方法比规则的方法更适于对自然语言做深入的分析。但是，随着工作的深入以及研究的不断推进，马库斯发现存在两大难题：一是可用于研究的统计数据明显不够；二是各国科学家因为使用的数据不同，论文里发表的结果无法互相比较。

马库斯比很多同行更早地发现了建立标准语料库在自然语言处理研究中的重要性。于是，马库斯利用自己的影响力，推动美国自然科学基金会（National Science Foundation，NSF）和 DARPA 出资立项，联络多所大学和研究机构，建立了数百个标准的语料库组织（Linguistic Data Consortium，LDC）。其中最著名的语料库是 Penn Tree Bank。起初，LDC 收集了一些真实的书面英语语句，人工进行词性标注和语法树构建等，作为全世界自然语言处理学者研究和实验的统一语料库。由于得到广泛认可，美国自然科学基金会不断追加投入，建立了覆盖多种语言的语料库，对每一种语言都有从几十万到几百万字的具有代表性的句子，每个句子都有词性标注、语法分析树等。后来，LDC 又建立了语音、机器翻译等很多数据库，向全世界自然语言处理科学家共享。如今，发表自然语言处理方面的论文，几乎都要提供基于 LDC 的测试结果。

过去几十年里，在机器学习和自然语言处理领域，80％的成果来自数据量的增加。马库斯对这些领域数据的贡献是独一无二的。马库斯放手让博士生研究自己感兴趣的课题，他们的课题覆盖了自然语言处理的很多领域，且相互之间几乎没有相关性。马库斯用现有的经费申请经费来支持学生的研究。因此，马库斯的博士毕业生的课题质量非常高。例如，柯林斯在读博士期间，写了一个以自己名字命名的自然语言句法分析器（Sentence Parser），这个分析器可以对每一句书面语进行准确的文法分析（文法分析是很多自然语言应用的基础）。柯林斯的师兄布莱尔、拉纳帕提以及师弟恩斯勒都完成了相当不错的语言文法分析器，他们都是为了验证一个理论：布莱尔为了证明"基于变换"的机器学习方法的有效性，拉纳帕提为了证明最大熵模型，恩斯勒为了证明有限状态机。而柯林斯与他们不同，他完成文法分析器的出发点不是验证某个理论，而是要做一个世界上最好的分析器。柯林斯成功的关键在于将文法分析的每一个细节都研究得十分仔细、使用的数学模型十分漂亮，整个研究工作非常完美。

在研究方法上，站在柯林斯对立面的典型是艾里克·布莱尔。与柯林斯从工业界到学术界的职业路径相反，布莱尔是从学术界转向工业界。与柯林斯的研究方法相反，布莱尔总是试图寻找简单得不能再简单的方法。布莱尔的著名成果是基于变换规则的机器学习方法（Transformation rule based machine learning）。下面以拼音转汉字为例对这一方法进行说明：

第一步，把每个拼音对应汉字中最常见的找出来作为第一次变换的结果，结果肯定有不少错误，比如，"常识"可能被转换成"长识"。第二步，"去伪存真"，根据上下文，用计算机列举所有同音字替换的规则，比如，如果"chang"被标识成"长"，且后面的汉字是"识"，则将"长"改为"常"。第三步，"去粗取精"，将所有规则应用到事先标识好的语料中，挑出有用的，删掉无用的。重复第二、三步，直到找不出有用的为止。

7.4.1.2　自然语言概述

今天的智能语义识别形成了一个基本共识，就是处理、生成和理解三个过程。自然语言是人工智能发展与应用中非常有趣且令人激动的领域，通常分成三个子领域：自然语言处理（NLP）、自然语言生成（NLG）和自然语言理解（NLU）。

1. NLP

NLP 输入文本、语音或手写形式的语言，经过 NLP 算法处理，输出结构化数据，如图 7-37 所示。现在有很多潜在的 NLP 场景和输出。

图 7-37　NLP

值得一提的是，NLP 有时也被认为是 NLG 和 NLU 的超集，因此，人工智能自然语言应用在总体上可被认为是 NLP 的一种形式。也有人认为它是自然语言应用的特定集合。

2. NLG

NLG 以结构化数据的形式输入语言，经过 NLG 算法处理，产生对应语言输出，如图 7-38 所示。这种语言输出可以是文本或者文本转换为语音的形式。结构化输入数据的案例可以是比赛中运动员的统计数据、广告效果数据或公司财务数据。

图 7-38　NLG

3. NLU

NLU 以语言为输入（文本、语音或手写），经过 NLU 算法处理，产生可理解的语言输出，如图 7-39 所示。产生的可理解的语言可以用来采取行动、生成响应、回答问题、进行对话等。

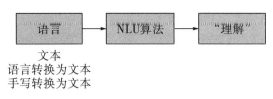

图 7-39 NLU

"理解"一词非常深奥且具有哲学性质，并涉及领悟的概念。理解所指的能力不仅是领悟信息（与死记硬背相反），而且是把理解的信息与现存知识整合，并以此作为不断增长的知识基础。

缺乏与人类相似的语言理解和领悟是如今基于自然语言的人工智能应用的一大缺憾，其根源在于让机器获取与人类相似的语言理解能力十分困难。

在不进行全面哲学讨论的情况下，我们用术语"理解"来表示算法能够对输入语言做更多的工作，而不仅仅是解析并执行简单的任务，如文本分析。NLU 要解决的问题显然比 NLP 和 NLG（普通人工智能问题）难得多，而且 NLU 是实现通用人工智能（AGI）的主要基本组成。

7.4.2 工程机械设计关键智能技术

7.4.2.1 图论

互联网搜索引擎在建立索引前，需要用一个程序自动地将所有网页下载到服务器，这个程序称为网络爬虫，它的编写是基于离散数学中图论的原理。

离散数学是当代数学的一个重要分支，也是计算机科学的数学基础，包括数理逻辑、集合论、图论和近世代数。数理逻辑基于布尔运算，这里介绍图论和网络爬虫之间的关系。用 Google Trends 搜索"离散数学"可以发现不少有趣的现象。例如，武汉、西安、合肥、南昌、南京、长沙和北京七个城市对这一数学主题最有兴趣，除了南昌，其他六个城市恰好是中国在校大学生人数较多的城市。

图论的起源可追溯到欧拉（Leonhard Euler）所处年代。1736 年，欧拉来到普鲁士的哥尼斯堡（哲学家康德的故乡，现为俄罗斯加里宁格勒），发现当地居民有一项消遣活动，就是试图将图 7-40 中的每座桥恰好走过一遍并回到出发点，但从未有人成功过。欧拉证明了这种走法是不可能的，并就此写了一篇论文，一般认为这便是图论的开始。

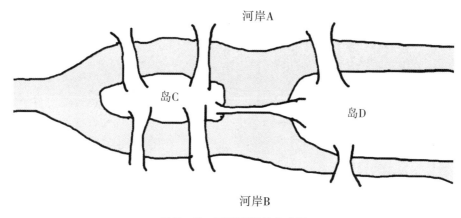

图 7-40　哥尼斯堡的七座桥

把每一块连通的陆地作为一个顶点，每一座桥当作一条边，哥尼斯堡的七座桥就可抽象成图 7-41。

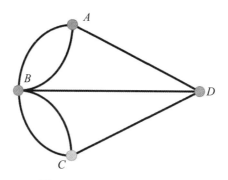

图 7-41　哥尼斯堡的七座桥

对于图 7-41 中的每一个顶点，将与之相连的边的数量定义为它的度（Degree）。

定理　如果一幅图能够从一个顶点出发，将每条边不重复地遍历一遍并返回这个顶点，那么每一个顶点的度必须为偶数。

证明　假如能够遍历图中每一条边各一次，那么对于每个顶点，需要从某条边进入顶点，同时从另一条边离开这个顶点。进入和离开顶点的次数是相同的，因此，每个顶点有多少条进入的边，就有多少条离开的边。也就是说，每个顶点相连的边的数量是成对出现的，即每个顶点的度都是偶数。在图 7-41 中，有多个顶点的度为奇数，所以无法从一个顶点出发，遍历每条边各一次并返回这个顶点。

图论中所讨论的图由一些节点和连接这些节点的弧组成。如果把中国的城市当作节点，把连接城市的国道当作弧，那么全国的公路干线网就是图论中所说的图。关于图的算法有很多，但最重要的是图的遍历算法，也就是如何通过弧访问图的各个节点。如图 7-42 所示，以中国公路网为例，从北京出发访问所有的城市，可以先看北京与哪些城市直接相连，如天津、济南、石家庄、沈阳、呼和浩特。先访问这些与北京直接相连的城市。再看哪些城市与这些已经访问过的城市相连，比如，北戴河、秦皇岛与天津相连，青岛、烟台、南京与济南相连，太原、郑州与石家庄相连等。访问这些城市，直到把中国所有城市都访问过一遍为止。这种图的遍历算法称为广度优先搜索（Breadth-First Search，BFS），要先尽可能"广"地访问与每个节点直接连接的其他节点，如图7-43所示。

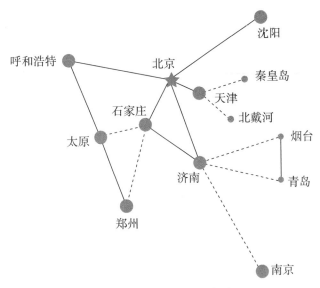

图7-42 中国公路网（部分）

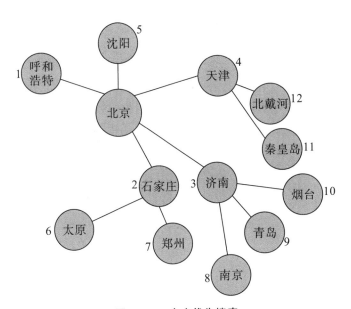

图7-43 广度优先搜索

注：图中的数字表示搜索的次序。

还有一种策略是从北京出发，随便找一个相连的城市作为要访问的城市（如济南），然后从济南出发访问下一个城市（如南京），再访问从南京出发的城市，如此继续，直到找不到更远的城市再往回访问，看看中间是否有尚未访问的城市。这种方法叫深度优先搜索（Depth-First Search，DFS），如图 7-44 所示。

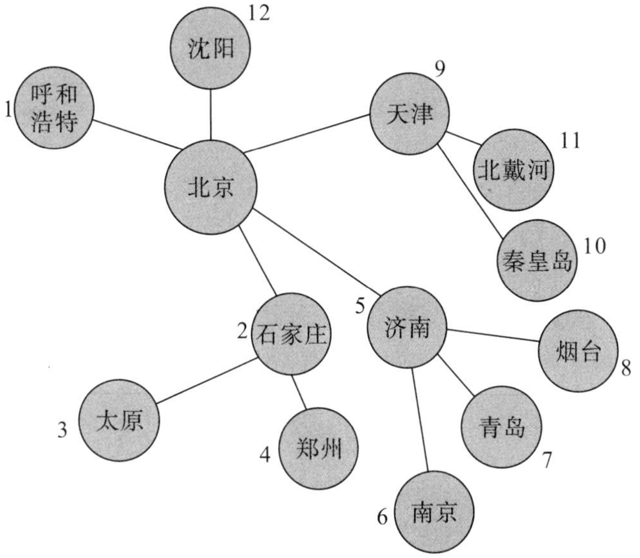

图 7-44　深度优先搜索

注：图中的数字表示搜索的次序。

这两种方法都可以保证访问到所有城市。当然，无论采用哪种方法，都应该记录已访问过的城市，以免多次访问同一个城市或遗漏某个城市。

7.4.2.2　网络爬虫

互联网虽然很复杂，但其实则为一张大图——可以把每一个网页当作一个节点，把那些超链接（Hyperlinks）当作连接网页的弧。网页中那些带下划线的蓝色文字对应网址，点击后浏览器通过隐含的网址跳转到相应的网页。这些隐藏在文字背后的网址称为超链接。有了超链接，便可以从任何一个网页出发，采用图的遍历算法，自动地访问每一个网页并将其保存。完成这个功能的程序叫作网络爬虫（Web crawlers），有些文献也称之为机器人（Robot）。世界上第一个网络爬虫由麻省理工学院的马休·格雷（Matthew Gray）在 1993 年写成，他给程序取名为互联网漫游者（WWW wanderer）。尽管之后的网络爬虫越写越复杂，但原理是一样的。

以下介绍网络爬虫如何下载整个互联网。假设从一家门户网站的首页出发，先下载这个网页，然后通过分析这个网页，可以找到页面里的所有超链接，相当于知道了这家门户网站首页直接链接的全部网页。接着访问、下载并分析这家门户网站的邮件等网页，又能找到其他相链接的网页。让计算机不停地进行下去，就能下载整个互联网。当然，要记载哪个网页已下载过，以免重复。在网络爬虫中，人们使用哈希表（Hash Table，也叫散列表）而不是记事本记录网页是否下载过的信息。

现在的互联网非常庞大，不可能通过一台或几台计算机服务器就能完成下载任务。例如，Google 在 2013 年时整个索引约有 10000 亿个网页，即使更新最频繁的基础索引也有 100 亿个网页，假如下载 1 个网页需要 1 秒钟，那么下载这 100 亿个网页则需要

317 年，如果下载 10000 亿个网页则需要 32000 年左右。因此，一个商业的网络爬虫需要有成千上万个服务器，并且通过高速网络连接起来。如何建立起这样复杂的网络系统，如何协调这些服务器的任务，就是网络设计和程序设计的艺术了。

7.4.2.3 构建网络爬虫的工程要点

"如何构建一个网络爬虫"是 Google 最常用的一道面试题。因为这能有效考察候选人的计算机科学理论基础、算法能力及工程素养。这道题的妙处在于没有完全对或错的答案，但有好或不好、可行或不可行，且可以不断深入。

网络爬虫在工程实现上要考虑的细节非常多，主要有以下几点：

第一，使用 BFS 算法还是 DFS 算法？

从理论上讲，虽然 BFS 和 DFS 两种算法（在不考虑时间因素的前提下）都能够在大致相同的时间里"爬下"整个"静态"互联网的内容，但工程上的两个假设（即不考虑时间因素、互联网静态不变）都是现实中做不到的。搜索引擎的网络爬虫问题更应该定义成：如何在有限时间里最多地"爬下"最重要的网页？各个网站最重要的网页应该是首页，在最极端的情况下，如果爬虫非常小，只能下载非常有限的网页，那么应该下载的是所有网站的首页，如果把爬虫扩大，应该"爬下"与首页直接链接的网页（就像与北京直接相连的城市），因为这些网页是网站设计者认为相当重要的。在这个前提下，显然 BFS 算法优于 DFS 算法。事实上，在搜索引擎的爬虫中，虽然不是简单地采用 BFS 算法，但是"爬下"网页的先后调度程序，其原理基本是 BFS 算法。

那么 DFS 算法是否就不使用了呢？其实不是。这与爬虫的分布式结构以及网络通信的握手成本有关。握手就是指下载服务器和网站的服务器建立通信的过程。这一过程需要额外的时间（Overhead time），如果握手次数太多，下载的效率就降低了。实际的网络爬虫都是一个由成百上千甚至成千上万台服务器组成的分布式系统。对于某个网站，一般是由特定的一台或几台服务器专门下载。这些服务器下载完一个网站后再进入下一个网站，而不是每个网站先轮流下载 5%，再下载第二批，这样可以避免握手次数太多。如果下载完第一个网站再下载第二个，就有点像 DFS 算法，虽然下载同一个网站（或子网站）还是需要使用 BFS 算法。

总之，网络爬虫对网页遍历的次序不是简单地使用 BFS 算法或 DFS 算法，而是有一个相对复杂的下载优先级排序的方法。管理这个优先级排序的子系统一般称为调度系统（Scheduler），由它来决定下载完一个网页后再下载哪一个网页。当然，在调度系统中需要储存那些已经发现但尚未下载的网页的 URL，它们一般存在于一个优先级队列（Priority Queue）里。而用这种方法遍历整个互联网，在工程上与 BFS 算法更相似。因此，在网络爬虫中，BFS 算法的成分多一些。

第二，页面的分析和 URL 的提取。

当一个网页下载完成后，需要从这个网页中提取其中的 URL，把它们加入下载的队列中。这项工作在互联网早期不难，因为那时的网页都是直接用 HTML 语言书写的，URL 都以文本的形式放在网页中，前后都有明显的标识，很容易提取。但是现在 URL 的提取就不那么直接了，因为很多网页是用脚本语言（如 JavaScript）生成的。打开网页的源代码，URL 不是直接可见的文本，而是运行这一段脚本后才能得到的结果。这样，网络爬虫的页面分析就变得复杂很多，它要模拟浏览器运行一个网页，才能得到其中隐含的 URL。有些网页的脚本写得非常不规范，以至于解析起来非常困难。可是，这些网页还是可以在浏览器中打开，说明浏览器可以解析，所以需要做浏览器内核的工程师来写网络爬虫中的解析程序，可惜的是，全世界出色的浏览器内核工程师数量并不多。因此，若发现一些网页明明存在，但搜索引擎没有收录，一个可能的原因就是网络爬虫中的解析程序不能成功解析网页中不规范的脚本程序。

第三，记录已经下载过的网页的小本子——URL 表。

互联网中，一个网页可能被多个网页中的超链接所指，即在互联网这张大图上，有很多弧（链接）可以走到这个节点（网页），在遍历互联网这张图时，这个网页可能被多次访问。为了防止一个网页被下载多次，可以用一个哈希表记录已经下载过的网页。当再次遇到这个网页时，就可以跳过。采用哈希表的好处是，判断一个网页的 URL 是否在表中，平均只需一次（或略多的）查找。当然，如果遇到还未下载的网页，除了下载该网页，还要适时地将这个网页的 URL 存入哈希表中，这一操作对于哈希表非常简单。在一台下载服务器上建立和维护一张哈希表并不难，但如果同时有上千台服务器一起下载网页，维护一张统一的哈希表就不那么简单了。首先，这张哈希表会大到一台服务器存储不下；其次，由于每台下载服务器在开始下载前和完成下载后都要访问和维护这张表，以免不同的服务器重复工作，这台存储哈希表的服务器的通信就成了整个爬虫系统的瓶颈。如何消除这个瓶颈是一个难题。其有各种解决办法，没有绝对正确，但有好坏之分。好的方法一般都采用了两个技术：首先，明确每台下载服务器的分工，即在调度时看到某个 URL，就知道要交给哪台服务器下载，以免很多服务器都要重复判断某个 URL 是否需要下载；其次，在明确分工的基础上，判断 URL 是否下载就可以批处理了，如每次向哈希表（一组独立的服务器）发送一大批询问，或者每次更新一大批哈希表的内容，这样通信的次数就大大减少了。

在图论出现后的很长一段时间里，现实中图（如公路图、铁路图等）的规模都在几个节点以内。那时候，图的遍历比较简单，所以工业界很少有人专门研究这个问题。但是随着互联网的出现，图的遍历方法有了用武之地。

7.4.2.4 搜索和个性化推荐

许多强大的人工智能应用都围绕信息的搜索、提取和排序（评分）。这特别适用于非结构化和半结构化数据，如文本文档、网页、图像和视频。可以使用这类数据（有时辅以结构化数据）来提取信息、提供搜索或优化处理推荐，以及按照相关性、重要性或优先级来对条目进行排序或评分。这组技术大都与个性化有关，因为搜索结果和其他条目可以按照针对某个用户或群体的相关性大小排列或排序。

目前，有许多搜索任务都是通过键盘输入或语音提供给搜索引擎（如 Google），Google 搜索引擎使用 Google 独有的人工智能搜索算法。电子商务应用也使用其自己的引擎来搜索产品，搜索过程可以由文本、声音（语音）及视觉输入驱动。

文本搜索包括 Google、百度、Bing（图 7-45），以及分布式、透明和社区驱动的搜索。

图 7-45　搜索引擎

　　推荐系统是依据现有信息进行推荐的一种个性化形式，其结果与各个用户十分相关，可以用来提高客户转化率、销售率、满意度和留存率。事实上，亚马逊就是通过增加这些引擎将营业收入提高，75％的 Netflix 观赏节目也来自这样的推荐。

　　推荐系统是一种特别的信息过滤系统，可以通过用户搜索、排名和评分来实现个性化。推荐系统根据输入数据（如商品数据、用户数据），经过推荐引擎处理来完成推荐（如产品、文章、音乐、电影），如图 7-46 所示。

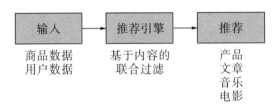

图 7-46　推荐系统

　　需要注意与推荐系统相关的冷启动问题。冷启动是指智能应用尚未拥有足够信息为特定用户或群体提供高度个性化和关联度的推荐。

　　推荐系统应用包括推荐产品、视频、音乐、歌曲、书籍和电视节目，除推荐外，还包括个性化内容，如新闻、报道、电子邮件和定向广告。

　　其他案例还包括个性化医疗计划、个性化图像和图标（如 YouTube、Netflix、Yelp）、个性化购物、时尚穿搭（如 StitchFix）以及全套自动化推荐。

7.4.3　智能制造与多模态信息识别技术

　　计算机视觉是一个广阔的领域，包括涉及如图像和视频等视觉信息的模式识别。计算机视觉以照片、静止的视频图像和一系列图像（视频）作为输入，经过模型的处理，产生输出，如图 7-47 所示。

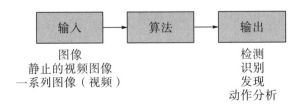

图 7-47　计算机视觉

　　输出可以是识别、检测和发现某个目标、特征或活动。视觉相关的应用有一定程度的自动化，特别是自动化视觉，通常需要人在应用中参与（如检查）。机器视觉一词用来描述在工业应用中类似或有一定重叠度的技术，如检查、过程控制、测量和机器人。

计算机视觉有许多有趣且强大的应用，其应用场景在快速增加。例如，可以在以下场景中使用计算机视觉：视频分析和内容筛选、唇读、指挥自动化机器（如汽车和无人机）、视频识别和描述、机器人及其控制系统、人数清点（如排队、基础设施规划、零售）。

人类通过视觉、嗅觉、听觉、触觉和味觉感知环境。感觉系统捕获信息，然后传递到神经系统进行转换，决定应该采取什么行动或做出怎样的反应。计算机视觉就是对特定人工智能应用视觉的一种类比。

识别涉及输入非结构化数据，经过模型处理，继而检测是否存在某种特定的模式（检测），然后为识别出的模式分配一个类别（分类），或者发现所识别模式的主题（识别），如图 7-48 所示。

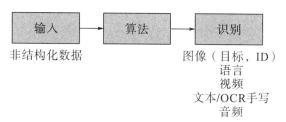

图 7-48　模式识别

这些应用的输入可以包括图像（视频、一系列静止的图像）、音频（如音乐和声音）和文本。文本可以根据其特性进一步细分为电子文本、手写文本或打印文本（如纸、支票、车牌号）。

以图像为输入的目的是检测目标、识别目标、发现目标。检测用来指代所发现的不同于背景的目标，也包括对目标位置的测量和围绕被检测目标边际框的具体测量。识别是指为检测到的目标分类或打标签的过程。图 7-49 为图像识别与检测的案例。人脸识别就是训练模型来检测图像中的人脸，并对检测到的目标进行分类，打上标签。

图 7-49　图像识别与检测

7.4.4 重大装备产品运维智能技术

7.4.4.1 预测分析

预测是预测分析或预测建模的同义词,是根据有标签或无标签的输入数据来判断输出数据的过程。在机器学习和人工智能中,预测分析可以进一步细分为回归和分类。下面对使用有标签数据(有监督)进行预测的两个子类进行讨论。

图7-50展示了在回归方法中输入有标签数据,经预测模型处理,然后从连续数列中生成数值的过程(如股市的闭市价)。

闭市价=35美元/股数

图7-50　回归过程

分类指的是输入有标签数据,经过分类模型处理后,把输入数据分成一类或多类的过程,如图7-51所示。

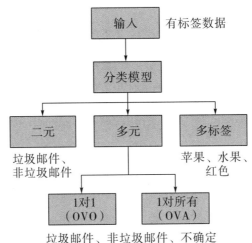

图7-51　分类过程

垃圾邮件过滤器是二元分类应用的标准案例。电子邮件是经分类模型处理后的输入数据,输出数据是确定的垃圾邮件或非垃圾邮件。非垃圾邮件专指那些不含垃圾内容的好邮件。垃圾邮件会被送入垃圾箱,非垃圾邮件则被送入收件箱。

假如引入第三个类别"不确定",那么分类器就可以把输入的邮件分成三类,这是多元分类的例子。这里的电子邮件客户端可能有"疑似垃圾邮件"的文件夹供用户审查邮件,并以此训练分类器更好地区分垃圾邮件和非垃圾邮件。

如果把输入数据分成三类或更多类,那么算法可以为输入数据选择单一类别或计算输入数据属于每个类别的概率。在后一种情况下,可以采用概率最大的类别作为选择的结果,或者采用所有类别的概率按照自己定制的规则处理。假设一封刚收到的邮件被确定有 85% 的可能性是垃圾邮件，10% 的可能性是非垃圾邮件，5% 的可能性为不确定。因为垃圾邮件的可能性最高，所以可判定该邮件为垃圾邮件，或者以其他方式来使用计算出的概率。

某些算法可以为同一输入分配多个标签。假设输入的数据是红苹果的图像，那么算法可以为该图像分配苹果、水果等多个不同的标签。

7.4.4.2 聚类与异常检测

聚类与异常检测（图 7-52）是两种最常见的无监督机器学习技术，其也被认为是模式识别技术。

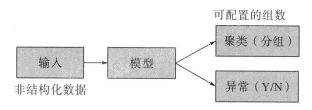

图 7-52 聚类与异常检测

这两个过程都以无标签数据作为输入，经过相应模型（聚类或异常检测）的处理，在聚类的场景下完成分组，或者在异常检测场景下确定是否属于异常。

聚类把无标签数据中相似的数据聚合成组。具体的组数由完成聚类任务的人（通常是数据科学家）决定。没有绝对正确或错误的组数，但对某一特定应用，通常可以通过试错来确定理想的组数。因为数据没有标签，所以聚类者必须为每组指定某种含义或标签以便清楚地描述（如运动狂）。然后用模型把新数据分配给某个组，从而假定该组的标签或描述。可以把这个过程想象成某种形式的预测分类，即为每个新数据点分配一个类（通过分组标签）。例如，把新数据点（如客户）分配给集群（细分市场），提供一种可以精准定位、个性化以及策略性定位产品的更好方法，并可以用合适的方式向每个细分市场的客户进行营销。聚类应用包括细分和聚焦市场与客户、三维医疗影像分析、按购物习惯分类产品以及社交媒体分析。

异常检测是用来检测异常数据（高度不寻常、偏离常规或畸形）模式的一种技术。异常检测应用包括基于音频的缺陷和裂纹检测、网络安全、质量控制（如制造缺陷检测）以及计算机与网络系统健康（如 NASA 的缺陷和错误检测）。在网络安全的异常检测应用方面，常见的威胁包括恶意软件、勒索软件、计算机病毒、系统和内存攻击、拒绝服务（DoS）攻击、网络钓鱼、不需要的程序执行、凭据盗窃、数据传输和盗窃等。

7.4.4.3 强化学习

强化学习（RL）与其他人工智能技术截然不同。其基本想法是有一个代理在虚拟环境中行动以获得积极的回报。每个动作都会引起环境状态的变化，而且每个动作都由称为策略的模型来决定。策略尝试确定在给定状态下要采取的最佳操作。图 7-53 很形象地展示了强化学习。

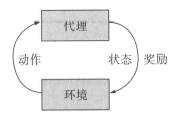

图7-53 强化学习

以游戏《吃豆女士》（图7-54）为例，"吃豆女士"的目标是吃掉屏幕上所有的点，更大的目标是从可能吃掉的点中获得最高的分数。得分越高，获得的自由生命越长，玩家就能玩得越久，从而继续积累更高的分数。

图7-54 吃豆女士

在这种情况下，得分是奖励，"吃豆女士"是代理，环境是屏幕，玩家是通过操纵游戏控制杆决定采取行动的策略。环境是有状态的。有一个普通、不易察觉的情况就是当"吃豆女士"吃屏幕上的点和水果时，必须躲开追赶她的幽灵；另一个不可战胜的情况就是当"吃豆女士"吃了无敌药丸后，她就可以吃掉幽灵从而得到很多额外的分数。决定无敌与非无敌的是环境状态的变化，也是代理人在环境中能力的变化。

值得一提的是，玩家在玩《吃豆女士》的过程中，有时会受完成屏幕目标的驱使，尽可能打通更多关卡而不是得最高的分数。在这种情况下，玩家只会使用无敌状态来加速，吃尽可能多的不受阻碍的点，而不会通过吃幽灵来得到最高的分数。

假设有强化学习应用，目标是得最高的分数。在这种情况下，应用将尝试学习如何做到这一点，也就是吃尽可能多的幽灵和水果。

另外，得分是一种积极的回报，碰到幽灵是一种消极的回报。随着时间的推移，强化应用应该尝试最大化得分和最小化生命损失。

7.4.5　互联网条件下数据安全与其他智能技术

希尔伯特说过："我们直到能够把一门自然科学的数学内核剥出并完全地揭示出来，才能够掌握它。"以比特币为代表的加密货币的基础是数学的算法，只有清楚加密货币的数学内核，才能了解它的本质。

从 2013 年开始，比特币这种既没有政府信用背书，也没有实体价值支撑的"虚拟货币"忽然从每个十几美元飙升到近两万美元。那些没有通过比特币获利的人开始学习其背后的技术——区块链技术，随后发行各种"虚拟货币"。到了 2017 年，当"虚拟货币"的泡沫达到高峰时，各种"虚拟货币"的总价值高达 5000 亿美元。而这种既没有抵押，也没有政府背书，甚至没有明确用途的"虚拟货币"只是一场游戏，除比特币之外，各种"虚拟货币"的价值几乎清零。很多人对比特币的底层技术区块链技术十分看好，因为它有很多其他技术难以实现的用途，比如，能从根本上解决信息安全问题，支持合约的自动执行。

人们通常喜欢对称，认为不对称不完美。获取信息时，人们都希望透明，因为不透明让人感觉不踏实。对于信息安全来讲，完全透明、完全对称会带来很多安全隐患。当自己是信息拥有者时，人们并不希望别人获得自己的信息，特别是私密信息。不过为了便利，人们不得不开放一些信息的访问权限，从而获得更多服务。

在完全开放信息的社会中，彻底保护信息安全几乎不可能。要想保护个人信息特别是隐私，必须有一套不对称的机制，做到在特定授权的情况下，不需要拥有信息也能使用信息；在不授予访问信息的权限时，也能验证信息。比特币的意义就在于，它证实了利用区块链就能够做到这两件事。

区块链由英文单词 Block 和 Chain 组成。顾名思义，其包含两个方面的意思：Block 即模块、单元或数据块，它像一个存储信息的保险箱；Chain 是链条，表示信息内容和交易的历史记录。交易的细节也存在于 Block 中。因此，在一些地方，区块链被比喻成一个不断更新的账本。但区块链有三个优点是普通账本不可能具备的，下面以比特币为例进行说明。

首先，当一个比特币被创造出来时，记录其原始信息的区块链就产生了，这个区块链中的信息无法篡改。以后在交易过程中，可以添加它的流通和交易信息，却不能覆盖原有信息。这一特性让区块链天然地具备很好的防伪性质，这是传统账本所不具备的。

其次，外界可以确认相应区块链中的某些信息的真伪，但无法知道其中的内容。以比特币为例，其最重要的信息是认证密钥，即一长串密码数字。这个密码并不为外界所知，所以也称为私钥。比特币的所有者可以通过私钥产生一个公钥，交给比特币的接受者，接受者可以使用所获得的公钥验证比特币的真伪和所属权，但他无法知道相应比特币的私钥。这一性质不仅保证了比特币交易的安全，而且可以用来保证各种信息的安全。

当比特币交易完成，从一个人手中交给另一个人时，区块链这个账本记录下交易的过程，大家就对这件事有了共识。之后，相应比特币的新主人可以向其他人发放公钥，以验证区块链的真伪。如果用区块链来存储个人信息（而不是钱），就可以在不给对方信息的前提下，让对方验证信息的真伪。比如售卖房屋，要证明代售房屋属于售房者，有资格出售，过去需要提供房产证，且由相关部门或公证机构证明房产证是真的，而未来，数字化的房产证可以用区块链来保存，作为房主，区块链的算法给我们一个私钥，我们可以产生相应的公钥给购房者，来验证所有权，但不泄露其他信息。这样，就将拥有信息和认证信息变成了两回事。需要说明的是，购房者使用公钥后验证了房产证的真伪，如果他购买了房子，房产会转到他的名下，并作废原来房主的私钥，而新房主可以拥有新的私钥，这个过程会记录在区块链的账本里。

最后，区块链可以成为一种按照约定自动执行的智能合约，而这种合约一旦达成，就不能更改，可以一步步地自动执行，这是一般账本做不到的。显然，区块链的这一性质可以用来解决商业纠纷，如三角债和拖欠农民工工资等问题。

从以上三个特点可以看出，区块链提供了超出原来信息加解密范围的应用场景。人们过去通常理解的信息安全是：用密钥对信息加密，得到加密信息，进行传输或存储，然后再用另一把密钥解密，恢复原来的信息。但是，区块链提供了一个新的应用场景，就是用一把密钥对信息加密后，让拿到解密钥匙（公钥）的人只能验证信息真伪，而看不到信息本身。这就利用信息的不对称性保护了人们的隐私，因为大部分信息的使用者只需要验证信息，不需要拥有信息。具体到比特币所用到的区块链协议，以及如今大多数改进的协议，通常采用的是一种被称为椭圆曲线加密的方法。相比 RSA 加密算法，椭圆曲线加密方法可以用更短的密钥达到相当或更好的加密效果。那么，什么是椭圆曲线加密呢？这就要从椭圆曲线及其性质说起。

椭圆曲线是具有如下性质的一组曲线：

$$y^2 = x^3 + ax + b \tag{7.4.1}$$

这一类曲线的形状如图 7-55 所示。

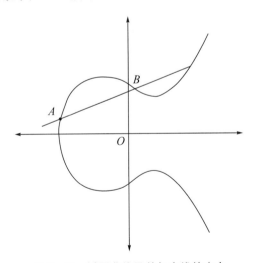

图 7-55　椭圆曲线及其与直线的交点

这种曲线的特点是上下对称，非常平滑，具有很多良好的性质，特别是从曲线上的任意一点（图 7-55 中的 A 点）画一条直线，最多和曲线本身有 3 个交点（包括该点）。那么这样一种曲线，与加密有什么关系呢？我们用图 7−56 进行说明。

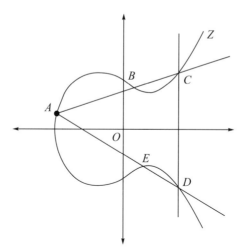

图 7−56　椭圆曲线上的点乘运算过程

在图 7−56 中，从 A 点出发，画一条线经过 B 点，最后和曲线又交于 C 点。利用这条性质，定义一种运算，叫作点乘"·"。我们用

$$A \cdot B = C \tag{7.4.2}$$

来表示这三个点之间的关系，即从 A 点向 B 点连线，与曲线相交于 C 点。由于椭圆曲线是相对 X 轴对称的，因此用 C 点的镜像 D 点作为新的点，再与 A 点连成一条线，于是，便与椭圆曲线又有了一个交点 E，即

$$A \cdot D = E \tag{7.4.3}$$

然后不断重复这个过程。假设最后经过 K 次这样的点乘运算，停在了 Z 点。在这个过程中，有四点需要进行说明：

（1）点乘这个运算满足交换律和结合律。

（2）这样点乘计算了若干次后，有可能某个交点的 x 值（即横坐标）非常大，为了防止不断迭代后计算结果发散，我们在右边某个横坐标很大的地方设一个边界 Max，超过 Max 后，再让直线反射回来。

（3）虽然图中的曲线是连续的，每一个点的取值是实数，但真正使用时，是通过某种变换将它离散化，因此所有的点都是整数值。

（4）有人可能担心，经过这一次次的运算，会不会又回到原来某个点。这个操作就像两个巨大的素数相乘后，再对某个素数相除取余数［也被称为模运算（Mod）］，只要算法设计得好，和原来某个点重复的可能性几乎为零。

如果把上述曲线操作中的点乘想象为数字的乘法，经过 K 次点乘，就相当于做了 K 次方的乘方，那么当给定 A 和 Z 之后，K 相当于以 A 为底 Z 的对数。因此，这种计算过程被称为椭圆曲线的离散对数计算。为了方便，这里定义一个叉乘运算"×"，就像数字运算中的乘方，我们把上述过程写为

$$K \times A = Z \tag{7.4.4}$$

综上，如果一开始是从 A 点经过 B 点到 C 点，一共走了 K 步，可以推算出最后停

到了 Z 点，这一过程直观而简单。但是，如果起点是 A 点，终点是 Z 点，要猜出经过了多少步完成上述过程几乎是不可能的，或者说计算量是极大的。这种不对称性使验证结果非常容易，但想破解密码难上加难。

接着看看基于椭圆曲线对数方法的密码系统是如何设计的。

曲线方程的起始点 A（也称为基点）是公开的。比如，比特币使用了 SECP256K1 标准，采用的就是下面这条非常简单的椭圆曲线：

$$y^2 = x^3 + 7 \tag{7.4.5}$$

接下来，选择一个私钥 K，也就是运算的次数，并由此运算得到 Z，把 Z 作为公钥公布出去。这就是椭圆曲线加密的基本原理。

以一个具体例子进行说明。假设小艾（用 a 表示）和小白（用 b 表示）要用椭圆曲线加密来传递信息，他们彼此之间需要有一套密码，用来对信息进行编解码。这套密码只限于两人通信使用，别人不知道。有了区块链系统后，系统会为小艾和小白各自产生私钥 K_a 和 K_b，它们都是随机数。然后根据式（7.4.4），可以由私钥得到公钥 Z_a 和 Z_b，再将它们交给对方。注意，由 Z_a 和 Z_b 无法倒推出 K_a 和 K_b。这时，小艾知道自己的私钥 K_a，也知道对方给的公钥 Z_b，所以他能计算出 $K_a \times Z_b$，这就是他加密使用的密码。在接受方，小白也能计算出 $K_b \times Z_a$，有趣的是，$K_b \times Z_a$ 就等于 $K_a \times Z_b$，因此小白能够用它进行解密，而第三方因为既不知道 K_a，也不知道 K_b，故无法知道小艾和小白通信的密码。将上述相等的关系简要证明如下：

$$
\begin{aligned}
K_a \times Z_b &= K_a \times (K_b \times A) \\
&= K_b \times (K_a \times A) \\
&= K_b \times Z_a
\end{aligned}
\tag{7.4.6}
$$

注意，这个证明过程中用到的是叉乘运算的可交换性，其来自原来点乘运算的可交换性。

利用以上方法，小艾和小白就能进行加密通信了。

对上面的加密方法和解密方法稍加修改，就能实现小白对小艾传送信息的验证，这里我们省略了其中的细节。

椭圆曲线加密方法有很多种，它们的算法和密钥的长度虽然各不相同，但原理大同小异。美国国家标准与技术研究院已经规定了这一类算法的最小密钥长度为 160 位，还有 192 位、224 位等，它们都比 RSA 加密算法所要求的最短长度（1024 位）短很多，这是椭圆曲线加密的优势。那么，这么短的密钥安全吗？

2003 年，一个研究团队用 1 万台计算机花了一年半的时间破解了一个较短的 109 位密钥。但是，破解的时间随着密钥长度的增加呈指数增长，破解 160 位的密钥需要约 1 亿倍的计算量，破译 192 位、224 位的密钥就更难了。因此，除非计算机的速度有百万倍的提升，否则很难破解椭圆曲线加密的信息。

通过分析探讨比特币背后的数学基础，可看到不对称性的好处：它不仅可以解决信息安全问题，而且能将信息的访问和确认分开，从根本上解决保护隐私的问题。

7.5　工程上的数学极限与突破

今天，当计算机解决了越来越多的智能问题之后，一些对人工智能的态度从怀疑逐渐变为迷信。不了解人工智能技术的人开始幻想计算机的能力，完全忘记了计算机的能力有数学上的边界。这一边界就像物理学上无法超越的光速极限或绝对零度的极限，在最根本层面上限制了人工智能的能力，其与技术无关，仅取决于数学本身的限制。具体到如今的计算机，有两条不可逾越的边界分别是由图灵和希尔伯特划定的。

7.5.1　图灵划定计算机可计算问题的边界

机器智能之所以显得极为强大，靠的是让机器拥有智能的正确方法，即大数据、摩尔定律和数学模型三个支柱。数学模型将各种实际问题变成计算问题，这里有一个前提，就是这些问题本质上就是数学问题，而且是可以用计算机计算的数学问题。但是，当计算机科学家揭开这些问题的数学本质之后，人们不免会贪心地以为这种进步是没有极限的，以致浪费时间去解决根本解决不了或可能没有必要解决的问题。

我们对人类知识的贡献，可能只是在这个巨大空间中加入了一个点，而这个边界内还有很多未知区域，这对我们来讲依然是虚空。当然，边界外的虚空更大。

图灵思考问题的方式恰恰和常人相反。他会先划定计算这件事情的边界，认为边界内的问题都可以通过计算来解决，当然边界外可能还有更多问题，它们与计算无关，无法通过计算来解决，因此，图灵并不考虑它们。图灵将解决边界内每一个具体问题的机会留给了后人，他划定了这条边界，并为边界内的问题提供通行的方法。有了这样一条边界，后人就不必浪费时间纠结没有意义事，也不必试图跨越边界或极限做事情。

那么，图灵如何给计算机划定边界呢？这要追溯到 20 世纪 30 年代中期图灵对可计算这件事的思考。图灵思考了三个本源问题：第一，是否世界上所有的数学问题都有明确的答案。第二，如果一个问题有答案，能否通过有限步的计算得到答案；反之，如果一个问题没有答案，能否通过有限步的推演证实这件事。第三，对于那些可以在有限步计算出来的数学问题，能否有一种机器让它不断运转，当机器停下来时，这个数学问题就解决了。

图灵有两位精神导师，一位是冯·诺依曼，另一位是数学名家希尔伯特。图灵在思考可计算性问题时，读过冯·诺依曼的一本介绍量子力学的专著《量子力学的数学原理》(*Mathematical Foundations of Quantum Mechanics*)，并从中受到启发，认识到计算对应确定性的机械运动，而人的意识可能来自测不准原理。图灵对于计算所具有的这种确定性的认识很重要，保证了今天的计算机在同样条件下计算出来的结果是可重复的。当然，关于人的意识，图灵认为是不确定的，不属于计算的范畴。如果真像图灵想的那样，那么宇宙本身就存在着大量数学问题之外的问题。事实上，与图灵同时代的数学家哥德尔在 1930 年便证明了数学不可能既是完备的，又是一致的。也就是说，一些命题即使是对的，我们也无法用数学证明。这被称为哥德尔不完全性定理，它说明数学的方法不是万能的。

哥德尔的判定有点难以理解，但我们根据生活经验，能够感受到这样的结论。例如，一个看似并不难识破的骗局，永远会有人相信，同样的骗局会在不同时期不断使人受骗。因为如果用骗子的思维方式去思考，则永远不可能识破骗局。而受骗者心里的疙瘩，用理性逻辑根本不能解开，他们所面临的问题并不是数学问题。类似地，弗洛伊德提出的很多问题，也是完全无法用数学建模解决的。因此，我们得承认，数学不等于一切。

如果把要关注解决的问题局限于数学问题本身，它们是否都有明确的答案呢？我们知道，很多数学问题并没有明确答案，比如，不存在一组正整数 x、y、z 满足 $x^3 + y^3 = z^3$。这个定理已经在 1994 年由英国著名数学家怀尔斯（Andrew Wiles）证明了，也就是说，它是无解的。是否还存在一些我们根本无法判定是否存在答案的问题？如果有，那么这一类问题显然无法通过计算解决。这一方面，给予图灵启发的是希尔伯特。

7.5.2　希尔伯特划定有解数学问题的边界

1900 年，希尔伯特在国际数学大会上提出了 23 个（当时还无解）著名的数学问题，其中第十个问题是：任意一个（多项式）不定方程，能否通过有限步的运算，判定它是否存在整数解？

不定方程也被称为丢番图方程（Diophantine equation），指有两个或更多未知数的方程，它们的解可能有无穷多个。不妨看三个特例。

（1）$x^2 + y^2 = z^2$。这个方程有 3 个未知数，有很多正整数解，每一组解其实就是一组勾股数，构成直角三角形的三边。

（2）$x^n + y^n = z^n$，其中 $n > 2$。这些方程都没有正整数解，这就是著名的费尔马大定理。

（3）$x^3 + 5y^3 = 4z^3$。这个方程是否有正整数解就不那么直观了，没有办法一步一步地判定。需要指出的是，即使能够判定它有整数解，也未必找得出来。

如果对希尔伯特第十个问题（简称"第十问题"）普遍的答案是否定的，那么就说明任何人都不知道答案的很多数学问题是否存在，因为不定方程求解问题只是数学问题中很小一部分。对于连答案是否存在都无法判定的问题，答案自然找不到，也就不用费心去解决这一类问题了。正是希尔伯特对数学问题边界的思考，让图灵明白了计算的极限所在。

当然，图灵并没有解决第十问题，只是觉得大部分数学问题并没有答案。第二次世界大战之后，欧美很多数学家都致力于解决第十问题，并取得了一些进展。20 世纪 60 年代，被公认为最有可能解决第十问题的是美国数学家朱莉·罗宾逊。她在第十问题上取得了不少成就，但最后几步始终跨越不过去。1970 年，苏联数学家尤里·马蒂亚塞维奇（Yuri Matiyasevich）在大学毕业第二年就解决了第十问题。因此，今天对这个问题结论的表述也被称为马蒂亚塞维奇定理。马蒂亚塞维奇严格地证明了，除极少数特例，在一般情况下，无法通过有限步的运算判定一个不定方程是否存在整数解。

第十问题的解决，对人类在认知上的冲击远比它在数学上的影响还要大，因为它向世人宣告了很多问题无从得知是否有解。如果连是否有解都不知道，就更不可能通过计算来解决它们了。更重要的是，这种无法判定是否有解的问题，要比有答案的问题多得多。

世界上只有一部分问题可以最终转化为数学问题。而在数学问题中，也只有一部分问题可以判定有无答案，这些问题就是可判定问题。当然，对可判定问题的判定结果有两个：答案存在或答案不存在。只有答案存在的问题才有希望找到答案。因此，有答案的数学问题不过是世界上所有问题中的很少一部分。

那么，有答案的数学问题是否都能够用计算机解决呢？这就要看计算机是如何设计的。1936 年，图灵提出了一种抽象的计算机的数学模型，即后来人们常说的图灵机。图灵机这种数学模型在逻辑上非常强大，任何可以通过有限步逻辑和数学运算解决的问题，从理论上讲都可以遵循一个设定的过程并在图灵机上完成。如今各种计算机，即使再复杂，也不过是图灵机模型的一种具体实现方式。不仅如此，那些还没有实现的、假想的计算机，如基于量子计算的计算机，在逻辑上也没有超出图灵机的范畴。因此，在计算机科学领域，人们把能够用图灵机计算的问题称为可计算的问题。

可计算的问题是有答案的问题的一个子集，但这个子集是否等同于"有答案的问题"这一全集，依然存有争议：一方面，人们总可以构建出一些类似悖论的数学问题，显然无法用图灵机解决；另一方面，在现实世界中，是否有这样的问题存在，或者说这些构建出来的问题是否有意义，很多人觉得暂时没有必要去考虑。无论如何，依据丘奇和图灵两位数学家对可计算问题的描述（即丘奇-图灵论题），有明确算法的任何问题都是可计算的，至于没有明确算法的问题，计算也就无从谈起。

对于理论上可计算的问题，今天在工程上未必能够实现，一个问题只要能够用图灵机在有限步内解决就被认为是可计算的，但有限步可能非常多，计算时间可能特别长。比如，一个计算复杂度是 NP 完全问题，就可能永远都算不完，但却是可以计算的。此外，图灵机没有存储容量的限制，这在现实中也是不可能的。

如果把以上这些问题彼此之间的关系再总结一下，就能很清楚人工智能的边界了。理想状态的图灵机可以解决的问题只是有答案的问题中的一部分，而在今天和未来，工程上可以解决的问题都不会超出可计算这一范畴。当然，很多可以用工程方法解决的问题并非人工智能问题。因此，如今人工智能能够解决的问题，只是有答案的问题中的很小一部分。

人们要担心的不是人工智能或计算机有多么强大，更不应觉得它们无所不能，因为它们的边界已经清楚地由数学的边界划定了。人们今天所遇到的问题反而是不知怎样将一些应用场景转化为计算机能够解决的数学问题。

人工智能领域如今尚未解决的问题还非常多，无论是使用者还是从业者，都应该设法解决各种人工智能问题。世界上还有很多需要由人来解决的问题，如何利用好人工智能，更有效地解决属于人的问题，应该得到更多关注。

7.5.3　有效计算的未知极限：NP 完全问题

P 问题和 NP 问题是计算机科学中最广为人知的问题，也是一个深刻的数学问题。

粗略地讲，NP 问题是可以有效验证的问题类。对一个问题和一个可能的解答，如果有一个图灵机可以在多项式时间内验证解答的真伪，那这样的问题就属于 NP 问题。

等价的，NP 问题也是多项式时间不确定型图灵机所能计算的问题类。不确定型图灵机的每一步计算有两种可能选择，它计算一个问题只要存在一个不确定选择的序列完成这一计算。这种不确定选择的能力可以用来猜到一个解。正因为这种能力，我们无法在物理上造出这样的图灵机，不认为它是合理的计算模型，也不认为它打破了扩展版的丘奇-图灵论题。

对很多 NP 问题，可以使用归约的方法证明，如果其中有一个问题有多项式时间算法，那么所有 NP 问题都有多项式时间算法，这类问题叫作 NP 完全问题。目前已知的 NP 完全问题有成千上万个，几乎遍布各个计算机科学研究领域。NP 完全问题是否存在多项式时间算法，也就是 P 问题和 NP 问题，被克雷数学研究所在"千禧年大奖难题"收录，为七大问题之一。这个问题在理论计算机科学复杂性研究中具有核心地位，是认识计算极限的核心问题。

7.5.4 突破计算极限的新方向：量子计算

7.5.4.1 量子计算概述

量子信息与量子计算研究基于量子力学原理的信息处理和计算方法，是探索物理可实现计算能力极限的新方向。

比特则是量子信息的基本单位。一个经典比特要么是 0，要么是 1，一个量子比特可以是 0 和 1 的量子叠加。一个量子比特所处的叠加态可表示为 $\alpha|0\rangle+\beta|1\rangle$。其中，$\alpha$、$\beta$ 称为概率振幅，分别描述 0 和 1 的权重，满足 $|\alpha|^2+|\beta|^2=1$。量子叠加与概率组合有两点本质的区别：第一，量子叠加中的概率振幅可以是负数或复数，而概率组合中的概率总是非负实数，正和负的概率振幅可以叠加相消。第二，量子叠加的概率振幅是按照 2 范数归一化的向量，而概率组合是按照 1 范数归一化的向量。理解量子叠加对深入理解量子计算的能力有着重要意义。如果 $|0\rangle$、$|1\rangle$ 是两个可能的量子状态，根据量子叠加原理，$\dfrac{|1\rangle+|0\rangle}{\sqrt{2}}$ 和 $\dfrac{|1\rangle-|0\rangle}{\sqrt{2}}$ 都是合法的量子状态，进一步的，$\dfrac{|0\rangle+|1\rangle}{\sqrt{2}}$ 和 $\dfrac{|0\rangle-|1\rangle}{\sqrt{2}}$ 也可以叠加，又回到 $|0\rangle$ 和 $|1\rangle$。这种正、负概率振幅相消的量子现象是量子干涉产生的原理，也是量子计算优势的基础。量子叠加通常也被解读成一种量子并行性，并被认为是量子算法加速计算的核心。

除了量子叠加，另一个理解量子计算的重要概念是量子测量。量子测量是沟通量子系统与经典世界的桥梁，通常是量子计算获得计算结果的最后一步。如果测量时系统处在某量子叠加态，测量的结果将由概率振幅的模平方定义的概率分布随机决定。比如，在 $\dfrac{|0\rangle+|1\rangle}{\sqrt{2}}$ 上做测量将以 $\dfrac{1}{2}$ 的概率得到 0，$\dfrac{1}{2}$ 的概率得到 1。

量子叠加和量子测量的讨论在很大程度上揭示了量子计算的实质。首先我们利用量子力学的原理操作量子叠加态，使对于计算没有实际意义的输出对应的概率振幅相消，然后做量子测量，并读出对计算有帮助的输出信息。任何现有的量子算法都遵循这样的思路，但是设计有效的量子算法却并非易事。

7.5.4.2　量子计算与经典计算的关系

总的来说，量子计算在可计算性层面并不强于经典计算，但在有效计算层面，普遍认识是量子计算比经典计算更加优越。这些认识和信心来自已知的量子算法，包括大数分解算法、量子模拟算法、玻色采样等。我们要客观地认识到量子计算并不是万能的，我们只是在这些特定问题上找到了超越经典计算的应用。依据量子叠加和并行性而简单地认为量子计算能加速所有问题的观点是不正确的。量子计算的加速似乎对问题的结构有特殊的要求，并不是所有问题都能利用量子叠加找到更加高效的算法。目前，研究者普遍认为，量子计算机并不能有效解决 NP 完全问题。

量子算法和理论的研究让人们欢欣鼓舞，但为什么自肖尔算法提出已过去 20 多年，仍没有通用量子计算机出现呢？量子计算真的是可以物理实现的计算模型吗？在量子计算研究初期，对于量子计算的质疑主要集中于量子系统的退相干性和噪声对大规模量子系统的破坏性影响。量子纠错解错码、量子容错计算等方面的研究逐步打消了这一方面的担忧。量子阈值定理给出了确定的噪声阈值，只要计算过程中每个部件的噪声控制在阈值下，任意大规模的量子计算都能实现。这在理论上铺平了量子计算的发展道路，量子计算的实现看起只是一个工程技术问题。当然，在物理实现上，我们离通用量子计算所需要的精度以及阈值定理给出的阈值还有很大的距离。真正实现大规模的通用量子计算机将是未来几十年各国信息业巨头的重要攻关课题。

7.5.5　算法并非万能良药

近年来，在诸如机器人战胜人类围棋冠军等轰动性事件的助推下，算法日益成为权威的代名词。"一切皆可计算""未来世界由掌握算法的人主宰"等，一股强大的算法崇拜思维向各行业蔓延。算法固然重要，但它不是包治百病的万能药，并非打赢未来智能化战争的终极保险。

从许多现有先进算法的工作原理来看，其计算结果代表了一种统计概率，即事件发生的可能性，而非必然性。包括深度学习算法在内的各类先进算法，都不是基于逻辑推理得出结果。换句话说，算法通过暴力计算得出的结果是"不讲道理"的。算法的这一特性，决定了它的角色只能是辅助人类决策，而不能代替人类决策。

由于不具备推理能力，算法的适用范围较为受限，在某一领域是"专家"，运用到其他领域可能就成了"外行"。如美军 Maven 项目开发的智能算法，实战部署前使用"扫描鹰"无人机在中东地区拍摄的战场视频进行训练，当被用于分析来自非洲地区的战场视频时，准确率明显下降。即便是分析同一地区拍摄的视频，一旦拍摄高度、云层厚度、大气湿度、地面植被等自然条件发生变化，分析结果也可能与实际情况完全不同。

从人工智能的技术构成来看，算法、算力和数据是当前人工智能的三大要素，其中，算法是"大脑"，算力是"躯体"，数据是"血液"。算法并非"孤胆英雄"，它只有与算力、数据有机结合才能产生智能"魔力"。一方面，算法离不开海量优质数据支撑。算法体现效率，数据决定质量。没有海量的数据资源，算法就成了无本之木。另一方面，算法需要超算能力保障。离开超算能力的支持，算法就失去了引擎，就会算不动、算不快。由于需要经过海量数据训练，算法训练过程对算力的需求非常大，传统信息基础设施无法实现如此巨量的计算。越是精确的算法，对算力的需求就越大，对计算平台等信息基础设施的要求就越高。

本章小结

数学对于我们了解和掌握世界的客观规律十分重要。如马克思所说，一种科学只有在成功地运用了数学时，才算真正达到完善的地步。图灵和希尔伯特划定了目前所能解决的数学问题的极限边界。虽然对于很多有答案的问题我们也无法通过严格的数学推理得到最精确的答案，但我们能做的就是运用已有的数学知识去得到那个尽可能精确的答案。尽管这样的答案不够准确，却对工程应用有巨大帮助。

习　题

1. 结合本章知识，你认为还有哪些智能设计知识驱动的方法？
2. 使用本章中出现的优化算法解决你曾经遇到的机械设计求解问题，并简述求解流程。
3. 选择本章中一项工程机械设计关键智能技术，简要分析其发展现状。
4. 简述数值分析在未来机械工程中的发展趋势。

参考文献

［1］吴礼斌，李柏年. MATLAB 数据分析方法［M］. 北京：机械工业出版社，2017.

［2］包子阳，余继周，杨杉. 智能优化算法及其 MATLAB 实例［M］. 北京：电子工业出版社，2018.

［3］李士雨. 工程数学基础——数据处理与数值计算［M］. 北京：化学工业出版社，2005.

［4］胡兵，李清朗. 现代科学工程计算基础［M］. 成都：四川大学出版社，2003.

［5］赵海滨. MATLAB 应用大全［M］. 北京：清华大学出版社，2012.

［6］王岩，隋思涟. 数理统计与 MATLAB 数据分析［M］. 北京：清华大学出版社，2020.

［7］梅长林，范金城. 数据分析方法［M］. 北京：高等教育出版社，2012.

［8］Steven C C. 工程与科学数值方法的 MATLAB 实现［M］. 4 版. 北京：清华大学出版社，2018.

［9］张永恒. 工程优化设计与 MATLAB 实现［M］. 北京：清华大学，2020.

［10］孙靖民. 机械优化设计［M］. 6 版. 北京：机械工业出版社，2017.

［11］李元科. 工程最优化设计［M］. 2 版. 北京：清华大学出版社，2019.

［12］张宝珍，樊军庆. 机械优化设计及应用［M］. 北京：机械工业出版社，2016.